Full Life Cycle Risk Management and Insurance for Photovoltaic Power Generation Project

光伏发电项目
全生命周期风险管理与保险

柴艳丽　主编

中国电力出版社
CHINA ELECTRIC POWER PRESS

内 容 提 要

光伏发电以其能量来源的广泛性、清洁性、无成本等优势，已经成为可再生能源发展领域的重要组成部分，我国光伏发电产业正在迅速发展，大批优秀企业与示范工程项目涌现，全国装机容量不断增长。然而，在光伏发电的蓬勃发展过程中，不可避免地会存在风险，而保险正是风险管理的有效措施。

本书全面介绍了光伏发电项目的发展历程与现状，阐述了光伏发电项目在站址选择与前期准备、设备选型、施工设计、施工与安装、工程验收、运行与维护等方面的基本施工方案与流程；系统地对光伏发电项目全生命周期各阶段面临的风险、风险管理要点以及保险的运用进行了剖析；对光伏发电项目中的典型事故案例进行了深入细致地分析，并对光伏发电项目的行业标准与相关法规进行了归纳与总结。

本书理论联系实际，针对性强，专业性与实用性相结合，适合从事光伏发电项目工程技术人员、工程管理人员、保险从业人员及高等院校风险管理与保险专业的师生使用。

图书在版编目（CIP）数据

光伏发电项目全生命周期风险管理与保险 / 柴艳丽主编. —北京：中国电力出版社，2022.11
ISBN 978-7-5198-6983-0

Ⅰ. ①光…　Ⅱ. ①柴…　Ⅲ. ①太阳能光伏发电–电力工程–风险管理　Ⅳ. ①TM615

中国版本图书馆 CIP 数据核字（2022）第 176570 号

出版发行：中国电力出版社
地　　址：北京市东城区北京站西街 19 号（邮政编码 100005）
网　　址：http://www.cepp.sgcc.com.cn
责任编辑：安小丹（010-63412367）
责任校对：黄　蓓　于　维
装帧设计：赵姗姗
责任印制：吴　迪

印　　刷：北京九天鸿程印刷有限责任公司
版　　次：2022 年 11 月第一版
印　　次：2022 年 11 月北京第一次印刷
开　　本：787 毫米×1092 毫米　16 开本
印　　张：16.25
字　　数：364 千字
印　　数：0001—2000 册
定　　价：128.00 元

本书编委会

主　　编：柴艳丽

副 主 编：韩志伟　刘敬山　姚　敏　周　欣　张艳玲

编　　委：王三度　王　宁　王振林　刘　启　陈文灏
汪雅萍　高福俊　徐　骥　葛明波　谢　晶
吴　玲　陈　鹏　田志国　秦晓珊　李海月
孙　杰　刘健夫　苏少军　董　峥　宁　威
纪振双　吉彩红　董　捷　秦志达

编写组长：李　彭

编写人员：陈　鹏　秦晓珊　刘健夫　宁　威　纪振双
吉彩红　董　捷　唐洪艳　李　彭　谢　丹
董　楠　程晨光　李韵婷　胡姜文赫　何泽奇
赵　昕　王子杰　孙雨航　孙鑫鑫　焦　垒
潘怡彤　陈　明　何　静

组织编写单位：国家电投集团保险经纪有限公司

参与编写单位：北京工商大学风险管理与保险学系
北京鉴衡认证中心有限公司

序　一

全球气候变化、环境污染是 21 世纪人类面临的重大挑战。随着人类活动对全球气候和环境的影响，气候与环境危机的影响范围越来越大、越来越严重。我国是全球最大的碳排放国，应对上述危机事关国内国际两个大局，事关全局和长远发展，是推动经济高质量发展和生态文明建设的重要抓手，是参与全球治理和坚持多边主义的重要领域。我国已向国际社会承诺，2030 年碳排放值达到峰值，非化石能源占一次能源消费比重提高到 20%左右，努力争取于 2060 年前实现碳中和，大规模发展新能源将是实现上述目标的重要途径之一。

在“十四五”“十五五”期间，我国将持续优化太阳能发电发展布局，在继续推进集中式基地建设的同时，全力支持分布式光伏发展；“十四五”是我国由全面建成小康社会向基本实现社会主义现代化迈进的关键时期，是积极应对国际经济政治格局深刻变化的战略机遇期。光伏作为目前大力推广发展的一种能源，可以保障能源供给，在迎接国内国际战略机遇中将发挥重要作用。

目前，中国光伏产业经过多年发展，产业链完整，制造能力和市场占比均居全球第一。从光伏发电应用来看，随着政策支持和技术进步，我国光伏产业成长迅速，成本下降和产品更新换代速度不断加快。在此背景下，我国光伏应用市场持续增长，装机容量、发电量均不断提高。

本书的出版顺应国家能源发展战略，从风险管理以及保险两个部分，按照光伏发电项目的全流程顺序，从项目设计、施工、运营等阶段对风险进行分析，并对不同风险提供具有针对性的防控措施及相应的保险解决方案。借助典型案例介绍光伏发电项目的索赔实务并总结经验给出启示，形成对光伏发电项目风险管理及配套保险服务的理论框架，探索出包括风险识别、风险分析、风险评估、风险控制以及配套保险解决方案等整套的具有可操作性的风险管理体系。

中国太平洋保险（集团）股份有限公司董事长

序 二

近年来，面对化石能源日益枯竭以及传统能源开发利用所带来的气候变化、环境污染等人类共同的难题，大规模开发利用可再生能源已成为世界各国的共识。2020 年 9 月 22 日，中国在第 75 届联合国大会上正式提出力争 2030 年前实现碳达峰、2060 年前实现碳中和的目标。其中，非化石能源占一次能源消费比重需提高到 20%左右，大规模发展可再生能源将是实现上述目标的重要途径之一。当前，光伏发电以其能量来源的广泛性、清洁性、低成本等优势，已经成为可再生能源发展领域的重要组成部分。国际能源署预测，到 2030 年，可再生能源将满足全球新增电力需求的 80%，其中，光伏发电将是增长的主要推动力。

21 世纪以来我国光伏行业进入高速发展的时期，无论是光伏电站建设的数量与规模、组件的成本与质量，还是光伏发电在生产生活中的应用量都在高速发展。目前我国已经成为世界光伏生产大国，太阳能电池片和光伏组件的产量以及出口量均位居世界首位，光伏产业已被政府定位为有国际竞争优势的战略性新兴产业。2020 年，我国光伏发电累计装机容量达到 252.88GW，同比增长 23.5%。尽管受到新冠肺炎疫情的影响，我国光伏发电累计装机容量仍然连续 6 年位居全球首位，展现出了强大的市场前景与发展潜力。

我国光伏发电产业发展迅速，涌现了一大批优秀企业与示范工程项目，积累了大量实践经验。然而，在蓬勃发展过程中不可避免地会存在风险，保险正是应对风险的传统而有效的管理措施。改革开放以来，中国保险业立足服务国内经济发展，学习借鉴国际经验，获得了长足进步，成为国民经济中增长最快的行业之一。保险业与经济社会发展的联系日益密切，保险企业经营管理的复杂程度日益加深，保险从业人员加强学习的任务成为必需。基于对光伏发电领域风险管理多年实践与思考，为服务该领域实践与研究的需要，《光伏发电项目全生命周期风险管理与保险》一书应运而生。

由于光伏发电项目涉及面和研究的问题较为广泛，本书将所涉及问题之精华、要点、基本点阐述得非常清晰，突出基础性、实用性和创新性之特点，以成熟的专业理论为主干，以完整的业务流程为主线，吸收前沿的理论创新成果和先进的实践经验做法，融理论、理念、知识、方法、工具于一体。在理论方面，能够使读者对光伏发电项目的风险管理与保险有一个整体的了解和认识，尤其是使在岗人员或从事保险和学习研究相关保险的人员能够梳理相关保险知识，并能在此基础上提升或拓展研究水平与空间；在实务方面，能够使从业人员尽快掌握操作入门路径，少走弯路，快速上岗，符合岗位工作的具体要求，同时，使从业人员能够举一反三、拓展思路、提升自身的业务能力与管理水平，达到胜任岗位职能的要求。

本书的出版对于广大从业人员，特别是新能源、ESG、光伏发电等相关领域工作人员，通过加强学习以提高理论素养、知识水平、业务本领和工作能力具有重要意义。我相信，每位读者都能成为本书的受益者。

中央财经大学保险学院副院长、教授、博士生导师

周桦

前　　言

随着人类对能源的需求和使用不断增长，化石能源已经濒临枯竭，光伏发电作为开发、利用太阳能重要的方式，必将对人类未来产生重大而深远的影响。然而新材料、新技术、新工艺的使用会产生新的风险，企业如何对这些风险进行管理，已经成为管理者需要慎重考虑的问题。

光伏发电作为资产高度集中、生产流程复杂、潜在风险因素繁多的行业，风险管理的任务十分艰巨。光伏发电企业的管理者希望能了解光伏发电各个阶段的风险点，也迫切需要对企业常见的保险险种有所了解，保险公司从业人员也希望能有一本系统介绍光伏发电项目从选址到运行维护全生命周期方面的书籍。正是基于这样的需求，我们组织编写了本书。

本书是一部全面介绍光伏发电项目全生命周期风险管理与保险的著作，书中详细介绍了光伏发电项目各个阶段的风险管理要点及保险险种、典型事故案例、行业标准与相关法规。考虑到光伏发电行业的工艺复杂，风险点繁多，专业性强，本书紧紧围绕各个阶段的主要工艺、主要设备、主要流程及主要风险点进行介绍，其间结合丰富的图片进行说明，力图使读者能够对光伏发电项目的工艺、流程及风险有总体的认识。

本书共分 4 篇 16 章，第一篇概念篇，包括光伏发电发展、光伏发电站建设与运营基本过程、光伏发电项目保险经纪人 3 章，阐述了光伏发电的发展历程与现状，以及光伏发电在站址选择、设备选型、设计、施工与安装、运行与维护等阶段基本施工方案与流程；第二篇风险管理篇，包括风险管理总论、安全风险、性能与可靠性风险、合规性风险、建设与运行过程风险控制 5 章，针对光伏发电的设计、建设与运行过程等阶段的风险要点进行了识别与分析，提出了风险管理方法建议；第三篇保险篇，包括光伏发电保险、光伏设备制造阶段的保险运用、光伏发电设计阶段的保险运用、光伏发电建设阶段的保险运用、光伏发电运行及维护阶段的保险运用、境外光伏发电项目保险运用 6 章，系统地对光伏发电在设备制造、项目设计、建设、运行及维护阶段等阶段的具体险种进行了剖析；第四篇案例及法规篇，包括典型事故案例、光伏发电项目行业标准与相关法规 2 章，对光伏发电建设阶段、运行和维护阶段的典型事故案例进行了深入细致地分析，并对光伏发电项目相关的法律法规进行了归纳与总结。

本书理论联系实际，针对性强，专业性与实用性结合，适合从事光伏发电项目工程技术人员、工程管理人员、保险从业人员及高等院校风险管理与保险专业的师生使用。

本书在编写过程中，得到了相关企业、有关院校及同行专家及学者的大力指导和帮助，特别是国家电投集团保险经纪有限公司、北京鉴衡认证中心有限公司、北京工商大学风险管理与保险学系，在此表示诚挚的谢意。本书编写过程中，参阅了许多文献资料，特此向有关作者致谢。

本书难免存在偏差和疏漏之处，恳请专家和读者批评指正。

编著者

2022 年 10 月

目　　录

第三篇　保　险　篇

第一篇

概 念 篇

第一章

光伏发电发展

第一节 光伏发电概念

现代社会的生产生活离不开电力的应用。传统的发电方式主要是通过燃烧煤炭、石油、天然气等化石能源将化学能转化为电能。但是随着人类对能源的需求和使用不断增长，化石能源已经濒临枯竭。而且由于大量燃烧化石能源，造成了诸多生态环境问题。太阳作为地球能量的主要源头，又重新走入人类的视野。光伏发电作为开发、利用太阳能重要的方式，必将对人类的未来产生重大而深远的影响。

一、光伏发电概念

光伏发电是太阳能光伏发电的简称，是一种利用太阳电池中半导体材料的光伏效应，将太阳辐射能直接转化为电能的技术。光伏发电系统主要由光伏组件、光伏支架、光伏逆变器、监控系统等设备组成，其工作原理是，太阳辐射能量经过光伏组件被转换成直流电，然后由光伏逆变器转换成交流电后上送至电网或给负载供电。

根据光伏发电机组的输电线路是否与输电网接通，可分为并网运行光伏发电系统和独立运行光伏发电系统。其中，并网运行光伏发电系统是目前光伏应用的主要形式，已在全球范围内大面积推广，需要与电网连接，在发电时向电网输出交流电；独立运行光伏发电系统适用于无电或缺电地区使用，该系统不与公共电网连接，通常将白天利用太阳能发出的电量存储在储能装置中，需要时再向相关负载提供电能。

根据光伏发电系统的规模和场景，可以分为集中式光伏发电系统和分布式光伏发电系统。集中式光伏发电系统一般建设在荒漠戈壁、沿海滩涂、山地水面等场景，通常规模较大，需远距离送电，并网电压多为35kV以上，例如我国西北地区建设的地面光伏发电工程，其发电系统就是集中式光伏发电系统；分布式光伏发电系统一般安装在楼顶、屋顶等场景，通常规模较小，就地用电，并网电压多为380V，例如工商企业厂房屋顶、民居屋顶安装的就属于分布式光伏发电系统。

二、相关概念辨析

1. 光伏发电系统的太阳能利用

从广义的角度，太阳能不仅仅包括直接投射到地球表面的辐射能，还包括像生物质能、水能、风能、海浪能等同样起源于太阳辐射的间接的太阳能量，而且现在火电厂、热电厂使用的煤炭、石油、天然气等化石能源，也都是古代太阳能资源的产物。但是，一般意义上认为太阳能利用是指直接投射到地球表面的太阳辐射能的利用。因而光伏发电系统所利用太阳能方式也就是一般意义的太阳能利用。

2. 光伏发电系统的能量转换形式

目前太阳能的利用主要有两个方面：太阳能热利用和太阳能光伏发电。太阳能热利用是指将太阳辐射直接转化为热能为人类提供能量，例如现在人们广泛应用的太阳能热水器、太阳灶等都是太阳能热利用的方式。太阳能热利用目前无论在理论上还是实践中都是技术最成熟、成本最低、应用最广泛的一种太阳能利用模式，其基本原理是利用集热装置将太阳辐射收集起来，再通过与介质的相互作用转化成热能加以直接或间接利用。而太阳能光伏发电是直接将太阳辐射能转化为电能，中间不包括其他的能量转换形式。尤其要注意区分太阳池发电和太阳电池发电，虽然只有一字之差，但是二者发电的原理是完全不同的，前者是太阳能热利用，后者是光电效应的应用。

第二节 光伏发电项目的全生命周期

光伏发电以其能量来源的广泛性、清洁性、无成本等优势，已经成为可再生能源发展领域的重要组成部分。为使用户可以更加高效、广泛、大量、低成本地获得电能，业主获得规模效益，建设分布式光伏电站和大型地面光伏电站成为满足双方利益需求的必然选择。然而，开发光伏电站是一个相对庞大、复杂的项目，涉及环节众多，利益牵扯范围广。虽然国家出台了《光伏电站项目管理暂行办法》（下简称《办法》，见附录），用以规范光伏电站的选址、建设、运行各个环节，但是《办法》对光伏电站项目全生命周期的介绍并不详尽、完备。本节将从分布式光伏发电项目全生命周期和大型地面光伏电站全生命周期两个方面全面、详细地介绍光伏电站建设的全生命周期。

一、分布式光伏发电项目的全生命周期

分布式光伏发电项目与大型地面光伏电站相比工程量较小，复杂程度相对较低，其全生命周期大体上可以分为六个阶段：前期开发阶段、项目备案阶段、设计施工阶段、并网验收阶段、运营维护阶段和弃置回收阶段，每一个阶段下面又分为若干个小阶段。

1. 前期开发阶段

（1）寻找可开发项目资源。分布式光伏发电项目遵循“因地制宜、清洁高效、分散布局、就近利用”的开发原则。可开发分布式光伏发电项目的资源如表 1－1 所示。

表 1－1　　可开发分布式光伏发电项目的资源

工业园区/开发区	商业区
国有大型工矿企业	宾馆饭店
国家级高新技术产业园	写字楼
地方高新技术产业园	体育场馆
物流园	机场
保税区	火车站
经济开发区	大型商业中心
污水处理厂等工业厂房	商超等商业设施

（2）与业主初步沟通。项目地点确定之后，应与厂区业主建立联系，进行初步沟通。沟通的主要内容是针对厂区情况、屋顶结构、用电水平等基本问题进行访谈，确定业主的合作意愿与用能需求。考察的主要内容有：企业属性（国有企业、上市公司、知名外企等）、资信状况、经营状况和收入的稳定性、是否有其他不良记录；建筑物产权是否独立清晰（房产证、土地证、建设规划许可证原件），房屋产权是否质押；屋面结构（混凝土、彩钢瓦）、屋顶使用年限和面积（不得少于 20 000m^2）；用电特性、分时用电电量、用电电价、电压等级、变压器容量；屋顶周围是否有遮挡或有高楼建设规划，建筑物周边是否有气体或者固体污染物排放；业主的意愿，初步沟通合作模式（自发自用、余电上网）。

（3）前期资料收集。开发商在与业主初步沟通，达成合作意向之后，就需进行前期的资料收集，为后期的建设工作提供可靠的参考资料，如表 1－2 所示。

表 1－2　　所 需 收 集 资 料 目 录

<table>
<tr><th colspan="2">资料名称</th><th>要求</th><th>备注</th></tr>
<tr><td rowspan="4">资信审核</td><td>建筑物业主的营业执照</td><td rowspan="4">扫描件
或照片</td><td rowspan="4">1. 若房产证正在办理，需房管部门出具已经收到办理材料的回执，且须在光伏并网前取得房产证。
2. 若建筑物使用者和产权所有人一致，则保障性比较强；若建筑使用者只是承租人，不拥有产权，且同是未来光伏的消费者，则需要与产权所有人协商，约定房屋使用权限。
3. 核查建筑物是否抵押，若抵押，需与抵押单位进行沟通</td></tr>
<tr><td>拟建光伏厂房房产证</td></tr>
<tr><td>拟建光伏厂房土地证</td></tr>
<tr><td>拟建光伏厂房建设规划许可证</td></tr>
<tr><td rowspan="4">厂区情况</td><td>厂区总平图</td><td rowspan="4">竣工图CAD或者扫描件</td><td rowspan="4">1. 评估厂区布局、厂房结构、电气系统等情况。
2. 提供每栋厂房的图纸。
3. 核算每栋厂房的屋顶荷载。
4. 预测光伏容量，混凝土屋顶 10 000m^2 装 0.6MW，彩钢瓦 10 000m^2 装 1MW</td></tr>
<tr><td>厂房结构图</td></tr>
<tr><td>厂房建筑图</td></tr>
<tr><td>厂区电器系统图</td></tr>
<tr><td rowspan="2">屋顶情况</td><td>屋顶类型</td><td>照片</td><td>混凝土/彩钢瓦</td></tr>
<tr><td>厂房内装修情况</td><td>照片</td><td>明确是否有吊顶</td></tr>
</table>

续表

资料名称		要求	备注
屋顶情况	屋顶已使用年限		混凝土屋顶使用年限较长，一般情况下保证光伏 25 年的运营期
	彩钢瓦铺设时间		彩钢瓦的使用存在防水和维护问题，要考虑运营期的额外费用
	彩钢瓦厚度		
	彩钢瓦类型	照片	确定类型（T 型、角驰型、直立锁边型）
	彩钢瓦颜色	照片	
用电情况	电费结算单	扫描件或照片	最近连续至少 12 个月的电费清单
	负荷曲线		反映用电负荷和用电时间，从而判断光伏自发自用比例，比例越高收益越好
生产情况	厂房建造时间		具体到年月
	工人工作时间		区分白天和晚上工作时间
	节假日生产情况		周末、节假日情况，确定年生产天数
	车间生产情况		明确生产的产品和工艺

（4）现场实地踏勘。现场实地踏勘的主要目的是考核屋顶实际情况与收集资料的一致性，在条件允许时可以利用无人机进行航拍，有效提高踏勘的效率。现场踏勘重要项目如表 1－3 所示。

表 1－3　　　　现场踏勘重要项目

项目		备注
图纸一致性复核		梁、柱、檩条、跨度、间距、截面斜撑、吊车等（拍照）
混凝土屋顶	屋顶框架	框架结构 砖混结构（现浇顶、预制板）
	屋面防水	无漏水、局部漏水、严重漏水
	建设年限	
彩钢瓦屋顶	彩钢瓦类型	T 型、角驰型、直立锁边型
	彩钢瓦厚度	
	彩钢瓦锈蚀程度	
	建设年限	
	是否具备屋顶结构增强条件	
屋顶现有设施情况	屋顶障碍物	气楼、采光带、女儿墙等
	周围遮挡物	屋顶周围是否有遮挡或高楼建设规划
电气设备安装最佳位置		1. 配电柜、一/二次仓、箱式变压器等安装位置，业主同意后在总平图中标出位置。 2. 确定电缆敷设路径，并在总平图中标出位置

续表

项目	备注
光伏接入系统方面	并网点位置、电压等级、变压器容量、断路器品牌及大小、进出线开关柜品牌及型号、无功补偿容量及情况
其他方面	1. 厂房周围是否有气体或固体污染物。 2. 是否有清洗光伏系统的水源点

（5）技术方案测算。合作模式：自发自用，余电上网模式。

1）光伏所发电力由业主优先使用，可采用优惠用电价格为业主带来收益。

2）该模式对业主用电量和用电规律要求较高，需考虑业主本身财务状况。

3）与业主签署屋顶租赁合同或售电协议，规定电价结算周期和结算方式（屋顶租赁方式和电价折扣方式）。

具体的评估项目如表 1－4 所示。

表 1－4　　项　目　评　估

评估项目	评估重点
建筑产权及使用权	1. 建筑物屋顶产权清晰。 2. 所有权方及使用权方是否一致认可项目建设。 3. 业主方能否为项目提供相应的便利条件。 4. 建筑屋顶所有权年限及寿命大于 25 年
建筑物结构形式	1. 委托原屋顶设计单位或第三方机构进行屋顶荷载计算，并出具满足光伏安装条件的证明。 2. 建筑结构能否加固，评估加固的难度和成本
屋面防水处理	1. 屋面防水形式及老化程度。 2. 评估防水修复的难度及成本
项目投资经济性	1. 项目合作模式。 2. 项目经济性是否可行
其他事项	1. 分布式光伏的接入距离。 2. 现场施工难易程度等

（6）确立开发意向。通过详细的技术方案测算，确定分布式光伏项目具备经济和技术可行性，并与业主针对合作模式及交易价格达成一致后签订售电协议和房屋租赁协议，启动项目建设流程。

2. 项目备案阶段

具体备案项目如表 1－5、表 1－6 所示。

表 1－5　　获得区、县发展改革委备案项目

资料名称	备注
分布式电源项目申请表或项目申请报告	包含项目实施地点、投资资金来源收益情况简单说明、业主情况等

续表

资料名称	备注
企业投资项目备案表	公司资料、企业法人营业执照等
固定资产投资项目节能登记表	
项目投资资料	屋顶（建筑物）产权证明、业主授权资料（例如屋顶租赁合同）、售电协议等
屋顶（建筑物）材料	屋顶平面图、屋顶安全承载能力证明材料（由有资质的设计单位出具等）
由电网公司出具的项目接入电网意见函	部分地区已取消

表 1-6　　获得区、县电网公司接入批复

资料名称	备注
分布式电源项目申请表	包含项目实施地点、投资资金来源收益情况简单说明、业主情况等
企业资料	经办人身份证及复印件、法人委托书原件、企业法人营业执照等
发电项目前期资料	房产证或土地证、屋顶租赁协议、售电协议、屋顶抗压及屋顶面积可行性证明、资金证明等
发展改革委备案批复文件	
用户电网相关资料及系统接入报告	
供电局受理并网申请	免费制定接入方案，出具接网意见函
主要电气设备一览表及主要设备技术参数和型式认证报告	光伏组件、逆变器、变压器等设备（并网设备选型应符合国家安全、节能、环保要求等）

3. 设计施工阶段

（1）初步设计。初步设计阶段包括编制可行性研究报告、立项报告或者项目申请报告。

（2）采购招标。采购招标项目包括：EPC 采购招标、项目监理采购招标、主要设备材料采购招标。

（3）施工图设计。

1）现场测绘、地勘、勘界，提出设计要求。

2）接入系统报告编制并上会评审。

3）出施工总图、蓝图。

4）各专业进行图纸绘制（结构、土建、电气等）。

5）现场技术交底。

6）送出线路初设可研评审上会，出具电网接入意见。

（4）建设实施。

1）设备采购。

2）光伏系统建设工作。

3）所有设备电气连接及保护调试、监控安装等。

4）并网前单位工程调试报告/记录。

4. 并网验收阶段

（1）项目业主向电网公司提出并网验收和调试申请。

（2）电网公司受理并网验收和调试申请。

（3）与电网签订购售电合同合并网调度协议。

（4）安装关口电能计量装置。

（5）完成并网验收及调试。

（6）项目并网运行。

电网公司备案流程如图 1－1 所示。

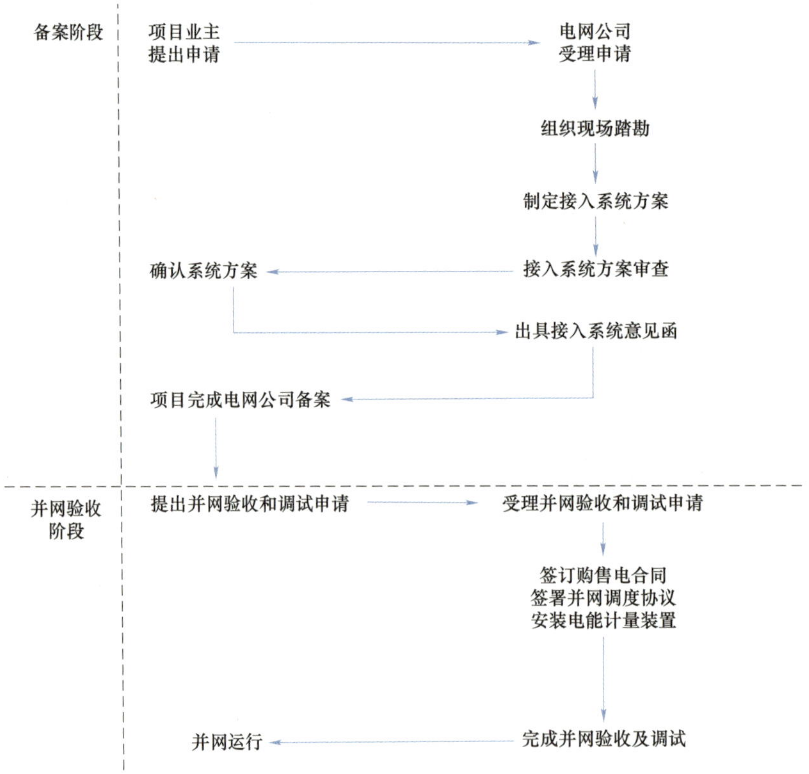

图 1－1　电网公司备案及验收阶段流程图

注：各地政策不同略有差异。

5. 运营维护阶段

业主与具有从业资质的公司签订协议（一般是开发商）由专业人员进行后期的运营维护。

6. 弃置回收阶段

与回收企业合作将弃置损坏的光伏产品进行专业处理，不可随意丢弃，避免造成环境污染和资源浪费。

二、大型地面光伏电站全生命周期

大型地面光伏电站全生命周期相对复杂，大体可以分为七个阶段：前期踏勘、手续办理、施工图阶段、项目建设实施、带电前必备条件、运营维护、弃置回收。同样，每一个阶段下面又分为若干个小阶段。

1. 前期踏勘阶段

前期踏勘阶段的主要工作如表 1－7 所示。

表 1－7　　前期踏勘阶段的主要工作内容

踏勘阶段	主要工作	备注
踏勘前	与土地所在村、县沟通	1. 与土地所在村、县沟通，了解厂址地点、大概面积、土地类型和产权、地貌特征、附近变电站等情况。 2. 通过大概面积估算可以布置的光伏组件规模；通过土地类型和产权归属，估计征地难度和费用；通过地貌特征，估计施工难度；通过附近变电站，估计接入系统距离和费用。 3. 深入了解当地光伏补贴政策、允许建设的容量，是否有在建项目、已建成项目的收益情况
	电脑宏观选址	
	准备勘查设备	
踏勘时	观察厂址地形地貌	1. 普遍问题：目测地面的土层厚度，裸露部分是否能看到岩层，土层太薄将影响到未来土建施工难度；观察林木覆盖情况，尽量避开牲口棚、坟地及农民村舍，减少征地费用。 2. 平地：由于光伏场地面积较大，从一个边界点无法看到场地全貌。建议尽量将厂址勘查全面，选址时避开冲击沟、防空洞及其他军事设施。 3. 山地：观察山体走势，光伏组件应布置在东西走向、朝向南侧的山坡上，且周边不能有遮挡；山体坡度应小于 25°，否则后期施工难度、维护成本将大幅提高。 4. 水面及滩涂：了解厂址的最深水位，以便选择合适的光伏基础形式（一般水深小于 4m 时，采用预制管桩基础；大于 4m 时，采用漂浮形式）；了解厂址 30 年来的最高洪水水位或最高涨潮水位，确保固定支架的设计高度在最高水位之上；了解水下养殖产品的生长特性，并合理选择光伏组件类型、安装形式、布置高度和间距，以满足渔业等功能需求。 5. 采煤沉陷区：涉及采煤沉陷区的选址，建议调查拟选厂址的开采现状以及未来 20 年的开采计划，避让露天矿坑、渣山、积水区等；对于未来没有开采计划的采空区，根据《煤矿采空区岩土工程勘察规范》（GB 51044）中的关于适宜区、基本适宜区及适应性差区的要求进行区分；对于未来有开采计划的场地应尽量规避；对于已经暂停开采的区域需了解厂址已稳定沉降多少年，取得稳定性沉降报告后再进行选择性开发
	考察现场地质条件	
	确定厂区坐标	
踏勘后	确定厂址地类	1. 确定厂址地类：去国土局、文物局和林业局查询厂址的土地类别及是否压覆文物或矿产。如果土地为不能使用类型或有压覆情况，盲目开展后续工作会造成不必要的浪费。 2. 确定厂址面积：将 GPS 坐标输入地图，观察厂址宏观情况，同时测算厂区面积估算光伏装机容量。 3. 确定接入的变电站：根据估算的光伏装机规模，设计送出电压等级；考察距厂址最近变电站的电压等级、容量、是否预留间隔；收集该变电站的电气一次图，从而确定光伏接入容量，如果没有合适的接入点，可以在地市级电网公司批准下进行 T 接送出
	测量场地面积	
	确定拟接入变电站	

2. 前期手续办理阶段

（1）编制光伏项目申请报告。

（2）与当地政府或集体土地租用协议。

（3）当地市级电网出具接入和消纳初步意见。

（4）向当地发展改革部门申请并提交材料：

1）国土、电网公司、林业等部门的审核意见。

2）其他已取得的进展（如测绘、地勘等资料）。

3）项目概况以及项目公司营业执照。

（5）取得备案证，向省/市级发展改革部门提交资料：

1）省发展改革委公布的项目清单。

2）项目可行性研究报告。

3）基础信息登记表、节能登记表、招投标方案。

4）申请备案的请示。

5）项目公司营业执照。

注：根据各地要求，备案提交资料略有差异。

获得的批复文件如表 1-8 所示。

表 1-8　获得的批复文件

部门	行政级别	文件名称
国土部门	县级	选址意见函
	省级	未压覆重要矿产资源
	省级	土地预审意见
	省级	地灾评估备案登记表
电网公司	省级	电网接入方案批复
环保部门	市级	环境影响报告（表）的批复
安监部门	市级	安全预评价表的批复
水利部门	县级	选址意见函
	省级	水土保持方案的批复
建设管理规划部门	县级	选址意见书
文物部门	县级	选址意见函
武装部门	县级	选址意见函
林业部门	县级	选址意见函
发展改革部门	省级	社会风险稳定评估报告（如有）
专业部门		防洪评估报告（如有）
专业部门		地质稳定性报告（煤矿塌陷区）

注　根据各地情况，提供资料略有差异。

（6）获得开工许可。获得开工许可的流程如图 1-2 所示，具体流程包括：办理项目银行资金证明；办理项目与银行的贷款意向书或贷款协议；委托编制项目设计方案；获得项目所在地建设局出具的开工证明。

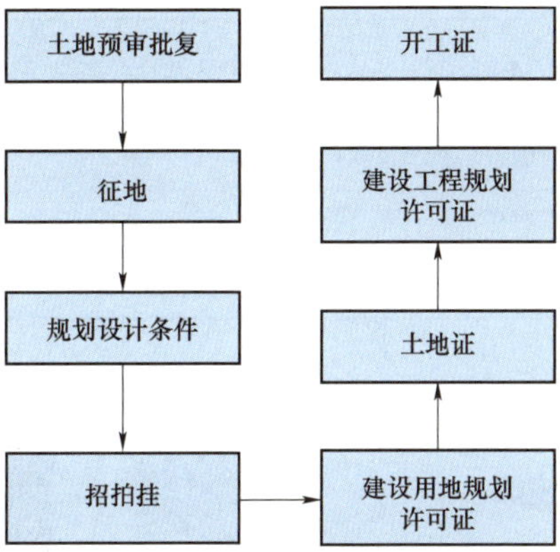

图 1-2 获得开工许可流程图

3. 项目施工图阶段

设计阶段包括光伏区和升压站的布局设计、生产区域的设计、生活区域的设计。光伏区和升压站的布局设计决定着电站的投资成本和发电量，一般而言，升压站会设置在光伏列阵的中间位置并且地势相对较高。这样做的目的一是节约电缆，二是在暴雨、洪水等恶劣天气条件下保证升压站无灌溉风险。合理的生产区域设计可以为后续操作和维修提供便利。通过生活区域的设计，尽可能满足运维人员的生活需求。设计的最终目标是达到“四通一平”（路通、电通、水通、通信、场地平整）。设计阶段还包括编写设备技术规范书。设备编码、文件编码、备件编码是实现多电站管理和全生命周期的必要元素，这三套编码的设计会影响光伏电站的运营情况，目前常用的设备编码采用《电厂标识系统编码标准》（GB/T 50549—2020）和《光伏发电站标识系统编码导则》（GB/T 35691—2017）。

项目施工图需要完成如下工作：

（1）现场测绘、地勘、勘界、提出设计要求。

（2）编制初步设计方案。

（3）编写设备技术规范书，作为采购招标的依据。

（4）进行设备招标工作，与中标厂家签订技术协议。

光伏采购主要是采购设备、辅料及系统部件。光伏设备主要包括硅棒/硅锭制造设备、硅片制造设备、电池片制造设备、晶体硅电池组件设备、薄膜组件制造设备五大类，各大类主要包括的设备如表 1-9 所示，晶硅太阳能光伏电池产业链如图 1-3 所示。

表 1-9　　光伏设备分类

生产设备类型	设备种类
硅棒/硅锭生产设备	铸锭炉、单晶炉、检验测试设备、切割研磨设备、其他
硅片生产设备	开方机、多线切割机、检验测试设备、抛光研磨设备、清洗设备、自动分拣设备、其他

续表

生产设备类型	设备种类
电池片制造设备	制绒机、清洗机、背钝化设备、PECVD、烧结炉、丝网印刷机、检测设备、激光开槽机、离子注入机、其他
晶硅电池组件制造设备	层压机、自动焊接机、切割划线设备、组框组角机、其他
薄膜电池组件制造设备	CVD、PECVD、PVD、清洗设备、激光刻划机、层压机、其他

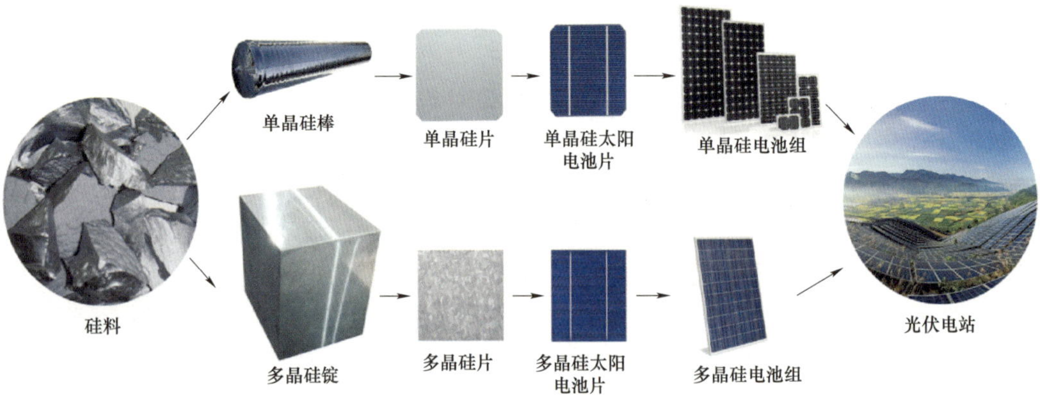

图 1-3　晶硅太阳能光伏电池产业链

辅料及系统部件的采购项目包括光伏浆料、光伏背板、光伏封装胶膜、光伏玻璃、光伏边框和支架以及逆变器等。

1）光伏浆料。光伏浆料分为三种：受光面的正面银浆、背光面的背面银浆和背面铝浆。三种导体浆料经过丝网印刷过程分别印制在硅片的两面，烘干后经过烧结，形成晶硅太阳电池的两端电极。三种电极浆料的金属化工艺共同实现晶硅太阳电池的导电互联机能。

浆料作为晶硅太阳电池的关键电极材料，其产品性能和原材料构成直接关系着太阳电池的光电性能。以正面银浆为例，主要由高纯度的银粉、玻璃体系、有机载体等组成。银粉作为导电功能相，直接影响到电极材料的体电阻、接触电阻等，进而影响光电转换效率；玻璃体系为高温黏接相，对银粉的烧结及银—硅欧姆接触的形成有决定作用；有机载体作为承载银粉和玻璃体系的关键组成部分，对印刷性能、印刷质量有较大影响。PERC 电池片结构如图 1-4 所示。

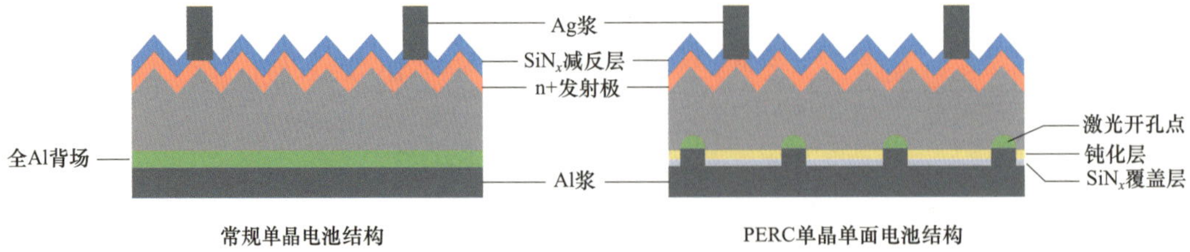

图 1-4　PERC 电池片结构示意图

2）光伏背板。光伏背板也称太阳电池背板、太阳电池背板膜、光伏背板膜、太阳能背板，目前市场上以有机薄膜背板为主流应用产品。作为太阳电池组件背面的光伏封装材料，光伏背板位于光伏组件背面的最外层，直接与外部环境大面积接触，需具备优异的耐高低温、耐紫外辐照、耐环境老化、水汽阻隔、电气绝缘、机械强度等性能，在户外环境下保护太阳电池组件抵抗光湿热等环境因素对 EVA 胶膜、电池片等材料的侵蚀，起到耐候绝缘保护作用，以满足太阳电池组件 25 年的使用寿命要求。随着光伏产业对发电效率要求的不断提升，部分高性能太阳能背板产品还具有较高的光反射率，以提高太阳电池组件的光电转化效率。

3）光伏封装胶膜。光伏封装胶膜是光伏组件的关键材料，主要用于光伏组件的封装环节。胶膜的作用是黏结光伏电池片与光伏玻璃及背板，保护电池片并封装成能输出直流电的光伏组件。如果胶膜出现透光率下降等问题，组件便会无法正常运行而报废。因此，光伏组件对封装所使用的胶膜要求非常高，在采购招标时主要考察胶膜的透光率、耐候性、黏结强度、耐老化等性能。

4）光伏玻璃。光伏玻璃是光伏组件专用玻璃，主要用于常规光伏组件的盖板玻璃、双玻组件的盖板和背板玻璃以及薄膜组件的基板玻璃。目前最主要应用于常规光伏组件和双玻组件的盖板玻璃，以及双面双玻组件的背板玻璃，主要为采用压延工艺生产的镀膜或非镀膜超白压花玻璃。光伏组件的光伏玻璃应满足国家标准规定的光伏透射比、耐冲击、耐湿热等性能要求。

5）光伏边框和支架。光伏边框主要起到保护组件以及方便组件固定作用，因而，边框材料需要有很强的抗氧化、耐腐蚀的性能。目前常用的光伏边框是由铝合金材料制备的，其主要优势是可以有效减缓外力冲击，防止电池片和玻璃损伤；增强组件整体的机械性能，方便组件的运输及安装；阳极氧化处理后的铝边框表面会存在致密的氧化膜，可以提高铝边框的耐磨性能，也能起到很好的绝缘保护作用。

光伏支架是为了安装和固定组件而设计的特殊支架，通常采用铝合金、碳钢、不锈钢等材料制作，需要具有安全、适用、耐久等方面的性能。安全性主要体现在系统强度上，保证系统满足抗风载荷、雪载荷、地震载荷等要求；适用性主要体现在系统刚度上，保证系统在受力时有足够的抵抗形变能力；耐久性主要体现在一定时间内系统对环境的承受能力，如抗氧化、耐腐蚀性能等。

6）逆变器。光伏逆变器是应用于光伏发电领域，将光伏组件产生的直流电转化为交流电，输送给本地负载或电网，并具备相关保护功能的电力电子设备。其中，并网逆变器连接光伏组件和电网，将光伏组件产生的低压直流电转换成与电网相配的同相、同频的交流电送入电网，相对于离网逆变器，并网逆变器具有更高的性能要求。

就产品类型而言，没有强制的归类标准，业内一般将逆变器分为集中式逆变器（主要用于大型地面电站，功率范围在 250～10MW）、集散式逆变器（主要用于复杂的大型地面电站等，功率范围 1～10MW）、组串式逆变器（主要用于住宅型屋顶、小型工商业屋顶和地面电站等，功率范围 1.5～320kW）、微型逆变器（主要用于户用等小型电站，功率等级在 1kW 以下）。

（5）各专业分别绘制图纸（结构、土建、电气等）。

（6）绘制施工总图，打印蓝图。

（7）现场技术交底、施工图纸会审。

在绘制图纸的过程中要充分考虑不同建设场景的特殊性，依据场景选择支架基础，具体的要求如表 1－10 所示。

表 1－10　不同建设场景下的支架基础类型

建设场景	常用基础类型	设计说明
农/林光互补	预应力管桩、预制混凝土桩、灌注桩、螺旋桩	此类项目的光伏组件离地高度一般在 2～2.5m 较为合适，首选基础形式为预应力管桩、预制混凝土桩；如遇岩石的地质条件，可采用灌注桩；光伏组件距地高度较小时，可采用螺旋桩
荒漠戈壁	螺旋桩、灌注桩、预应力管桩、预制混凝土桩、条形基础	首选螺旋桩、灌注桩，其次考虑条形基础；对于光伏组件离地高度有较大要求的电站，可采用预应力管桩或预制混凝土桩
山地光伏	螺旋桩、灌注桩、预应力管桩、预制混凝土桩、锚杆基础	如表层土厚度大于 1.5m，宜选用螺旋桩；岩土裸露场地可采用锚杆基础；表层土比较薄时采用混凝土灌注桩；当对组件有较高的离地高度要求时，可根据地质条件采用预应力混凝土桩、灌注桩或锚杆基础
水面光伏	锚固基础方式：配重、预应力管桩、预制混凝土桩 漂浮方式：浮体、HDPE 浮管、高密度聚乙烯浮箱	锚固基础方式宜首选配重的方式，在风和气流作用较大的区域，可选预应力管桩或预制混凝土桩。 漂浮方式宜首选工艺比较成熟的浮体结构
采煤沉陷区	螺旋桩、预应力管桩、预制混凝土桩	沉降稳定区域，可采用螺旋桩、预应力管桩、预制混凝土桩；有残余变形的区域，且对组件离地高度有较高要求时，可使用预应力管桩或预制混凝土桩

4. 项目建设实施阶段

（1）开工准备阶段。

（2）土建、安装工程及送出线路施工阶段。

（3）工程调试阶段。

（4）设置安全标识，启动验收阶段。

（5）发电试运行，即初步验收阶段。

（6）工程移交生产验收阶段。

（7）竣工验收阶段。

（8）出质保验收阶段。

土建工程和安装工程主要施工工作以及需要办理的手续如表 1－11 和表 1－12 所示。

表 1-11　　土建和安装工程主要施工工作

土建工程	安装工程
放线测量、场地平整	支架安装
围栏施工	组件安装
箱式变压器、逆变器基础施工	汇流箱安装
主变压器基础施工	箱式变压器、逆变器安装
厂外设备基础施工	主变压器安装
升压站施工	电缆敷设及接线
综合楼施工	消防及监控设备安装
场内道路、照明及其他基础设施施工	单体和联体调试

表 1-12　　施 工 办 理 的 手 续

手续名称		单位	备注
水保	监测	监测单位	具备资质
	监理	工程监理公司	具备资质
	验收		自主验收在水利厅报备
安监	安全预评价	安监公司	具备资质
	安全评价		
质监	省电力建设工程质量监督站		需要指派现场人员和对方沟通确定工程监督节点
环保	市环保局		
消防备案验收	县消防大队		备案、抽查
土地证	县国土局		1. 建设用地招拍挂成交确认书。 2. 国有建设用地使用权出让合同。 3. 规划设计条件。 4. 建设用地规划许可证。 5. 审批卡（地税局、财政局、国土局）。 6. 电视台播出证明（证明土地出让已公告）。 7. 可行性研究报告、环境评估报告、公司营业执照
许可及备案	县建设局		
建设用地规划许可证	县建设局		1. 申请报告。 2. 拍卖成交确认书。 3. 国有土地出让合同。 4. 建设项目用地规划红线图（1:10 000）及电子版（CAD 版）。 5. 可研、环评、营业执照办理人身份证复印件等
建设工程规划许可证	县建设局		土地证、用地证、施工图纸 100m 范围平面布置图（1:1000）
施工许可证	县建设局		土地证、两证一书、施工图等
防雷检测	地方气象局		

5. 带电前必备条件

（1）公司营业执照。

（2）发展改革委备案文件。

（3）项目可行性研究报告。

（4）上网电价文件（如有）。

（5）电站系统主接线图。

（6）接入系统批复文件。

注：根据各地情况，提供资料略有差异。

反送电流程和条件如图 1－5 所示，项目并网流程如表 1－13 所示。

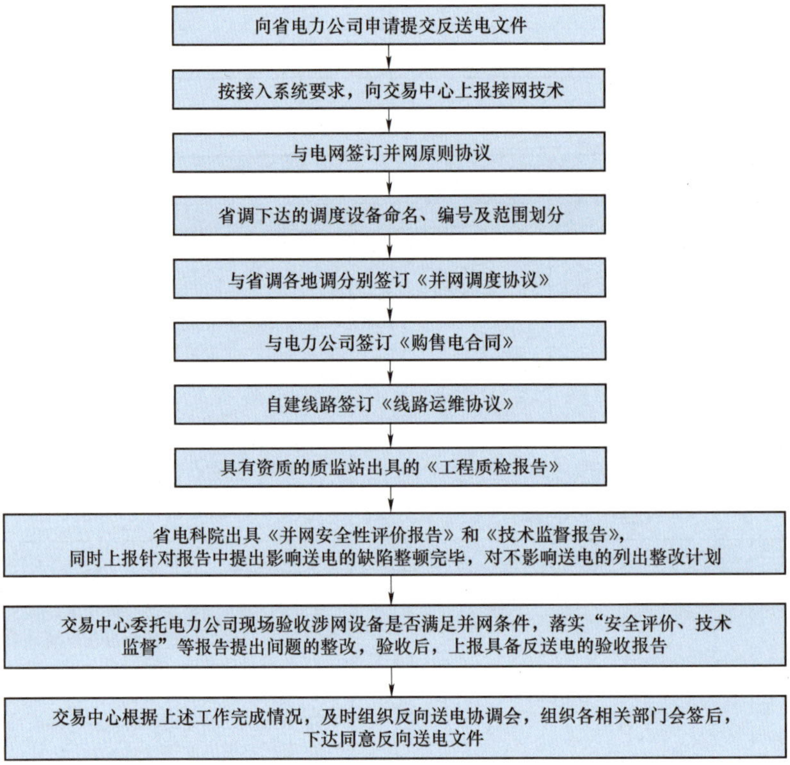

图 1－5　反送电流程和条件

表 1－13　项目并网流程

项目并网流程和条件	1. 工程质检报告
	2. 并网安全性评估报告
	3. 技术监督报告
	4. 电力公司验收报告
	5. 针对各检查报告提出问题的整改报告
	6. 《供用电合同》
	7. 协商确定《购售电合同》和调度协议

续表

项目并网流程和条件	8. 召开启委会，上报会议决议中提出问题的整改
	9. 下达同意并网文件，安排项目并网
	10. 向省电力公司申请，确认满足电网要求
	11. 移交生产验收交接书
	12. 涉网实验完成并满足电网要求
	13. 电价批复文件

注 根据各地规定不同，略有差异。

6. 运营和维护阶段

为保证光伏电站安全稳定运行，保证运维人员的生命安全不受到伤害，就需要搭建一种安全管理体系对现场的安全管理进行要求，使安全管理规范化、标准化、制度化、体系化。光伏电站的安全生产管理体系一般包括三个体系主要部分：组织机构保障体系、规章制度保障体系、事故应急救援预案，具体架构如表 1－14 所示。

表 1－14　　　光伏电站安全生产管理体系项目表（范本）

体系名称	项目名称
组织机构保障体系	安全生产委员会
	安全管理机构、应急领导小组
	委员会管理规范
	安全生产责任制管理办法
规章制度保障体系	安全生产规章制度管理制度
	安全生产目标管理制度
	安全生产责任制管理制度
	设置安全管理机构、配备安全管理人员的管理制度
	安全生产会议制度
	安全生产费用提取和使用管理制度
	工伤保险、安全生产责任保险的管理制度
	安全生产文件和档案管理制度
	安全教育培训管理制度
	特种作业人员管理制度
	新建、改建、扩建项目安全设施“管理制度”
	消防安全管理制度
	安全警示标志管理制度
	劳动防护用品管理制度
	安全检查制度

续表

体系名称	项目名称
规章制度保障体系	事故隐患治理管理制度
	安全生产奖惩制度
	风险评估和控制管理制度
	险源管理制度
	危险作业安全管理制度
	“三违”行为管理制度
	职业健康管理制度
	应急救援管理制度
	安全生产事故管理制度
	安全生产绩效评定和持续改进管理制度
	重大检修作业、运行操作升级监护管理规定
	电站操作票管理规定
	反习惯性违章管理制度
	防误闭锁装置管理
	防小动物管理制度
	事故调查管理规定
事故应急救援预案	触电人身伤亡事故应急预案
	高空坠落人身伤亡事故应急预案
	高温中暑人身伤亡事故应急预案
	交通人身伤亡事故应急预案
	冻伤人身伤亡事故应急预案
	消防应急预案
	防洪防汛应急预案
	大型变压器着火事故应急预案
	电缆着火应急预案
	蓄电池爆炸应急预案
	恶性集体食物中毒事故应急预案
	地震应急预案
	防雷应急预案
	维稳应急预案
	生产调度通信系统故障现场处置预案
	电力二次系统安全防护应急预案
	逆变器室火灾事故现场处置预案

7. 弃置回收阶段

在我国，只有部分零散且规模较小的企业在从事回收业务，而且没有形成完整的拆解、运输、回收再利用产业链。我国光伏产业将在2030年左右迎来第一波大规模的“报废潮”。所以，搭建起科学、高效、低成本的回收产业链体系也应该从现在就开始着手规划布局，以免未来措手不及，造成更大的环境污染，使得绿色资源变为高污染产业。

目前，世界上光伏回收领域的知名机构是位于比利时的非营利组织 PV Cycle。20世纪90年代初，光伏开始在欧洲兴起。2007年，为了真正区别于传统能源，成为从绿色发电到废物管理的“双绿色”产品，PV Cycle应运而生。PV Cycle接受世界各国的机构/组织/企业申请为会员，会协助进行组件回收和后续处理工作；会员需缴纳一定会费并支付处理费用，费用取决于各国政策法规的具体要求和市场大小，市场份额越大的公司支付的越多。

2018年，威立雅位于欧洲的首家光伏板回收厂投入运营，对光伏组件材料的回收利用率超95%。威立雅的该回收厂专门处理寿终正寝的“晶体硅”光伏板。典型的晶体硅太阳能电池板由65%～75%的玻璃、10%～15%的铝制框架、10%的塑料和3%～5%的硅制成。而威立雅的回收厂，可以对其95%的材料进行分拆、分拣、处理和回收。为了提高效率和安全性，威立雅使用自动机器人来完成太阳能电池板的拆解与分拣工作。分拣好的材料经过处理与包装后，会被送往不同的行业进行再利用。其中，2/3的玻璃回收后成为碎玻璃，被送往玻璃制造业；铝制框架被送往铝精炼厂；废塑料可作为燃料使用在水泥厂；回收后的硅可以在贵金属工业被再利用；最后，剩下的缆线和接头会被压碎后以铜珠的形式出售。

第三节 光伏发电发展历程

中国是世界上最早对太阳能的利用具有文献记载的国家，在《周礼》有用“夫燧”向太阳取明火的记载。从世界范围内来看，首次将太阳能作为一种能源动力加以利用距今为止只有不到400年的历史，而从光伏效应的发现到现在大规模的光伏发电也仅仅有180多年的历史。一般认为是法国物理学家贝克勒尔（Edmond Becquerel）发现了光伏效应，他于1839年发表的论文中描述了在做湿电池实验中的发现：当太阳光照射在电解液中的银板时，电池电压突然升高。后来这种现象就被称为“光生伏特效应”，简称“光伏效应”。之后，人们又发现在固体和气体之中均可以产生光伏效应。目前人类使用的太阳电池主要是指利用光伏效应的电池，所以也称为光伏电池，其中的“伏”字是为了纪念电池的发明人——意大利物理学家伏特。“光伏”二字也说明了光子使电子移动产生电流，电能来源于光能。

一、光伏发电的研究和试验阶段

1877年，W.G.Adams 和 R.E.Day 研究了硒（Se）的光伏效应，并且制作了第一块硒太阳能电池。

1883 年，美国科学家弗里茨（Charles Fritts）成功制备了第一块大面积（$30cm^2$）太阳能电池，用硒（Se）在半导体上覆上了一层极薄的金属层形成半导体金属结，效率为 1%。弗里茨记录如下：产生的电能，如果无须即刻使用可以存储在蓄电池里，或输送到远方使用。他在 100 多年前提出的光伏发电系统的利用方式也就是我们现在实际应用的方式。

1904 年，德国物理学家爱因斯坦（Albert Einstein）发表了关于光电效应理论的论文，文中解释了光电效应，并且在 1921 年因为该项成就获得了诺贝尔物理学奖。光电效应分为光电子发射、光电导和光伏特效应。

1916 年，波兰科学家切克劳斯基（Czochralski）发明了利用旋转着的籽晶（具有和所需晶体相同晶向的小晶体，是生长单晶的种子，也叫晶种）从坩埚里的熔体中提拉制备出单晶的方法，称为克劳斯基法（简称 CZ 法），又称直拉法，并于 1918 年来测定金属结晶速率。

1947 年，美国贝尔（Bell）实验室发明了晶体管，引发了半导体技术的一场革命，半导体技术开始飞跃发展。1950 年，贝尔实验室的蒂尔（G.K.Teal）用 CZ 法拉出锗（Ge）单晶，接着又拉出硅（Si）单晶。1951 年，发展锗（Ge）的区域提纯技术和硅的无坩埚区域提纯技术，获得了纯度达 99.999 999%的锗、硅单晶，为光伏发电技术的发展奠定了基础。太阳电池也在 20 世纪 50 年代取得了重大突破。

1953 年，美国贝尔（Bell）实验室的皮尔逊（Gerald Pearson）、查平（Darryl Chapin）、富勒（Calvin Fuller）利用半导体材料，如掺有杂质的硅晶片，得到比以前高得多的光电转换效率（之前的光电转换效率不足 1%）。一年后，他们的单晶硅太阳能电池的光电转换率提高到了 6%。同年，在莱特帕特森空军基地制成了基于硫化亚铜/硫化镉薄膜异质结的太阳能电池，效率也有 6%，成为薄膜太阳能电池的研究基础。1955 年，美国的 RCA 实验室制成了效率为 6%的 p－n 结砷化镓太阳能电池。

1958 年，单晶硅太阳电池的地面转化率达到 14%。同年，单晶硅电池被应用到美国第二颗人造卫星“先锋 I 号”上，为其小型无线电发射器供电，8 年后因辐射损坏才中断信号发射。从此，太阳能电池被广泛运用在空间飞船。而后太阳能电池的技术不断革新，转换效率不断提高。

二、光伏发电初始应用及计划部署阶段

随着光伏发电技术的发展、化石能源的危机、生态环境问题日益凸显以及对于新能源的需求等原因，光伏发电的应用逐步从航空航天领域开始向其他使用场景不断扩展。1973 年，第一次石油危机爆发，造成油价大幅上涨，工业化世界受到了极大的冲击，大多数国家开始计划鼓励发展可再生能源，特别是重视太阳能的应用。许多国家纷纷部署光伏发电发展。

1963 年，日本 Sharp 公司成功生产光伏电池组件，在一个灯塔上安装 242W 光伏电池阵列，是当时世界上最大的光伏电池阵列。

1972 年，美国开始生产地面用太阳能电池，但光伏组件成本较高，约为 500 美元/W。

1973 年，美国特拉华大学建成世界上第一个光伏住宅。同年 10 月，第一次石油危机爆发，促使光伏相关研究开始转向光伏发电系统的地面应用研究，研发了光伏水泵、光伏汽车、光伏飞机、光伏屋顶等。美国还成立了太阳能开发银行，促进太阳能产品商业化，将低价格太阳能电池的开发作为重点的研究之一。而且随着技术的不断进步，太阳能电池的光电转换效率不断提高，成本也在大幅度下降。

1978 年，美国建成 100kWp 太阳地面光伏电站，之后建设的光伏电站规模逐步扩大。

1990 年，德国提出“2000 个光伏屋顶计划”，为每个参与计划的家庭的屋顶装 3～5kWp 的光伏电池，用于日常生活供电。

1997 年，美国提出“克林顿百万太阳能屋顶计划”；同年，日本的“新阳光计划”提出 2010 年生产 43GWp 光伏电池；欧盟则计划 2010 年生产 37GWp 光伏电池。

三、光伏发电的高速发展阶段

21 世纪以来，光伏行业进入高速发展的时期，无论是从光伏电站建设的数量与规模、组件的成本与质量，光伏发电在生产生活中的应用量都在高速发展。

2008 年底，为发挥太阳能丰富地区的资源优势，推动光伏发电技术进步和产业发展，积累大型光伏电站建设和管理经验，我国开始探索光伏特许权项目招标竞价模式。2009 年和 2010 年，国家能源局组织了两批光伏电站特许权项目招标，通过项目公开招标选择投资企业，采用特许权方式建设管理。敦煌 10MW 光伏电站便是 2019 年第一批次的光伏特许权项目，光伏特许权招标的实施标志着中国大型光伏电站市场的正式启动。

2009 年 7 月 21 日，财政部、科技部、国家能源局联合发布了《关于实施金太阳示范工程的通知》，决定综合采取财政补助、科技支持和市场拉动方式，加快国内光伏发电的产业化和规模化发展，计划在 2～3 年内，采取财政补助方式支持不低于 500MW 的光伏发电示范项目。金太阳示范工程，是国家促进光伏发电产业技术进步和规模化发展，培育战略性新兴产业的一项重大财政政策，意味着太阳能产业在政策面上将会得到更大力度的支持。

2011 年 8 月 1 日，为规范太阳能光伏发电价格管理，促进太阳能光伏发电产业健康持续发展，国家发展改革委发布《关于完善太阳能光伏发电上网电价政策的通知》。该《通知》按照社会平均投资和运营成本，参考太阳能光伏电站招标价格，以及我国太阳能资源状况，对非招标太阳能光伏发电项目实行全国统一的标杆上网电价。该政策的发布，正式刻下了国内光伏标杆电价的里程碑，为后续光伏产业的大发展奠定了基础。

2013 年正式下发《关于发挥价格杠杆作用促进光伏产业健康发展的通知》，实行三类资源区光伏上网电价及分布式光伏度电补贴，由此正式催生了我国光伏应用市场的“黄金时代”。在此之后，陆续涌现了诸如青海共和 100MW 光伏实证基地、宁夏 640MW 全球最大农光互补项目等代表性光伏项目，新增光伏装机规模连续保持全球第一。

2015 年，光伏扶贫成为国务院扶贫办确定实施的“十大精准扶贫工程”之一，通过在贫困地区建设光伏，不限于光伏电站，还有家用分布式光伏发电系统，以及农业大棚等基于农业设施建设的电站，帮助百姓获取发电收益，利用光伏发电来助力贫困人口脱离贫困。

2018 年 5 月 31 日，国家发展改革委、财政部、国家能源局联合印发《关于 2018 年光伏发电有关事项的通知》，根据行业发展实际，暂不安排 2018 年普通光伏电站建设规模，在国家未下发文件启动普通电站建设工作前，各地不得以任何形式安排需国家补贴的普通电站建设。鼓励各地根据各自实际出台政策支持光伏产业发展，根据接网消纳条件和相关要求自行安排各类不需要国家补贴的光伏发电项目。该政策被行业内俗称“531”新政，自此之后，民营企业现金流出现困难，开始出售光伏电站补充流动性，能源央国企及地方国企开始纷纷进场。

2019 年 5 月，国家能源局发布了《关于 2019 年风电、光伏发电项目建设有关事项的通知》，启动了 2019 年光伏发电国家补贴竞价项目申报工作。除扶贫、户用和原已批准的特殊项目外，分布式和地面电站将全部采用竞价的方式获取补贴指标。由此，光伏进入竞价及平价时代。

自 2008 年至今，我国光伏产业蓬勃发展，取得举世瞩目的骄人成绩。数据显示，2021 年我国新增光伏并网装机容量 54.88GW，累计光伏并网装机容量达到 308GW，新增光伏装机容量和累计光伏装机容量均居世界第一。2008～2021 年我国太阳能累计装机容量如图 1－6 所示。

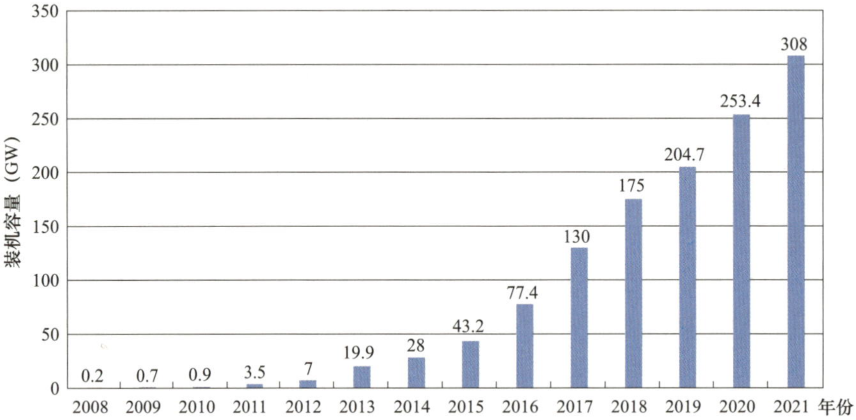

图 1－6　2008～2021 年我国光伏累计装机容量数据统计

第四节　光伏发电的现状

鉴于光伏发电的产业链涉及的产业较多，国际和国内的发展现状又不尽相同、光伏发电的产能与消纳反映了该地区总体的生产与利用情况，本节主要利用 2020 年和 2021

年的数据，从光伏发电产能与光伏发电消纳两个方面做国内介绍，国际方面则简单对欧洲、美国、越南、日本、韩国、印度等国家或地区 2020 年的新增装机容量与累计装机容量进行介绍。

一、国内光伏发电现状

在光伏发电产能方面，2020 年，全国光伏并网装机容量 2.53 亿 kW，同比增长 23.9%。全国光伏新增装机容量 4820 万 kW，其中，集中式光伏电站 3268 万 kW、分布式光伏 1552 万 kW。从新增装机布局看，中东部和南方地区占比约为 36%，“三北”地区占比约为 64%。新增装机规模较大的省（区）包括贵州 522 万 kW、河北 491 万 kW、青海 410 万 kW、山东 320 万 kW、宁夏 214 万 kW、新疆 180 万 kW。太阳能光伏发电量进一步提高，达到 2605 亿 kW • h，同比增长 16.1%。2021 年，全国光伏新增装机容量 5488 万 kW，占全国新增发电装机容量的 31.1%，为历年以来年投产最多，连续 9 年稳居世界首位，其中，光伏电站 2560 万 kW、分布式光伏 2928 万 kW。到 2021 年底，光伏发电累计装机容量 3.06 亿 kW，连续 7 年居世界首位。从新增装机布局看，装机占比较高的区域为华北、华东和华中地区，分别占全国新增装机容量的 39%、19% 和 15%。2021 年，全国光伏发电量为 3259 亿 kW • h，同比增长 25.1%，占全社会用电量的 3.9%。

光伏消纳方面，2020 年，我国光伏发电消纳形势继续向好，全国光伏平均利用小时数 1160h，较上一年有小幅度下降，平均利用小时数较高的地区为东北地区 1492h、西北地区 1264h、华北地区 1263h，其中，蒙西 1626h、蒙东 1615h、黑龙江 1516h。光伏发电利用率达到 98.0%，光伏消纳问题较为突出的西北地区弃光率降至 4.8%，同比降低 1.1 个百分点，尤其是新疆、甘肃弃光率进一步下降，分别为 4.6%和 2.2%，同比降低 2.8 个和 2.0 个百分点。弃光电量 52.6 亿 kW • h，弃光量的绝对值虽然大幅增加，但从相对值弃光率方面比较，是与上年基本持平的。2021 年，光伏利用小时数 1163h，同比增加 3h；平均利用小时数较高的地区为东北地区 1471h、华北地区 1229h，其中，利用率最高的省（区）为内蒙古 1558h、吉林 1536h 和四川 1529h。2021 年，全国光伏发电利用率为 98%，与上年基本持平。新疆、西藏等地光伏消纳水平显著提升，光伏利用率同比分别提升 2.8 个和 5.6 个百分点。

二、国际光伏发电现状

2020 年新冠肺炎疫情导致了全球经济增长放缓，但光伏市场在严峻挑战下仍实现了逆势增长，全球新增光伏装机容量约为 130GW，累计装机容量约为 756GW。其中，2020 年全球排名前十的国家和地区新增装机容量约为 110GW。

亚太地区是光伏新增装机占比最大的市场，其中，中国新增光伏装机容量自 2013 年以来连续处于全球首位，越南市场在政策驱动下连续两年跻身全球前十，2020 年新增光伏装机容量 10.8GW；欧洲市场在 2020 年新增光伏装机容量约为 20GW，其中，德国和荷兰新增光伏装机容量位列全球前十；美国连续多年处于全球第二大光伏装机市场，2020 年新增光伏装机容量 19.2GW，创历史新高；拉美地区由于疫情影响，光伏发展放缓；中东与非洲区域拥有丰富的太阳能资源，该地区的光伏产业正在努力发展中。2020 年全球光伏新增装机容量排名前十的国家如表 1－15 所示。

表 1－15　2020 年全球光伏新增装机容量排名前十国家

国家	2020 年光伏新增容量（GW）	数据来源
中国	48.2	国家能源局
美国	19.2	SEIA
越南	10.8	越南电力集团
日本	8.2	IEA
德国	4.9	Bundesnetzagentur
澳大利亚	4.4	IRENA
韩国	4.1	KNREC
印度	4.4	Bridge to India
巴西	3.3	IRENA
荷兰	3.0	CBS

三、2020 年全球主要国家及区域光伏产业链发展概况

2020 年，中国光伏龙头企业凭借晶硅技术方面及成本控制方面的优势，持续加码产能，制造端产能、产量全球占比均实现不同程度增长，全球光伏产业重心进一步向中国转移。表 1－16 反映了 2020 年光伏产品产能、产量及中国产品在全球的占比。

表 1－16　2020 年光伏产品产能、产量及中国产品在全球的占比

国家及地区	光伏产品	产能	产能占比	产量	产量占比
全球	多晶硅	60.8 万 t	—	52.1 万 t	—
	硅片	247.4GW	—	167.7GW	—
	电池片	249.4GW	—	163.4GW	—
	组件	320GW	—	163.7GW	—
中国	多晶硅	45.7 万 t	75.2%	39.6 万 t	76.0%
	硅片	240.0GW	97.0%	161.3GW	96.2%
	电池片	201.3GW	80.7%	134.8GW	82.5%
	组件	244.2GW	76.3%	124.6GW	76.1%

通过数据对比可知，我国光伏产品的产能利用率是高于全球平均水平的，说明中国光伏产业资源得到了更高效的利用。

在光伏产品产量方面，中国处于全球领先地位，但是在光伏产品的相关技术上面，还需要继续追赶领先国家，表 1－17 总结了部分国际上光伏相关产业处于领先地位的技术或企业情况。

表 1－17　国际光伏产业前沿领域情况

国家及地区	领域	备注
欧洲	电池	1. 德国保持了 POLO－IBC 电池 26.1%的最高效率纪录； 2. 保持了 TOPCon 太阳电池 25.8%效率纪录； 3. 保持了单晶硅同质结 26.1%的效率纪录； 4. 创造了钙钛矿/晶硅叠层电池 29.5%效率纪录； 5. 创造了钙钛矿/CIGS 电池 24.2%效率纪录
	支架	龙头企业集中，跟踪支架技术成熟
	浆料	德国贺利氏为我国正面银浆主要进口企业之一
	背板	法国阿科玛是某些组件产品招标中指定进口氟膜材料生产的 TPT 或 KPK 结构背板企业之一
日本	电池	1. 保持了非晶硅薄膜电池 14%的效率纪录； 2. 保持了单晶硅异质结 26.7%的效率纪录； 3. 保持了 HBC 太阳电池 26.7%的单晶硅世界最高转换效率纪录； 4. 创造了 CIGS 薄膜太阳电池 23.4%效率纪录
美国	电池	1. "MAXeon5" IBC 电池效率超 24%，是全球量产效率最高的电池，使用该电池创造了 22.8%全球组件最高转换效率； 2. 保持了薄膜硅电池 21.2%的效率纪录
	支架	龙头企业集中，跟踪支架技术成熟
	浆料	杜邦为我国正面银浆主要进口企业之一
	背板	杜邦是某些组件产品招标中指定进口氟膜材料生产的 TPT 或 KPK 结构背板企业之一

第五节　光伏发电发展趋势

经过"十三五"时期的发展，我国光伏发电全面进入提质增效、降低成本的关键时期，在各方的共同努力下，我国光伏产业取得了快速发展。开发建设规模不断扩大，在能源结构中的比重不断提高；技术装备水平显著提升，多元化应用体系进一步完善；发电成本大幅降低，逐步迈向平价上网；政策支持体系日益完善，为持续健康发展保驾护航。

在 2021 年 4 月 22 日领导人气候峰会上中国明确表示"中国以生态文明思想为指导，贯彻新发展理念，以经济社会发展全面绿色转型为引领，以能源绿色低碳发展为关键，坚持走生态优先、绿色低碳的发展道路。"光伏发电的碳排放量是化石能源发电的 1/20～1/10，是真正的低碳能源。但是，目前光伏发电仅占我国发电量的 4%。光伏将会成为中国未来重要电源，为实现“3060”碳达峰、碳中和提供强劲引擎。其他一些国家也陆续出台政策鼓励光伏产业的发展，所以，本节也会介绍全球部分国家出台的一些光伏产业的相关政策，以及伍德麦肯兹咨询公司和国际能源署作出的全球光伏产业发展预测作为国际光伏产业发展趋势简介。

一、国内光伏发电发展趋势

2021 年 5 月 21 日，国家发展改革委、国家能源局发布《关于 2021 年可再生能源电力消纳责任权重及有关事项的通知》，明确自 2021 年起，每年初滚动发布各省权重，同时印发当年和次年消纳责任权重，当年权重为约束性指标，各省按此进行考核评估，次年权重为预期性指标，各省按此开展项目储备。该通知的发布促进了各省非水可再生能源的发展，为风、光等新能源的持续性发展提供了保障。另外，据统计，已经发布“十四五能源规划”的 20 多个省份都明确表示未来将大幅提升光伏发电装机规模，目前已统计的“十四五”光伏规模增量在 390GW 以上，已收集的各省（自治区、直辖市）截至 2020 年底以及“十四五”规划风、光装机规模详情见表 1－18。

表 1－18　各省（自治区、直辖市）截至 2020 年底以及“十四五”规划风、光装机规模

序号	省（自治区、直辖市）	2020 年底装机规模（万 kW）		“十四五”增量规模（万 kW）	
		风	光	风	光
1	北京	19	62	11	190
2	天津	85	164	115	396
3	上海	82	137	180	270
4	重庆	98	67		
5	河北	2274	2190	2026	3210
6	山西	1974	1309	1026	3691
7	辽宁	981	400	1840	600
8	吉林	577	338	2085	
9	黑龙江	686	318	1000	550
10	江苏	1547	1684	1053	916
11	浙江	186	1517	454	1233
12	安徽	409	1377		
13	福建	486	202	410	300
14	湖北	502	698	498	1502
15	湖南	669	391	531	909
16	江西	510	776	200	1600
17	山东	1734	2273	766	3427
18	河南	1518	1175	1000	1000

续表

序号	省（自治区、直辖市）	2020年底装机规模（万kW）		“十四五”增量规模（万kW）	
		风	光	风	光
19	广东	565	797	2000	2000
20	海南	29	140	500	
21	四川	426	191	600	1000
22	贵州	580	1057	500	2043
23	云南	881	393	1500	
24	陕西	881	1098	4500	
25	甘肃	1373	966	2480	3203
26	青海	843	1580	807	3000
27	内蒙古	3785	1238	5115	3262
28	广西	653	205	1797	1295
29	西藏	1	137		872
30	宁夏	1377	1197	450	1400
31	新疆	2337	1261	3481	1151
汇总（仅计算已明确的风、光部分）		28 068	25 338	75 955	

根据国家发展改革委能源研究等机构的预测，到2050年我国近四成的用电量将来自光伏。以下将从五个方面进行趋势介绍。

1. 平价时代来临，投资热度不减

2020年中央经济工作会议明确将“做好碳达峰、碳中和工作”列为2021年八大重点任务之一。为了达到“碳中和”及实现到2030年风电、太阳能发电装机总容量达到12亿kW以上的目标，专家预测，“十四五”期间中国新能源新增装机预期较“十三五”期间增长50%以上。

在2021年1月19日举行的新闻发布会上，国家发展改革委政研室主任、新闻发言人袁达表示，国家发展改革委将抓紧研究出台相关政策措施，推进能源体系清洁低碳发展，稳步推进水电发展，安全发展核电，加快光伏和风电发展，加快构建适应高比例可再生能源发展的新型电力系统，完善清洁能源消纳长效机制，推动低碳能源替代高碳能源、可再生能源替代化石能源。2021年1月，各省（自治区、直辖市）出台的“十四五”规划和2035年远景目标相关建议稿中均对绿色低碳发展、清洁能源转型进行了着重强调。在已经公布具体装机规划的省（自治区、直辖市）中，广东、宁夏、西藏等地“十四五”期间的光伏装机目标较“十三五”大幅提升。

除了政策驱动之外，光伏产业的技术不断升级迭代，推动成本的稳步下降。在技术创新的驱动下，光伏的度电成本已经下降到十年前的30%以下，为平价上网创造了有利的条件。2021年，光伏发电迎来平价上网元年，光伏发电行业走上市场化发

展的道路。

在政策和市场的推动下，2021 年，光伏发电投资热度仍不减。2020 年 12 月 10 日，在中国光伏行业协会年度大会上，预测“十四五”期间，中国年均新增装机容量有望达 70～90GW，全球年均新增装机容量达 222～287GW。国家能源局新能源司司长任育之也提出，光伏作为发展清洁能源的重要载体，初步测算“十四五”新增装机规模需求将远高于“十三五”。

2. 多能互补和源网荷储两个一体化项目成为发展新方向

2020 年 12 月 22 日，2021 年全国能源工作会议在北京召开。国家能源局党组书记、局长章建华作题为《深入贯彻落实能源安全新战略为全面建设社会主义现代化国家提供坚强能源保障》的报告，为 2021 年能源工作指明方向、划出八大重点，包括要大力提升新能源消纳和储存能力，大力发展抽水蓄能和储能产业，加快推进“风光水火储一体化”和“源网荷储一体化”发展。

自 2020 年 8 月，国家发展改革委、国家能源局共同发布《关于开展“风光水火储一体化”“源网荷储一体化”的指导意见（征求意见稿）》明确提出“两个一体化”以来，全国各地陆续出台了鼓励新能源与储能一体化发展的相关政策，辽宁、河南、江苏等地明确优先支持附带储能设施的项目，湖南、湖北、新疆、山西、河北、贵州等地进一步明确风电、光伏等项目应当配备不低于一定比例的储能容量，福建、广东等地也通过地方性政策明确支持新能源与储能的一体化建设。

2021 年 4 月，国家能源局综合司下发《关于报送“十四五”电力源网荷储一体化和多能互补工作方案的通知》，要求落实可再生能源的消纳能力，充分发挥负荷侧调节响应能力，加强源网荷储多向互动，实施后每年不低于 2 亿 kW·h 新能源电量消纳能力且新能源消纳占比不低于整体电量 50%的源网荷储一体化项目应列为发展重点；充分发挥电源侧的灵活调节作用，合理配置储能，实施后每年不低于 20 亿 kW·h 新能源电量消纳能力的多能互补一体化项目应列为发展重点。

“多能互补”一体化项目利用存量常规电源，合理配置储能，统筹各类电源规划、设计、建设、运营，优先发展新能源，强化电源侧的灵活调节作用、优化电源配比及确保电源基地送电可持续性，要求各类电源出力特性内部互补；“源网荷储”一体化项目通过优化整合本地资源，以先进技术突破和体制机制创新为支撑，探索源网荷储高度融合的电力系统发展路径，强调发挥负荷侧调节能力、就地就近灵活坚强发展及激发市场活力，引导市场预期，要求与大电网划出物理分界面。两个一体化项目对推进能源供给侧及负荷侧结构性改革，促进我国能源转型和经济社会发展具有重要的现实意义和深远的战略意义，未来风电＋储能、风电＋光伏＋储能一体化、风电＋制氢、风电＋制氢＋储能一体化将成为发展热点。

3. 大型清洁能源基地是构建新型电力系统的重要抓手

2021 年 3 月 12 日，新华社发布的《中华人民共和国国民经济和社会发展第十四个五年规划和 2035 年远景目标纲要》中提出，“十四五”期间我国将建设九大大型清洁能源基地，分别为松辽清洁能源基地、冀北清洁能源基地、黄河几字弯清洁能源基地、河西走廊清洁能源基地、黄河上游清洁能源基地、新疆清洁能源基地、金沙江上游清洁能源基地、雅砻江流域清洁能源基地、金沙江下游清洁能源基地（见表 1-19）。

表 1-19　九大清洁能源基地类型及所在省份表

序号	基地名称	基地类型	所在省份
1	松辽清洁能源基地	风光储一体化基地	黑龙江、吉林、辽宁
2	冀北清洁能源基地		河北
3	黄河几字弯清洁能源基地	风光火储一体化基地	内蒙古、宁夏
4	河西走廊清洁能源基地		甘肃
5	黄河上游清洁能源基地	风光水储一体化基地	青海
6	金沙江上游清洁能源基地		四川
7	雅砻江流域清洁能源基地		贵州
8	金沙江下游清洁能源基地		云南
9	新疆清洁能源基地	风光水火储一体化基地	新疆

2021 年 11 月 24 日，国家发展改革委与国家能源局印发《第一批以沙漠、戈壁、荒漠地区为重点的大型风电、光伏基地建设项目清单的通知》，要求各省级能源主管部门要切实承担牵头责任，按照加快可再生能源发展工作机制关于第一批项目建设有关要求，认真抓好组织落实。国家发展改革委、国家能源局将依托现有可再生能源发电项目开发建设按月调度机制，按月调度大型风电光伏基地项目建设情况，协调解决项目建设过程中的重大问题。本次规划的大型清洁能源基地项目涉及 19 省（自治区、直辖市），规模总计 97.05GW。

2022 年 2 月，国家发展改革委、国家能源局发布关于印发《以沙漠、戈壁、荒漠地区为重点的大型风电光伏基地规划布局方案》的通知。根据方案计划以库布齐、乌兰布和、腾格里、巴丹吉林沙漠为重点，以其他沙漠和戈壁地区为补充，综合考虑采煤沉陷区，规划建设大型风电光伏基地，到 2030 年，规划建设风光基地总装机容量约 4.55 亿 kW。其中，“十四五”时期规划建设风光基地总装机容量约 2 亿 kW，包括外送 1.5 亿 kW、本地自用 0.5 亿 kW;“十五五”时期规划建设风光基地总装机容量约 2.55 亿 kW，包括外送 1.65 亿 kW、本地自用 0.9 亿 kW。

两次大型清洁能源基地项目的规划，对促进可再生能源的开发利用、增加能源供应、改善能源结构、保障能源安全、构建以新能源为主的新型电力系统、实现经济社会的可持续发展，具有重要而深远的意义。

4. 分布式光伏前景广阔

面对气候目标的大任，地面电站受限于土地、消纳等因素，未来增量空间将面临天花板，同时，土地租金飙升、用地成本上升等非技术成本也限制了地面电站的无限发展。而应用于多种场景的分布式光伏项目不仅具有消纳的优势，而且光伏+交通、光伏+加油站、光伏+屋顶以及光伏+农渔业等“光伏+”分布式光伏应用场景为光伏行业提供了可供想象的巨大空间。

2021 年 6 月 20 日，国家能源局发布《关于报送整县（市、区）屋顶分布式光伏开发试点方案的通知》，要求党政机关建筑屋顶总面积可安装光伏发电比例不低于 50%；学校、医院、村委会等公共建筑屋顶总面积可安装光伏发电比例不低于 40%；工商业厂房屋顶总面积可安装光伏发电比例不低于 30%；农村居民屋顶总面积可安装光伏发电比例不低于 20%。由此拉开全国整县分布式光伏大发展的序幕。

2021 年 9 月 8 日，国家能源局正式印发《公布整县（市、区）屋顶分布式光伏开发试点名单的通知》，将各地报送的试点县（市、区）名单予以公布。根据通知，全国共有 676 个县列为整县（市、区）屋顶分布式光伏开发试点，试点工作要严格落实“自愿不强制、试点不审批、到位不越位、竞争不垄断、工作不暂停”的工作要求。试点过程中，不得以开展试点为由暂停、暂缓其他项目立项备案、电网接入等工作。对于试点过程中不执行国家政策、随意附加条件、变相增加企业开发建设成本的，将取消试点资格。

2021 年 7 月，国家发展改革委发布《关于进一步完善分时电价机制的通知》，在保持销售电价总水平基本稳定的前提下，科学划分峰谷电价时段和拉大峰谷价差，完善了分布式光伏的商业模式。同年 9 月，国家发展改革委发布《完善能源消费强度和总量双控制度方案》，约束控制能耗总量和能耗强度，也促进了工商业分布式光伏的发展。

在一系列利好政策的驱动下，2021 年，光伏发电建设实现新突破，呈现新特点。第一，全国光伏新增装机容量 5488 万 kW，其中，分布式光伏新增装机容量 2928 万 kW，约占全部新增光伏发电装机容量的 55%，历史上首次突破 50%，光伏电站与分布式光伏并举的发展趋势愈发明显；第二，从累计装机容量来看，2021 年底分布式光伏装机规模突破 1 亿 kW，约占全部光伏发电并网装机容量的 1/3；第三，在新增分布式光伏中，户用光伏继 2020 年首次超过 1000 万 kW 后，2021 年达到约 2159.62 万 kW，户用光伏已经成为我国如期实现碳达峰、碳中和目标和落实乡村振兴战略的重要力量。随着商业模式的成熟，分布式光伏项目或将成为担起碳中和大任的主力军之一。

5. 国有主体加快进入光伏发电行业

2018 年以前，因光伏发电项目投资小、建设快及普遍存在的“路条买卖”等原因，使得光伏发电的投资以民营企业为主导，民营企业投资占到 2/3 以上。2018 年“531”新政出台之后，民营企业现金流出现困难，开始出售光伏电站补充流动性，而这些出售项目的接盘方多是国家队——能源型央企和地方国企。彼时，国有主体开始纷纷进场。

随着碳减排的“3060”目标的提出，作为践行使命的排头兵，能源央企和地方国企身负艰巨的减排任务。同时，鉴于光伏发电进入平价时代，更适合长期持有，因此，国有主体纷纷加码对光伏等新能源领域的投入。据北极星太阳能光伏网不完全统计，自 2021 年 1 月以来，国家电投、国家能源集团、华能、中石化、国投电力、江西电建等陆续开展收购光伏项目、设立光伏相关子公司、成立新能源基金以及与光伏企业签订合作协议等动作。

二、国际光伏发电发展趋势

1. 设定发展目标

2020 年 4 月，法国政府发布了新的多年期能源计划（PPE），该计划的目标是到 2023 年实现 20.1GW 可再生能源发电装机容量，到 2028 年实现 44GW 可再生能源发电装机容量。为实现既定目标，政府计划于 2024 年前每年对地面光伏发电项目进行两期招标，每期最高 1GW；每年对屋顶太阳能项目进行三期招标，每期最高 300MW。

2020 年 12 月，德国联邦议院通过《可再生能源法》（EEG）修订草案。法案强调，到 2030 年德国可再生能源发电量须达到全国总发电量的 65%，还规定因疫情延误的光伏项目可延期完成。

意大利在其《国家能源与气候计划》中设定了到 2030 年 52GW 光伏装机容量的目标，这几乎是其 2019 年光伏总装机容量（20.9GW）的 2.5 倍，政府推出的招标计划有望推动其光伏装机向该目标迈进。

波兰在其《国家能源与气候计划》中制定的政策目标是将光伏累计装机容量提升至 10.2GW（2030 年）和 20.2GW（2040 年）。按照目前的发展势头，波兰有望提前完成上述装机目标。

2020 年 6 月，巴西政府发布第 10387 号法令，未来 10 年将在国内建设超过 8GW 的光伏项目。

2020 年 10 月，以色列内阁批准了能源部提交的计划，该计划将新增约 15GW 光伏发电装机容量，以实现 2030 年可再生能源在全国电力结构中所占比例从 17%提高到 30%的目标。

2. 制定财政刺激计划

2020 年 7 月，在国际能源署清洁能源转型峰会上，占全球能源消耗和碳排放量 80%的 40 个发达经济体和新兴经济体部长强调，要让清洁能源技术成为推动经济复苏的重要组成部分。以清洁能源为重点的经济刺激措施将直接或间接为光伏产业发展提供额外的财政支持。

根据惠誉的数据，截至 2020 年 6 月，全球直接财政刺激占 GDP 的比重已经是 2008 年全球金融危机后实施的财政刺激的两倍。随后欧盟发布的经济复苏计划将应对疫情危机与此前的可持续增长战略相连接，预计总额 7500 亿欧元的复苏基金中 30%将用于绿色支出，包括减少对化石燃料的依赖等。

受新冠肺炎疫情冲击，如何通过实施经济复苏计划实现可持续发展是很多国家都面临的共同问题，越来越多的国家将清洁能源作为恢复经济的引擎，将光伏产业作为刺激本国经济复苏的手段之一。各国的财政激励政策如表 1－20 所示。

表 1-20　2020 年各国与光伏相关的财政激励计划

国别	光伏相关财政激励计划
英国	启动了 440 亿美元的清洁增长基金，用于绿色技术研发
瑞士	出台 3.7 亿瑞士法郎的补贴计划，用于补贴住宅和商业屋顶太阳能项目
荷兰	将大型可再生能源支持计划 SDE+的总预算从 20 亿欧元增至 40 亿欧元
意大利	通过《经济刺激措施重新启动法令》，划拨经济刺激专项津贴 550 亿欧元，其中，面向建筑物翻新的节能补贴将从 65%增至 110%，此类翻新项目附带的光伏装置支持力度将从成本的 50%大幅提高到 110%
韩国	数字和绿色新政计划投入 73.4 亿韩元支持节能住宅和公共建筑、电动汽车和可再生能源发电
日本	致力于加强太阳能、氢能和碳循环等重点技术领域的研发和投资
印度	批准制造激励计划 PLI，未来五年印度包括高效光伏组件等在内的十个关键部门将获得政府拨款 1.45 万亿卢比（约 196.1 亿美元），以提高制造能力和出口额

（1）德国取消太阳能补贴上限。

2020 年上半年，德国议会正式批准从《可再生能源法》中取消光伏发电装机补贴上限。德国政府曾在 2012 年出台规定，要求全国范围内光伏装机容量达到 52GW 后，发电规模 750kW 以内的小型光伏项目将不再获得《可再生能源法》中规定的补贴。随着光伏发电成本持续下降，德国 2020 年内即可实现 52GW 的光伏装机，上述规定将限制德国光伏规模的进一步扩张。此次取消光伏发电装机补贴上限有利于提振产业信心，同时能够为光伏产业带来更多的投资。

（2）印度 ISTS 税费豁免延期。

2020 年 8 月，印度电力局将原本截止于 2022 年 12 月 31 日的光伏、风电州际传输系统税（ISTS）豁免延长至 2023 年 6 月 30 日。这项税费豁免适用于所有光伏、风电和混合互补项目，豁免期为 25 年，同时适用于印度可再生能源部公共部门事业计划第二阶段委托的光伏项目，以及印度国有太阳能公司（SECI）2019 年 6 月发布的相关光伏项目。

3. 大力推行招标拍卖

2020 年，得益于重点市场光伏招标和电价竞标的推动，全球光伏发电在新冠肺炎疫情影响下显示出强大的韧性，尤其是欧洲市场，欧盟成员国光伏新增装机容量达到 18.2GW，比上一年增长 11%，为 2011 年以来最高增幅。在世界各地举行的多次光伏电价竞标和招标中，中标电价多次被刷新。

亚太地区，缅甸、马来西亚、乌兹别克斯坦、印度等国分别发布了较大装机容量的光伏招标，以此来刺激国内市场复苏，东南亚市场光伏招标规模增长明显。

欧洲地区，德国、希腊、意大利、葡萄牙的光伏招标日益走向成熟。其中，作为欧盟最大的光伏市场，德国全年发布多次光伏招标，2020 年德国光伏新增装机容量达到 2012 年以来的最高水平。

西班牙、哥伦比亚、波兰等国于2021年相继宣布推出吉瓦级的光伏招标，随着光伏发电成本持续优化，新一轮的光伏电价竞标将给全球光伏行业带来新的机会和挑战。

三、全球光伏产业发展预测

伍德麦肯兹预计，未来几年，全球光伏新增装机容量将持续增长。就地区而言，中国市场将继续强劲增长；印度市场若无强有力的政策支持，2022年100GW光伏装机目标恐难实现；在欧洲市场，气候政策释放长期积极信号，为实现55%的减排目标，到2030年包括光伏在内的可再生能源电力在欧盟电力供应中的份额将从2020年的38%提升至65%。

国际能源署认为，到2030年，可再生能源将满足全球新增电力需求的80%，其中，光伏发电将是增长的主要推动力。到2040年，在既定政策情景下，全球光伏发电量将达到4813TW·h，而陆上风电和海上风电发电量总和为4019TW·h；在可持续发展情景下，虽然光伏发电与风电的差距缩小，但光伏仍将以8135TW·h的年度发电量在发电电源中居于领先地位。因此，无论是在国内还是国际上，光伏产业都在快速发展。

中国光伏行业协会认为，全球已有多个国家提出了“零碳”或“碳中和”的气候目标，发展以光伏为代表的可再生能源已成为全球共识，再加上光伏发电在越来越多的国家成为最有竞争力的电源形式，预计全球光伏市场将持续高速增长。未来，在光伏发电成本持续下降和全球绿色复苏等有利因素的推动下，全球光伏新增装机仍将快速增长。在多国“碳中和”目标、清洁能源转型及绿色复苏的推动下，预计“十四五”期间，全球光伏年均新增装机将超过220GW。

第二章

光伏发电站建设与运营基本过程

第一节 光伏发电站构成

一、光伏发电站构成及主要设备

光伏发电站是指利用光伏电池的光生伏特效应，将太阳辐射能直接转换成电能的发电系统，包含各类建（构）筑物及检修、维护、生活等辅助设施在内的发电站。图 2－1 为集中式光伏发电站典型构成。

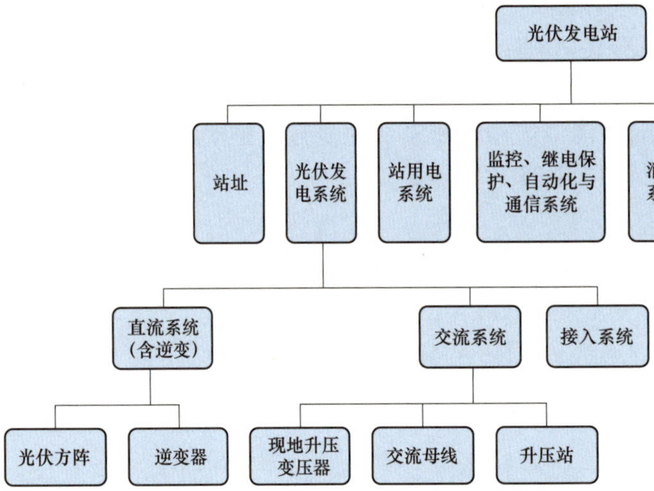

图 2－1　光伏发电站典型构成（集中式）

图 2－1 所示分子系统中，与其他发电形式比较，最具特点的是直流发电系统。在直流发电系统中，最小的发电单元是光伏组件，若干组件串接后形成组串，组件并接后形成光伏方阵（亦称“阵列”）并接入逆变器。图 2－2 为光伏方阵电气结构图例（组串式逆变器）。

图 2－3 为光伏发电主要设备概览。图中带“阴影”部分为专用性较强设备，其他为通用性较强设备。

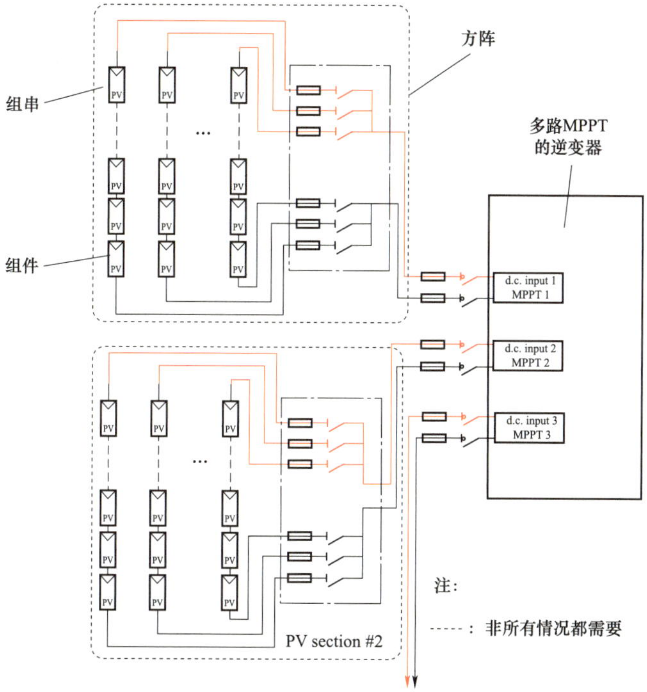

图 2-2　光伏方阵电气结构示例（组串式逆变器）

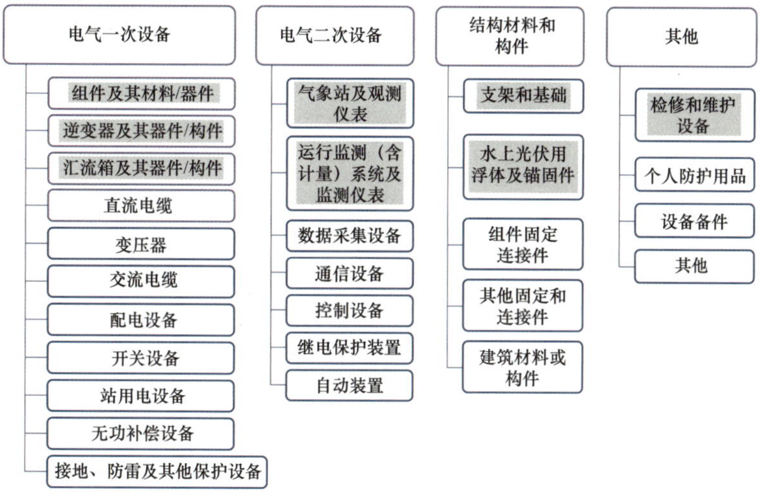

图 2-3　光伏发电设备概览

在光伏专用设备方面，我国已成为名副其实的设备制造大国，以组件和逆变器为例，2019～2021 年全球出货量前 10 的企业中，我国均占 5 席以上，组件出货量靠前的企业有晶科、隆基、天合、晶澳、阿特斯等；逆变器出货量靠前的企业有华为、阳光电源、上能电气、特变电工、固德威等。

二、光伏发电站建设与运营基本过程及主要利益相关方

光伏发电站建设与运营分为建设期和运营期，图 2-4 为光伏发电站建设与运营基

本过程。理论上，以移交生产验收为节点，进入运营期，此前为建设期。通常，光伏发电站的运营期按20年或25年设计，多数为25年；对地面电站，按土建施工起始和并网间隔时间计算，多数项目的建设周期在3～8个月。

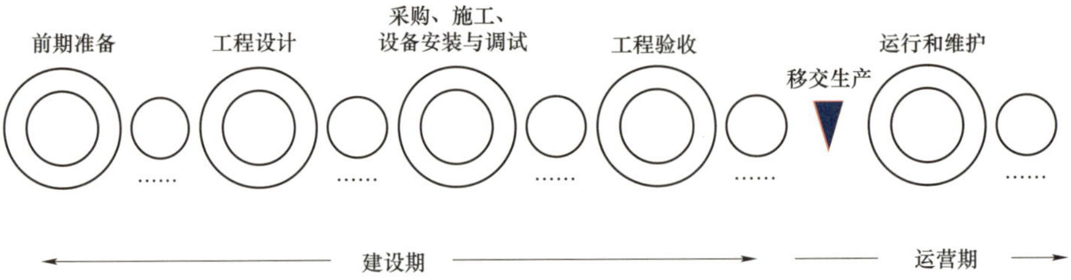

图2-4 光伏发电站建设与运营基本过程

图2-5为电站建设和运营过程主供应链及相关方概览。

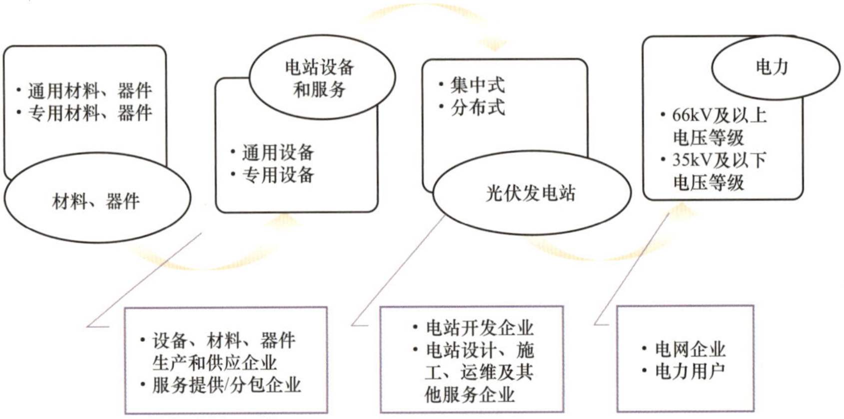

图2-5 光伏发电站主供应链概览

以2009年第一批特许权招标项目为标志，我国的光伏发电进入规模化应用阶段。经过十多年的发展，以光伏发电站为轴心，我国已形成完整、配套的产业链，包括金融、保险、第三方检测认证及其他服务保障系统。另外，发展之初，光伏发电即呈现出多元、多样的发展格局。设备制造端，特别是组件、逆变器等专用性较强的设备，以民营企业为主；系统应用端，电站建设和运营单位既有企、事业法人单人，也有自然人；企、事业单位中有国有及国有控股企业、民营企业、公共事业单位，光伏扶贫电站中还包含政府性投资。

投资主体多元化，建设、运营和商业模式多样化，导致非技术、不确定性风险增多，除第二篇中提到的技术和合规性风险，还需注意这方面风险的识别和防控。

第二节 光伏发电站站址选择与前期准备

图2-6为光伏发电站站址选择与前期准备主要工作内容和基本业务流程。其中：

（1）站址选择（含现场踏勘/勘察）的主要任务是确定站场条件的适合性。对依附于建筑（BAPV）或与建筑集成的分布式光伏（BIPV），主要指建（构）筑物及接入和消纳条件；对集中式地面或水面电站，主要指场地或水面及接入和消纳条件。

（2）太阳能资源评估的主要任务是确定站场所在地太阳能资源的丰富和稳定程度，以及组件设计安装角度预期接收辐射量。

（3）可行性研究的主要任务是针对所选站址的站场条件及初设方案，确定项目在技术和经济上的可行性。

（4）项目审批/备案（含专项审查和评估）的主要任务是完成企业内部的立项及各类外部审查、评估、审批事项。

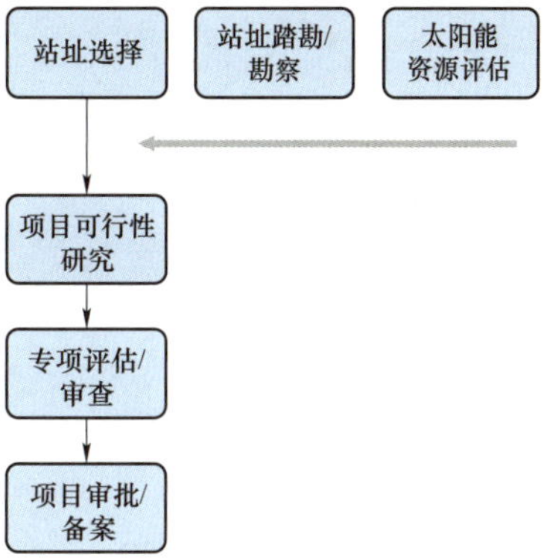

图 2-6　站址选择与前期准备基本业务流程

一、站址选择

按站址类型，可将光伏发电站分为地面电站、水面电站、屋面或与建筑集成电站。依据“土地法”，土地分为农用地、建设用地、未利用地，图 2-7 为依据 GB/T 21010《土地利用现状分类》归纳出的土地类别框图。在不改变土地原有性质的前提下，图 3-2 中大部分类型的土地均可与光伏发电进行复合利用。可用于光伏发电站建设的建（构）筑物可分为工商业建筑、民用建筑、公共建筑，图 2-8 为基于应用场景、与建筑结合的分布式光伏电站类型框图。

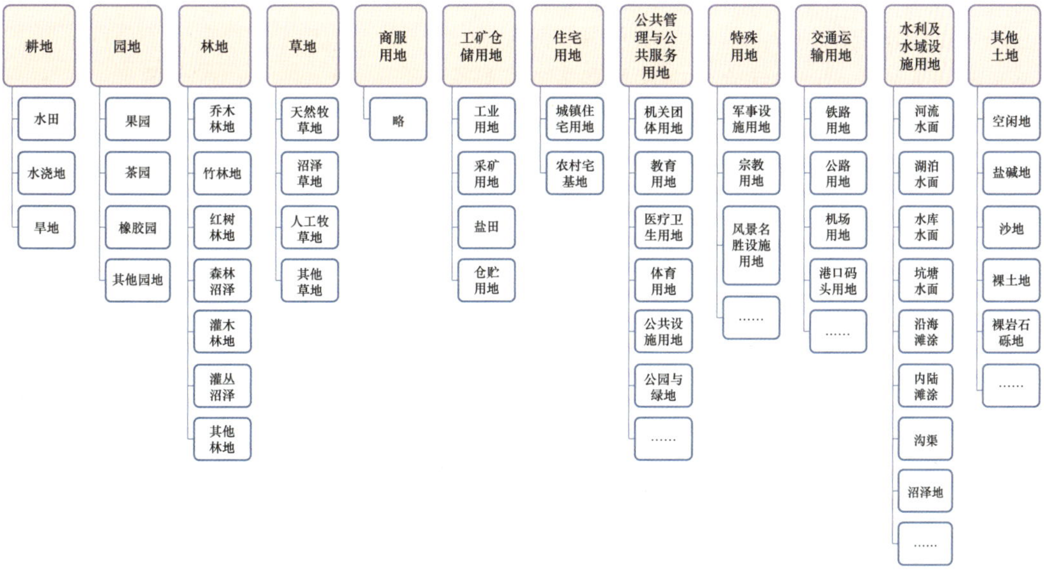

图 2-7　土地类别框图

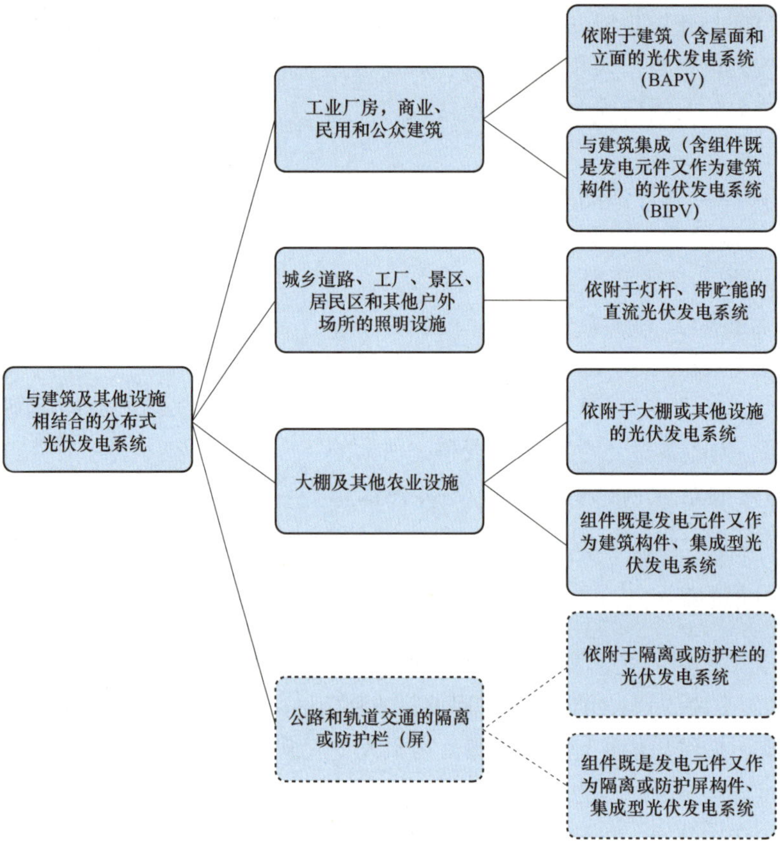

图 2-8　与建筑结合分布式光伏类型

光伏发电具有适用范围广、灵活多样的特点。理论上，前述各种类型土地和建筑均可作为光伏发电的站址，随着技术发展和应用成本下降，光伏发电的应用场景在不断扩大，实际工作中，需要综合考虑法规要求、站场太阳能资源、接入和消纳条件、技术可行性、经济合理性及其他因素，确定选址标准并开展选址工作。

选址过程的现场踏勘或勘察是一项非常重要的工作，在既有屋面或建筑物上建设分布式光伏，现场踏勘的内容主要包括：房屋结构和现状、朝向、可用面积、房屋结构、接入和消纳条件及其他电站性能和安全影响因素；对地面电站，站场勘察的内容主要包括：地质和水文条件、地形地貌、周边环境及其他与之相关内容，需要时，在勘察基础上，还应进行站址灾害评估。

二、光资源评估

光资源评估的目的是调查和评估站址所在地太阳能资源的丰富和波动程度，以及影响光伏发电性能和安全的气象条件，进而确定当地建设光伏发电站资源条件的适合性及经济上的合理性。图 2-9 为太阳能资源评估的基本流程。

图 2-9 所示过程中：

（1）太阳能资源及其他气象参数的观测数据来源于地面参考气象站、卫星观测数据

（如 NASA、Solargis）、站场现地观测站。

（2）水平观测辐射量的评估结果通常包括：不同时长，逐时、逐日、逐月、逐年水平总辐射量、直射辐射量、散射辐射量、最大辐照度或均值。

（3）其他气象条件通常包括：多年月均气温、极端最高气温、极端最低气温、昼间最高气温、昼间最低气温；多年平均风速、极大风速、主导风向，多年最大冻土深度和积雪厚度，多年年平均降水量和蒸发量；多年来的连续阴雨天数、雷暴日数、冰雹次数、沙尘暴次数、强风次数等灾害性天气情况。另外，在气象条件调查的基础上，还宜进行气象灾害评估。

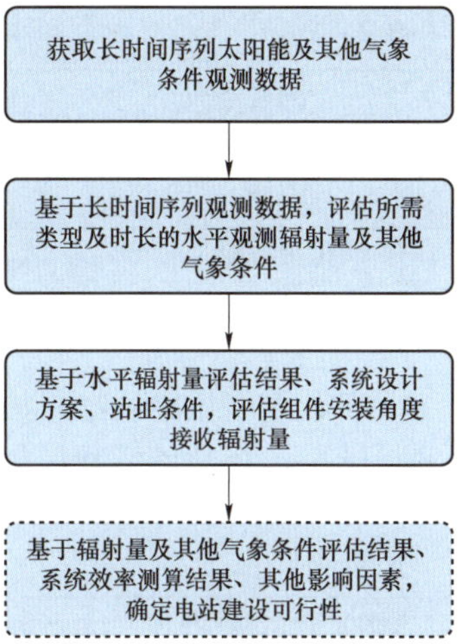

图 2-9　太阳能资源评估基本过程

（4）基于多年平均或典型年份水平辐射量的评估结果及组件安装方式（固定支架、固定可调支架、跟踪支架），需要计算出组件安装角度逐月接收辐射量（见图 2-10），进而核算出年接收辐射量，并作为发电量预测的依据。

通常，依据 GB/T 31155《太阳能资源等级　总辐射》及 GB/T 37526《太阳能资源评估方法》，太阳能资源评估会给出资源量等级、稳定程度的评定结果。表 2-1、表 2-2 为 GB/T 31155 中给出的等级划分标准。

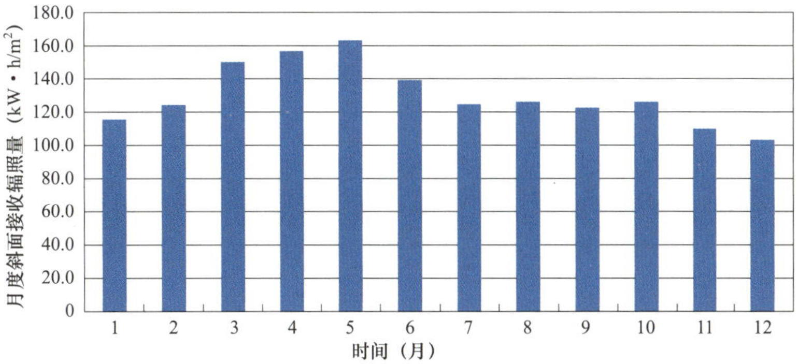

图 2-10　某电站代表年份组件安装角度（固定最佳倾角）月度接收辐射量

表 2-1　　中国太阳能资源总量等级划分

等级名称	分级阈值（kW·h/m²）	等级符号
最丰富	≥1750	A
很丰富	1400～1750	B
丰富	1050～1400	C
一般	＜1050	D

表 2-2　　中国太阳能资源稳定度（R_w）等级划分

等级名称	分级阈值	等级符号
很稳定	$R_W \geq 0.47$	A
稳定	$0.36 \leq R_W < 0.47$	B
一般	$0.28 \leq R_W < 0.36$	C
欠稳定	$R_W < 0.28$	D

另外，参考上述标准，按行政区域，我国又将太阳能资源划分为Ⅰ、Ⅱ、Ⅲ类区，并将其作为电价核定及其他相关差异性政策制定的依据，表 2-3 为三类区的区域范围。

表 2-3　　太阳能资源源区划分

资源区	各资源区所包括的地区
Ⅰ类资源区	宁夏全区，青海（海西），甘肃（嘉峪关、武威、张掖、酒泉、敦煌、金昌），新疆（哈密、塔城、阿勒泰、克拉玛依），内蒙古（呼和浩特、包头、乌海、鄂尔多斯、巴彦淖尔、乌兰察布、锡林郭勒）
Ⅱ类资源区	北京，天津，黑龙江，吉林，辽宁，四川，云南，内蒙古（赤峰、通辽、兴安盟、呼伦贝尔），河北（承德、张家口、唐山、秦皇岛），山西（大同、朔州、忻州），陕西（榆林、延安），青海（西宁、海东、海北、黄南、海南、果洛、玉树），甘肃（兰州、天水、白银、平凉、庆阳、定西、陇南、临夏、甘南），新疆（乌鲁木齐、吐鲁番、喀什、和田、昌吉回族、博尔塔拉蒙古、伊犁、克孜勒苏柯尔克孜）
Ⅲ类资源区	除Ⅰ、Ⅱ类资源区以外的其他地区

三、项目可行性研究（含初步设计）

可行性研究是指在深入调查、分析和预测基础上，对项目在技术上和经济上的可行性进行分析和论证。可行性研究过程编制的“项目可行性研究报告”将作为投资决策的依据。对光伏发电项目，可行性研究包括两类，一种是综合性调查、分析；另外一种是专项调查、分析和研究，如林地使用、送出工程。另外，许多项目，项目可行性研究与初步设计合并进行。光伏发电项目可行性研究（综合性）的基本内容如图 2-11 所示。

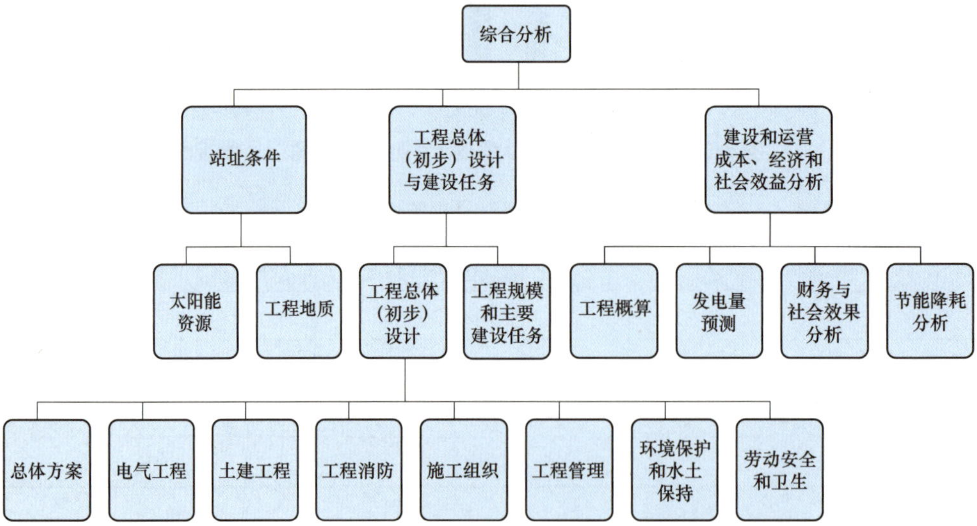

图 2-11　光伏发电项目可行性研究（综合性）基本内容

图 2－11 中所述内容主要针对地面集中式电站，对与建筑结合的分布式电站，某些内容可能不需要，如：工程地质方面的调查、水土保持设计；对水面及光伏与种养殖业结合电站，可能需要增加某些方面的内容，如：水文条件调查、水体保护及兼顾种养殖需要的设计要求。

在图 2－11 所述内容中：

（1）太阳能资源调查和评估的内容见本章相关内容。

（2）工程地质的调查和评估主要包括：站场范围、地理坐标、地形地貌、地质构造、岩土性质、水文地质条件、地震动参数及其他内容的调查或勘察；评估发生不良地质作用和地质灾害的可能性；针对特定地质条件，站场建（构）筑物设计和施工建议。

（3）工程总体（初步）设计内容通常包括图中所示的八项内容。

（4）工程建设规模和任务需要扩展性地调查和分析以下内容：地区社会经济现状、地区电力系统现状及规划、工程任务、工程规模、工程建设必要性。需要特别注意的是：随着非水可再生能源发电接入比例的增加，消纳和送出已成为制约发伏发电发展规模的主要因素，在开展可行性研究时，要特别强调这方面内容的调查和分析。

（5）工程概算主要包括设备及安装工程、建筑工程、土地及其他方面的费用概算。

（6）在发电量预测及工程概算的基础上，经济和社会效益分析主要包括财务评价及社会效果评价，包括节能降耗分析。

如前所述，许多项目，可行性研究与初步设计合并进行。对大、中型集中式光伏发电站，初步设计通常包括总体及电气工程、土建工程、工程消防、施工组织、环境保护和水土保持、劳动安全和卫生等方面的设计说明。

（1）总体说明通常包括：工程概要、规模及设计范围，系统整体及分子系统设计概要；运维方案；设计依据及约束条件，包括设计依据标准、法规和其他要求，地理和气候条件，其他；效率水平及发电量预测。

（2）电气工程包括电气一次、电气二次和通信方面的总体设计方案。

（3）土建工程包括以下方面的设计依据和总体设计方案。适用时，包括：光伏阵列基础，逆变器、箱式变压器和其他设备基础，场内集电线路，升压站，防灾工程，场内道路及围墙（栏）。

（4）工程消防包括消防设计原则、工程和施工消防总图说明。

（5）施工组织设计通常包括施工条件、总体布置、主体工程施工、总体进度、工程管理等方面的说明。

（6）环境保护和水土保持通常包括环境保护和水土保持设计依据及总体设计说明。

（7）劳动安全与工业卫生通常包括以下方面的设计依据和设计说明：主要危险/危害因素、安全设计要求、危险/危害因素监测、设备安全性能及系统安全防护。

四、项目备案及专项评估和审查

对光伏发电项目，我国采用的是年度规模指导下的项目备案制，项目备案和建设过程，需按国家对建设项目的管理要求，取得所需的行政性评估、审查和许可类文件。图 2－12 为地面集中式光伏发电站建设所需的专项评估、审查、许可项目概览。

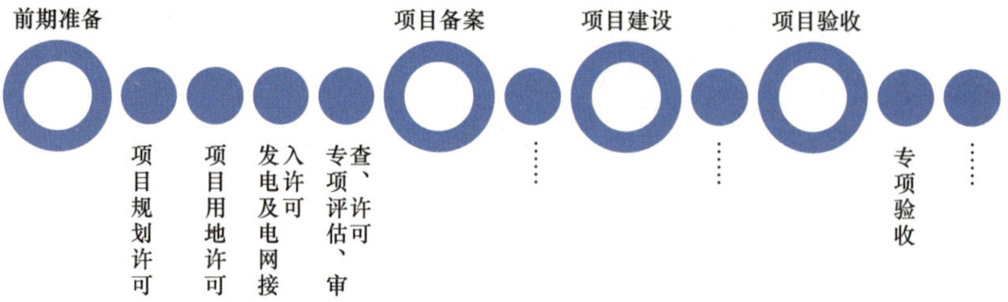

图 2-12　光伏发电专项评估、审查、许可项目

前期准备需要获取的许可文件中：

（1）项目规划和用地许可通常包括：《建设用地规划许可证》《建设工程规划许可证》《国有土地使用证》《建设工程施工许可证》及《建设项目选址意见书》，即通常所说的“四证一书”。其中：

1）《建设用地规划许可证》是建设项目位置和范围符合城乡规划的法定凭证。

2）《建设工程规划许可证》是有关建设工程符合城乡规划要求的法律凭证。

3）《国有土地使用证》是确认土地使用权的法律凭证。

4）《建筑工程施工许可证》是建设单位进行工程施工的法律凭证。

5）《建设项目选址意见书》是取得《建设用地规划许可证》的前置性工作。

在取得上述文件前，需要准备项目规划选址报告及总平面布置图、用地勘测定界技术报告及地形图测绘以及其他技术文件。

（2）通过电网接入审查、获得发电业务许可是集中式电站并网和电网购售电的必要手续。随着非水可再生能源发电在电力中占比的增加，并网和消纳已成为光伏发电未来发展的制约性因素之一，这方面的要求会趋于严格，包括技术要求、管理要求。

（3）对集中式电站，专项评估、审查、许可包括：环境影响、水土保持、地质灾害危险性、节能等方面的评价或评估及政府部门的批复；某些区域，还需要评估是否存在压覆矿，对军事设施、文物古迹及其他方面的影响；占用某些性质的土地，还需要通过业务主管部门的审查，如占用林地，需要通过林业主管部门的审查，占用草原，需要通过草原主管部门的审查。

对分布式光伏发电项目，行政性评估、审查和许可大量简化，可以免除发电业务许可、规划选址、土地预审、水土保持、环境影响评价、节能评估及社会风险评估等方面的评估、审查和许可。

第三节　光伏发电站设备选型

在图 2-3 所示各类设备中，从设备选型角度，最为关键的是组件和逆变器，近些年及未来一段时间，技术更迭最快的也是这两种设备。

一、组件选型

图 2-13 为晶体晶光伏组件典型结构图示，表 2-4 为组件分类表。

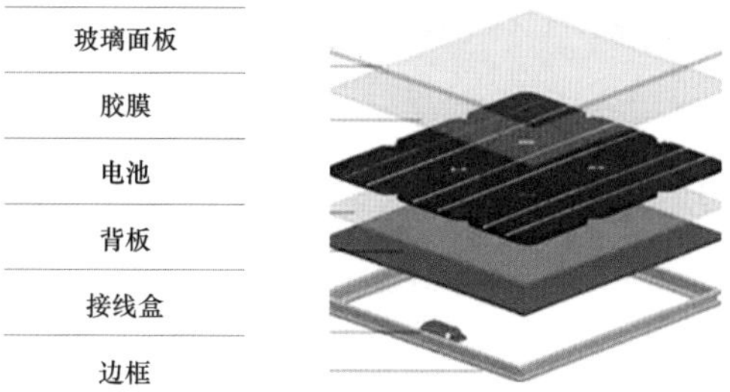

图 2－13　常规晶硅组件图示

表 2－4　　组件分类表

分类方法		细分类型
一、按组件整体划分		
机械结构	按整体结构	例如，双玻组件、单玻组件；带边框或无边框设计
	按电池形制	例如，整片电池组件、半片电池组件、切片电池组件
	按电池数量	例如，60 片等效整片电池组件、72 片等效整片电池组件
	按电池排布	例如，6×10 排布，6×12 排布；正常电池间距排布、小电池间距排布
电气结构	按电气连接方式	例如，串联连接（S）；串、并式连接（SP）
	按接线盒安装位置和数量	例如，2 个或 3 个接线盒；上下边缘或中间位置安装
二、按组件构成划分		
电池	按晶体形式	多晶硅，直拉单晶、铸锭单晶（类单晶）
	按导电类型	P 型、N 型
	按发电形式	单面发电、双面发电
	按电池及栅线结构	例如，同质结、异质结；常规栅线结构、多主栅、MWT、IBC
	按外形尺寸	例如，158.75mm、166mm、182mm、210mm 方形或准方形
辅助材料和器件	按玻璃	例如，镀膜或非镀膜玻璃、超白压花玻璃、涂釉玻璃；全钢化或半钢化（热强化）玻璃；2.0mm、2.5mm、3.2mm 厚玻璃
	按封装胶膜	例如，EVA 胶膜、POE 胶膜、EPE（共挤型）胶膜；透明胶膜、白色胶膜
	按焊接材料	例如，焊带（丝）、导电胶
	按背板	例如，胶粘复合型背板、涂覆型背板、挤出型背板；透明背板、白色背板；双面含氟背板、单面含氟背板、不含氟背板
	接线盒二极管	例如，硅基、肖特基、SiC、MOSFET 管

目前，在质量要求方面，尚缺少符合 GB/T 20001.10《标准编写规则　第 10 部分：产品标准》、认可度较高、可作为组件选型依据的国家或行业标准。业内大多将通 IEC61215、IEC61730 及其他特定标准的测试认证作为工程准入的前提条件，对现行标准中未明确规定的产品要求，以补充要求的形式体现。图 2－14 为现行 IEC 标准中规定的测试项目框图。

二、逆变器选型

目前，主流逆变器有三种类型，包括组串式逆变器、集中式逆变器、集散式逆变器。图 2－15、图 2－16 分别为采用组串式逆变器、集中式逆变器的光伏发电单元直流系统主电气结构图示例。采用集散式逆变器的主电气结构与集中式基本一致，只是逆变器最大功率点跟踪（MPPT）功能移至汇流箱。

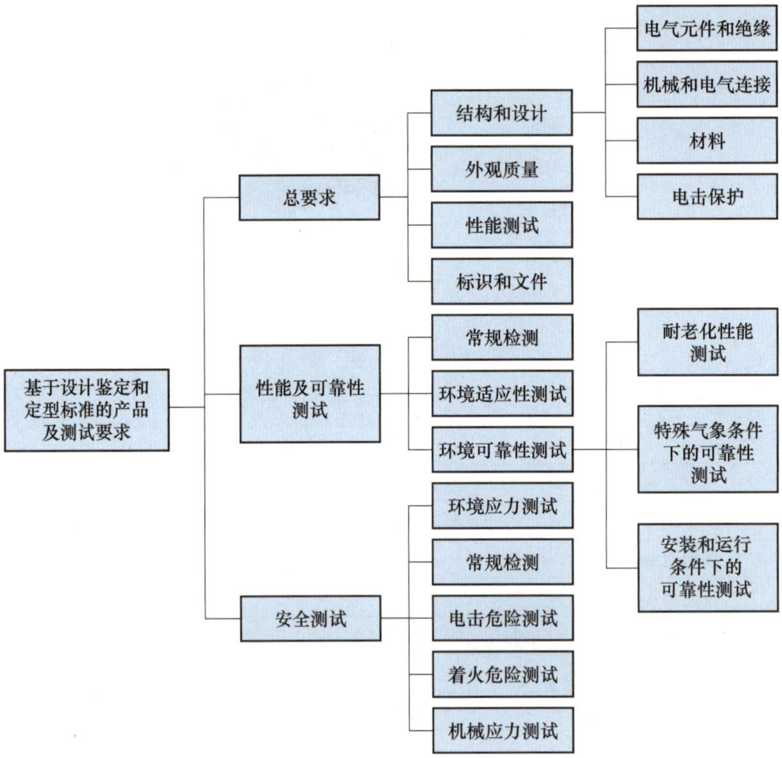

图 2–14　现行 IEC 标准中规定的测试项目框图

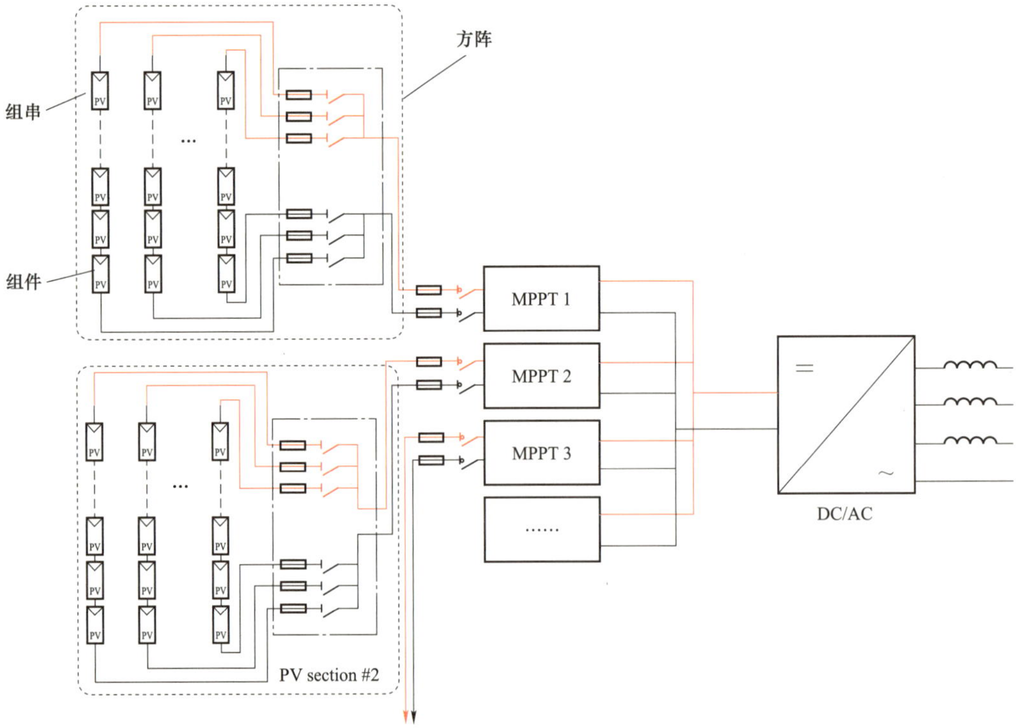

图 2–15　采用组串式逆变器直流系统主电气结构图示例

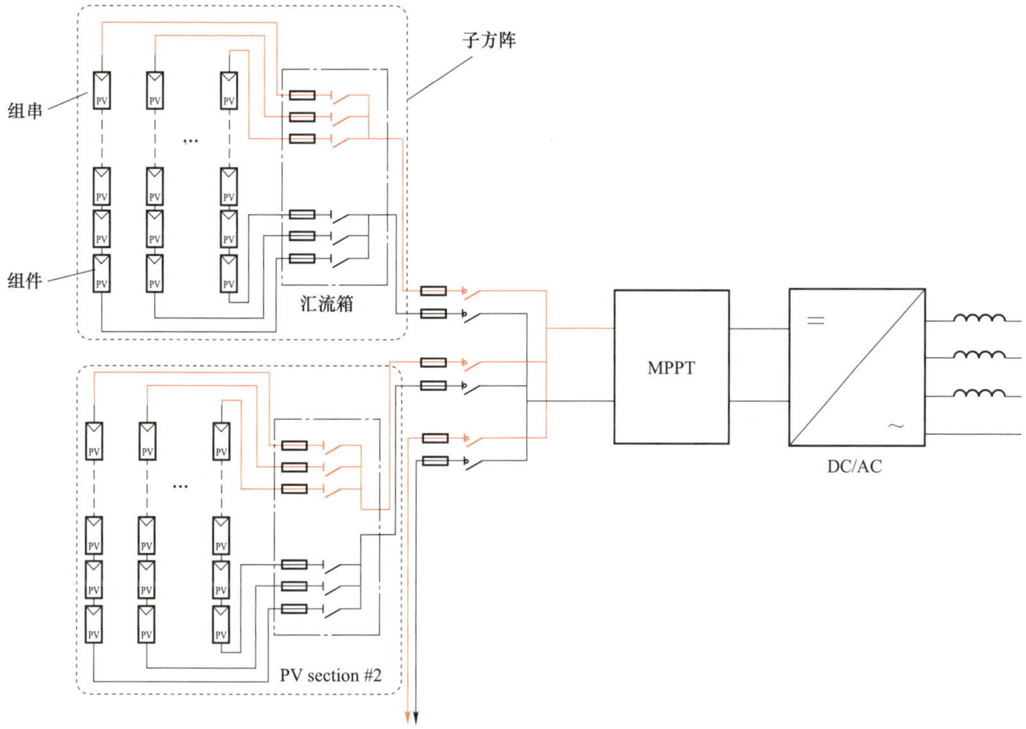

图 2–16 采用集中式逆变器直流系统主电气结构图示例

逆变器为光伏发电单元中枢性设备，质量方面，除符合现行 GB/T 37408《光伏发电并网逆变器技术要求》或 NB/T 32004《光伏并网逆变器技术规范》要求外，还应注意：

（1）满足特定运行环境下的特定要求，特别是电网适应性、耐候性、高低温、电气安全等方面的特定要求。

（2）运行监控、故障检测和预警、通信方面的特定要求。

第四节 光伏发电站施工设计

GB 50797《光伏发电站设计规范》为光伏发电站设计过程的基本依据，该标准明确了光伏发电站的设计范围和基本要求。图 2–17 为基于标准给出的大中型集中式电站施工设计范围框图。

同其他发电形式比较，图 2–17 中所列内容中，差异较大的为发电系统的设计，特别是直流系统。其中，最为重要的有以下方面：设备选择及容量配比，特别是组件和逆变器间的容量配比；支架形式（含基础）的确定和设计；方阵设计。

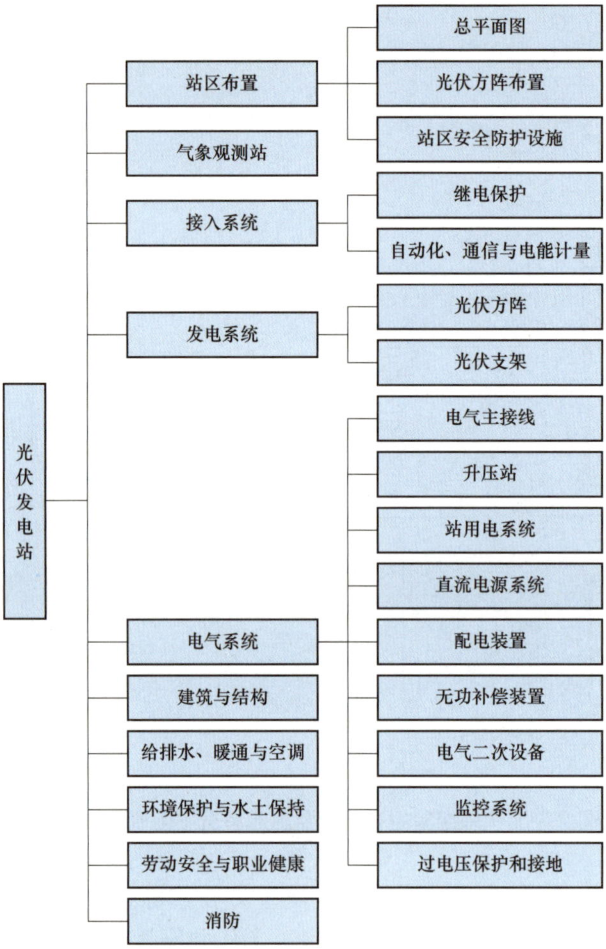

图 2-17 光伏发电站施工设计范围框图

一、设备选择及容量配比

设备选择中最重要的是组件，由于其在电站初始投资中占比较高，加之类型较为复杂（见表 2-4）且技术更迭较快，使其成为电站设计方案比选中最重要的一环。另外，组件和逆变器的容量配比也是需要考量的重要指标，表 2-5、表 2-6 为 NB/T 10394—2020《光伏发电系统效能规范》中给出的参考值，需要注意的是，实际设计中，需要根据站场条件和系统设计方案，在精准测算基础上，合理确定。

表 2-5 单面发电组件容配比典型地区算例结果

序号	水平面总辐照量（kW·h/m²）	平铺	固定式	平单轴跟踪	斜单轴跟踪
1	1000	1.7～1.8	1.7～1.8	1.6～1.7	1.5～1.6
2	1200	1.7	1.6～1.7	1.6	1.5
3	1400	1.6	1.5～1.6	1.5	1.4

续表

序号	水平面总辐照量（kW·h/m²）	平铺	固定式	平单轴跟踪	斜单轴跟踪
4	1600	1.4	1.4	1.4	1.3
5	1800	1.3～1.4	1.3	1.3～1.4	1.2～1.3
6	2000	1.2	1.1～1.2	1.1～1.2	1.0～1.1

表 2－6　　双面发电组件容配比典型地区算例结果

序号	水平面总辐照量（kW·h/m²）	固定式	平单轴跟踪	斜单轴跟踪
1	1000	1.6～1.7	1.5～1.6	1.5
2	1200	1.6	1.5～1.6	1.4
3	1400	1.5	1.4～1.5	1.3～1.4
4	1600	1.3	1.3～1.4	1.2～1.3
5	1800	1.2～1.3	1.3	1.2
6	2000	1.1	1.0～1.2	1.0

二、支架形式（含基础）的确定和设计

支架是指支撑组件和其他设备的构件，常见的有固定支架、固定可调支架、跟踪支架三种形式。跟踪支架又分为平单轴、斜单轴和双轴跟踪支架，目前，工程上应用较多的是平单轴跟踪支架。图 2－18 为几种支架示例。

对地面电站，基础是指埋入地下用于固定支架的部分，常见的有：

（1）混凝土基础，包括条形基础和管桩基础，管桩又分为混凝土灌注桩和预制桩。

（2）钢制管桩，包括螺旋桩和普通管桩。

另外，支架与组件间有压块连接和螺栓连接两种常见连接方式。

三、方阵设计

依据 GB 50797《光伏发电站设计规范》中给出的定义，方阵是指将光伏组件在电气上按一定方式连接在一起，并按一定规律进行排布、安装后构成的直流发电单元，又称光伏阵列。

依据 IEC 62548《光伏方阵设计要求》中的界定，接入同一逆变器跟踪（MPPT）模块的组件、组件串、光伏子方阵视为同一方阵，见图 2－15、图 2－16 给出的图例。

方阵设计还包括接入同一组串组件数量及其排布方式、接入同一汇流箱或逆变器组串数量及站场布置、阵列结构和电气连接、防雷和电气保护等方面的设计，其中，专业特点较为明显的内容包括：组件串串接组件数量的确定及组件排布、阵列间距的确定、方阵接地保护设计。

式（2－1）、式（2－2）分别为 GB 50797 中给出的接入同一组串中组件数量、方阵间距的计算方法，图 2－19 为光伏阵列组件布置及电气连接示意图，图 2－20 为阵列间距示意图。

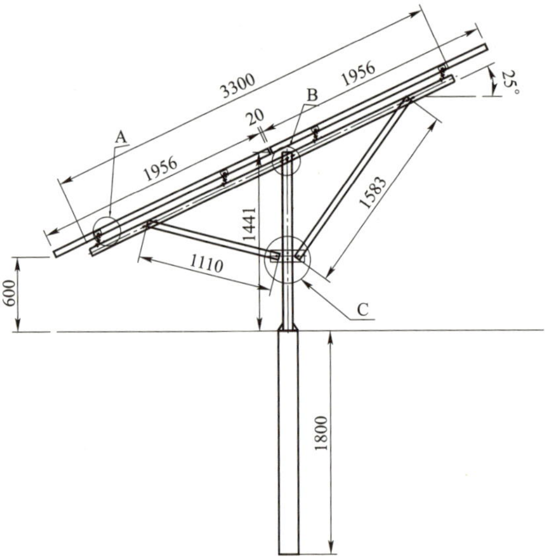

（a）固定支架

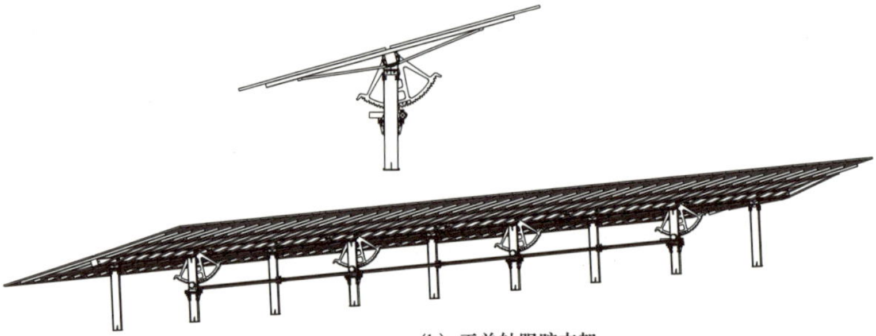

（b）平单轴跟踪支架

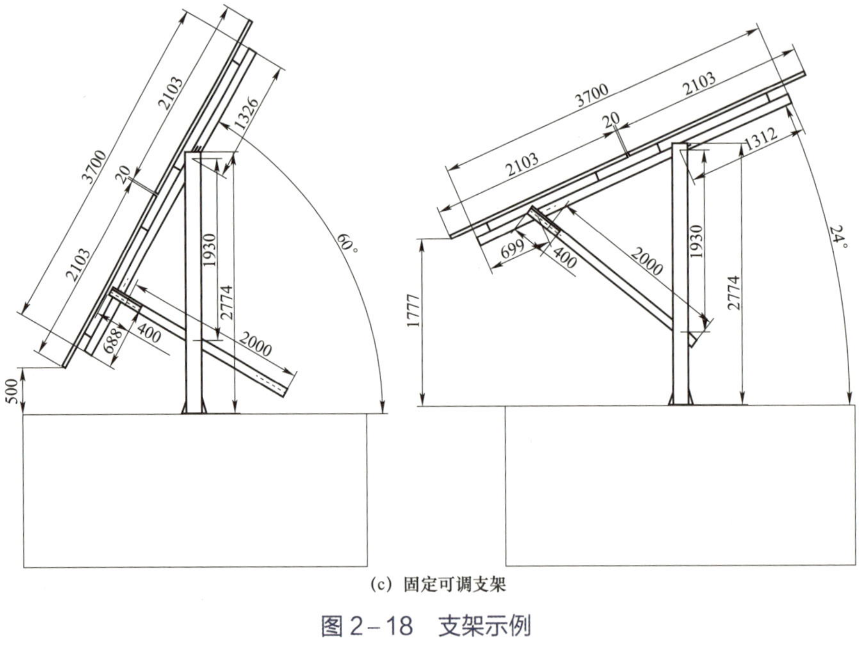

（c）固定可调支架

图 2－18　支架示例

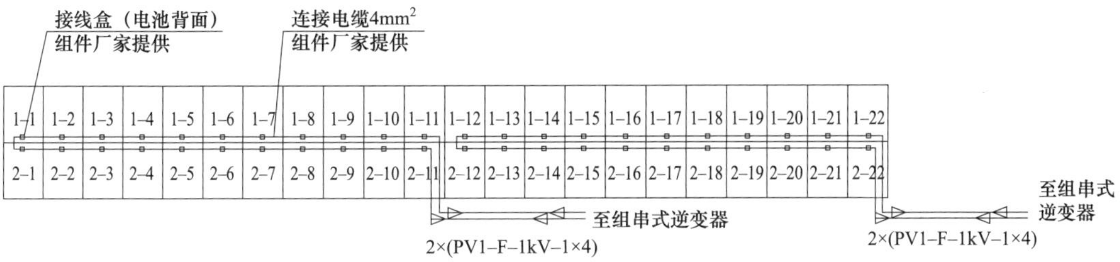

图 2-19　光伏阵列组件布置及电气连接示意图

$$\frac{V_{\text{MPPTmin}}}{V_{\text{pm}}\times[1+(t'-25)\times K_{\text{V}}']}\leqslant N\leqslant\frac{V_{\text{dcmax}}}{V_{\text{oc}}\times[1+(t-25)\times K_{\text{V}}]} \tag{2-1}$$

式中　K_V——光伏组件的开路电压温度系数；

K_V'——光伏组件的工作电压温度系数；

N——光伏组件串联数（N 取整）；

t——光伏组件昼间环境极限低温，℃；

t'——工作状态下光伏组件的电池极限高温，℃；

V_{dcmax}——逆变器和光伏组件允许的最大系统电压，取两者小值（直流，V）；

V_{MPPTmin}——逆变器 MPPT 电压最小值，V；

V_{oc}——光伏组件的开路电压，V；

V_{pm}——光伏组件最佳工作电压，V。

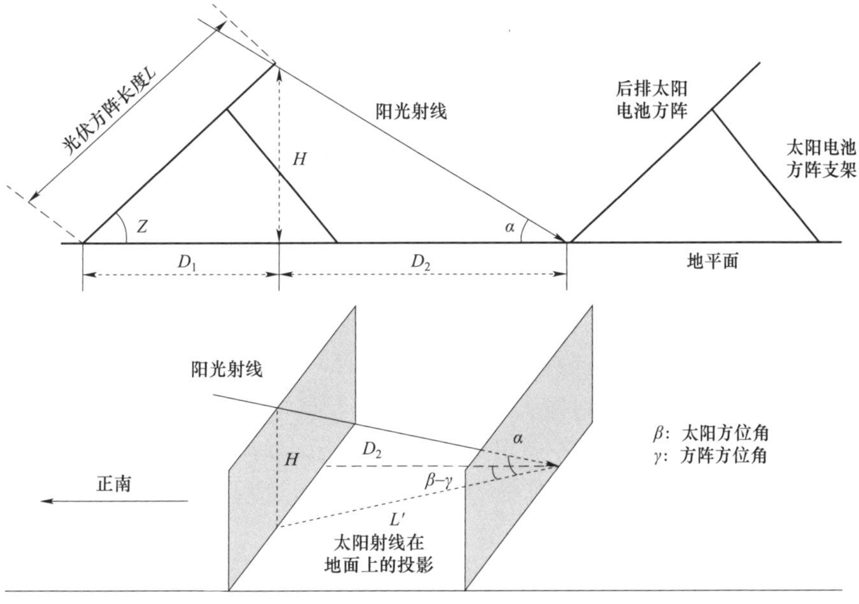

图 2-20　南北向阵列间距示意图

$$\left.\begin{aligned}&D=D_1+D_2=(K\times\cos A)+(K\times\sin A)\times\cos\beta'/\tan\alpha\\&D_1=K\times\cos A\\&D_2=\cos\beta'\times L',\ L'=H/\tan\alpha,\ H=K\times\sin A\end{aligned}\right\} \tag{2-2}$$

式中 D——光伏方阵东西方向前后排间距；

K——光伏方阵长度；

A——光伏方阵向东倾角；

H——光伏方阵垂直高度；

L'——太阳射线在地面上的投影；

β'——太阳方位角的余角（$90-\beta$）；

α——太阳高度角 $\sin\alpha=\sin\varphi\sin\delta+\cos\varphi\cos\delta\cos\omega$；

φ——当地纬度；

ω——太阳时角正午为零，上午为正，下午为负（太阳时）计算公式：$\omega=15\times$（$ST-12$），其中 ST 为真太阳时，以 24h 计；真太阳时的换算公式为：真太阳时=北京时间＋时差；时差=（当地经度－120°）/15°；

δ——太阳赤纬角，$\delta=23.45\sin[360\times(284+N)/365]$，式中 N 代表从 1 月 1 日算起的天数。

第五节 光伏发电站施工与安装

施工和安装包括施工组织设计及施工和安装。其中：

（1）施工组织设计是用来指导项目施工和安装全过程各项活动的综合性文件。编制施工组织设计是为了保证工程开工后各项活动规范、有序地进行。

（2）施工和安装过程的核心任务是通过有效的组织和管理，实现施工及施工组织设计的各项要求。

一、施工组织设计

GB 50795《光伏发电工程施工组织设计规范》是光伏发电工程施工组织设计的基本依据，该标准明确了光伏发电工程施工组织的设计范围和基本要求。图 2－21 为基于标准给出的大、中型集中式地面电站施工组织设计范围框图。从技术角度，图中所示内容中，最具专业特点的内容包括：施工区域划分及总图布置、施工和安装方案及特殊措施的制定、质量控制和工程验收计划的制定。

（1）对光伏发电工程，特别是大、中型电站光伏区的施工和安装，具有场地分散、点多面广的特点，合理地规划各类用途的临时场所，难度较大，特别对组件及其他易于受损的设备，需要提供满足其储存、装卸、搬运过程防护要求的场所、通道和工具。

（2）支架、箱式变压器及其他基础的施工方案，光伏区线缆沟（槽、井）施工及线缆架（敷）设方案，支架和组件及其他设备安装方案，以及特殊气象和地理条件下的特殊措施，是施工组织设计的重点。

（3）在通用标准和施工设计要求的基础上，针对系统设计方案和现地条件，兼顾质量和成本，确定适宜的质量验收标准及相关规程，是难度较大的一项工作，特别对分部和分项工程质量验收。

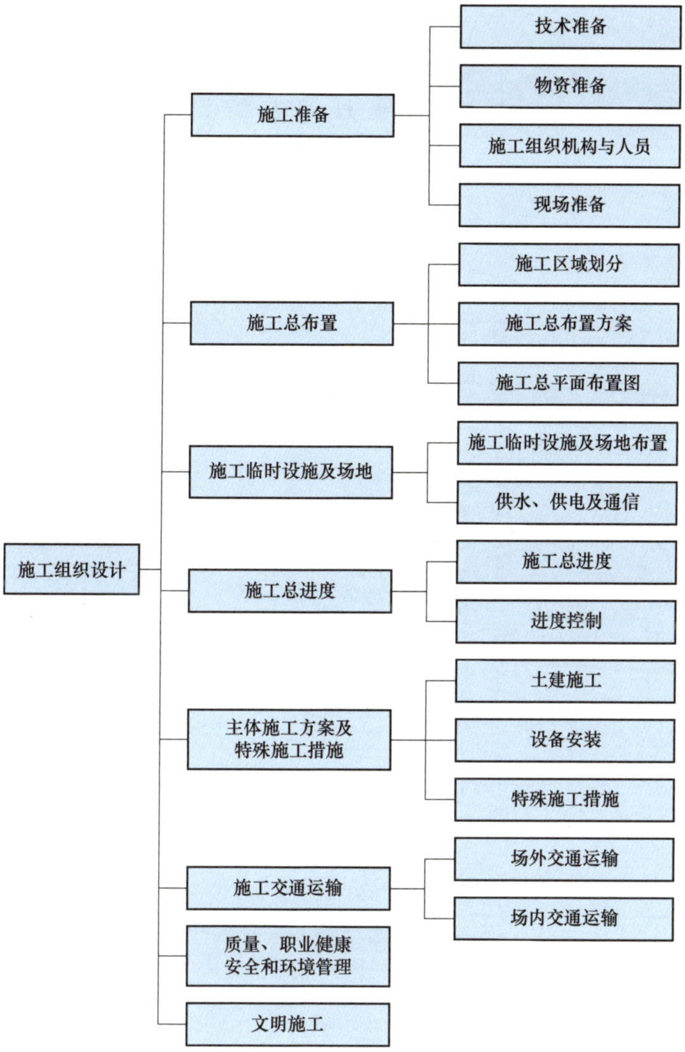

图 2-21　施工组织设计范围框图

二、施工与安装

GB 50794《光伏发电站施工规范》中规定了光伏发电站施工与安装过程的基本要求，图 2-22 为施工与安装内容概览。

需要说明的是，GB 50794 中仅给出施工与安装过程的基本要求，实际工作中，对大、中型电站，需要细分活动，划定分部和分项工程，并依据施工设计、设备厂家提供的安装指导及其他适用要求及现场施工条件，明确具体要求。表 2-7 为分部、分项工程示例。另外，对某些系统形式，如漂浮式电站的浮体和锚固系统，户用光伏拉拽式支架固定系统、拉杆式平单轴跟踪系统，现行标准中尚未给出施工与安装方面的要求，需要企业自行规定。

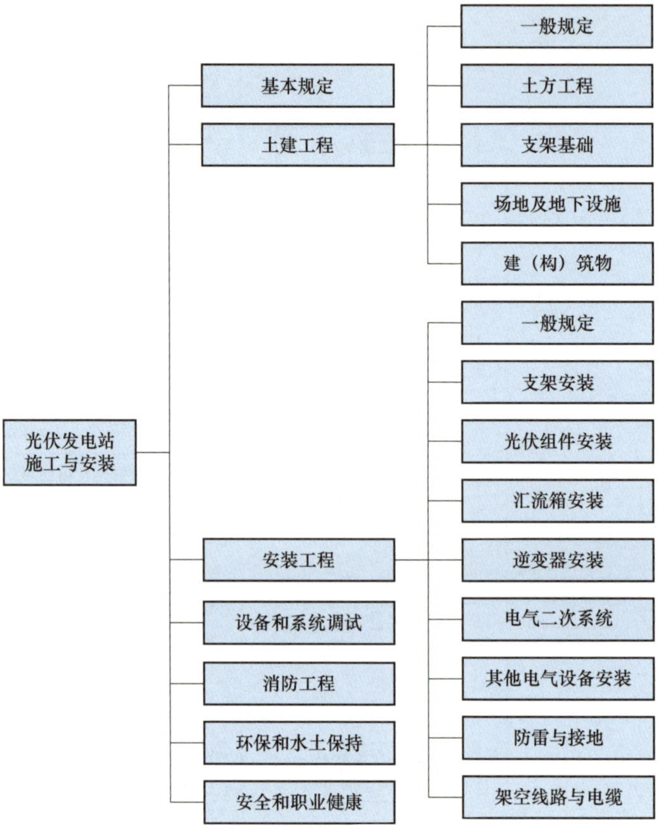

图 2-22　施工与安装内容概览

表 2-7　分部和分项工程示例

工程名称：		检测（验收）项目和质量要求
单位工程：机电设备安装		—
分部工程：阵列支架和组件安装		
分项工程		
01	基础检查划线及地脚螺栓安装	检测项目：基础几何尺寸、基础顶标高偏差、中心位置偏差、中心线偏差、地脚螺栓孔偏差、地脚螺栓垂直偏差…… 质量要求：略
02	支架安装	检测项目：安装位置、安装标高、中心线偏差、垂直度偏差、支架顶面标高偏差、支架角度表…… 质量要求：略
03	光伏组件安装	检测项目：安装位置、组件排布、安装标高、压块和螺栓紧固、安装角度、组件边缘高差、接地和等电位连接…… 质量要求：略
……		

第六节　光伏发电站工程验收

GB/T 50796《光伏发电工程验收规范》中规定了光伏发电工程验收内容和程序要求，图 2－23 为工程验收内容概览。

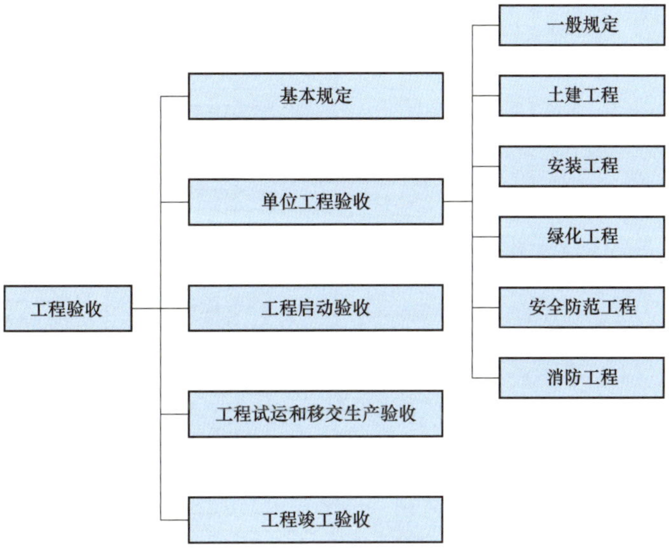

图 2－23　工程验收内容概览

对大、中型电站，需要依次完成单位工程验收、工程启动验收、工程试运和移交生产验收以及工程竣工验收。

（1）单位工程验收是单位工程完成后所开展的验收工作。单位工程验收前还需要完成分部和分项工程验收工作。对于光伏发电工程：

1）单位工程指具有相对独立使用功能的工程单元，如：土建工程、安装工程、绿化工程、安防工程、消防工程。

2）分部工程是单位工程的组成部分，通常按单位工程结构形式、工程部位、构件性质、使用材料、设备种类划分，如：安装工程中的支架安装、组件安装、逆变器安装、汇流箱安装。

3）分项工程是对分部工程的细分，主要指分项工程中需要开展的具体活动，如：土方工程中的土方开挖、回填、渣土外运等。

（2）工程启动验收是指完成单位工程验收，具备工程启动和并网条件后，开展的验收工作。

（3）试运和移交生产验收是指完成工程启动验收，具备试运和移交生产条件后开展的验收工作。

（4）工程竣工验收是指完成试运行和移交生产验收，包括法规所要求的专项验收后，如环境保护、水土保持，所开展的验收工作。

在系统性能和质量方面，GB/T 50796 中未给出明确的检测或验收内容。除结构、电能质量及其他涉网性能外，国内电站验收过程的质量检测，大多参考 IEC 标准，例如 IEC 62446－1《光伏系统—测试、文件和维护要求—第一部分：并网系统—文件、试运行测试与检查》、IEC 61724－1《光伏系统性能—第一部分：监视》。图 2－24 为 IEC 62446－1 中要求的检测内容框图，图 2－25 为 IEC 61724－1 中给出的业界常用的性能指标逻辑。

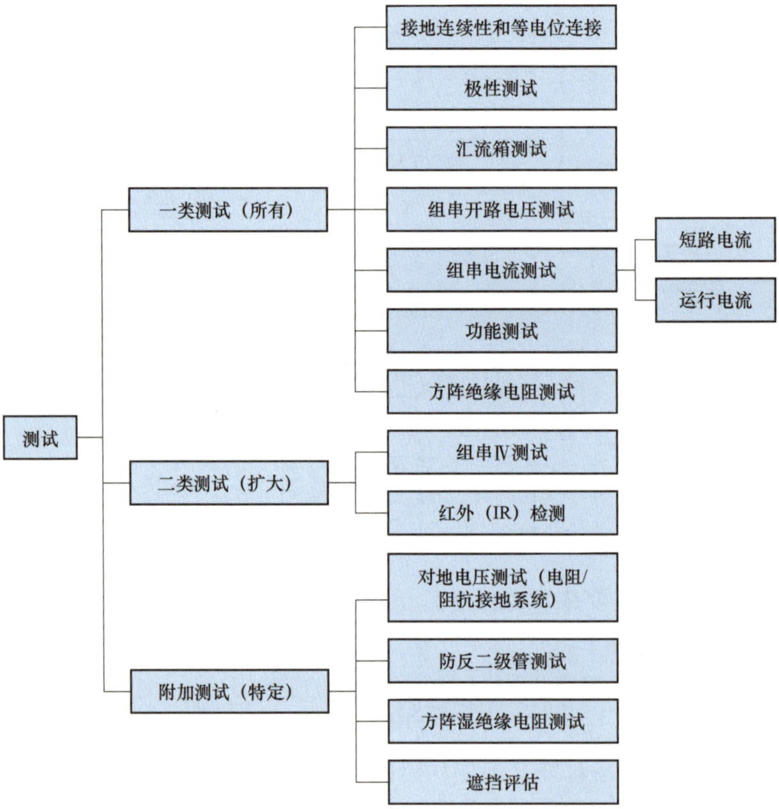

图 2－24　IEC 62446－1 中测试项目框图

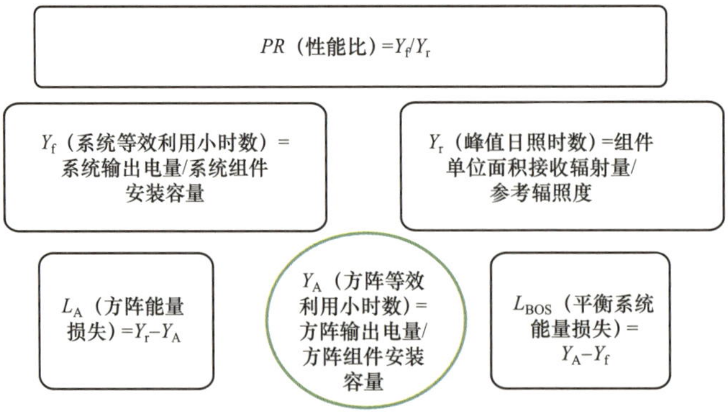

图 2－25　常用性能指标逻辑框图

第七节 光伏发电站运行与维护

光伏发电站运行与维护是指为使光伏发电站正常运行并达到预期性能和质量要求所开展的全部活动，图 2-26 为光伏发电站运行与维护需要开展的活动概览。

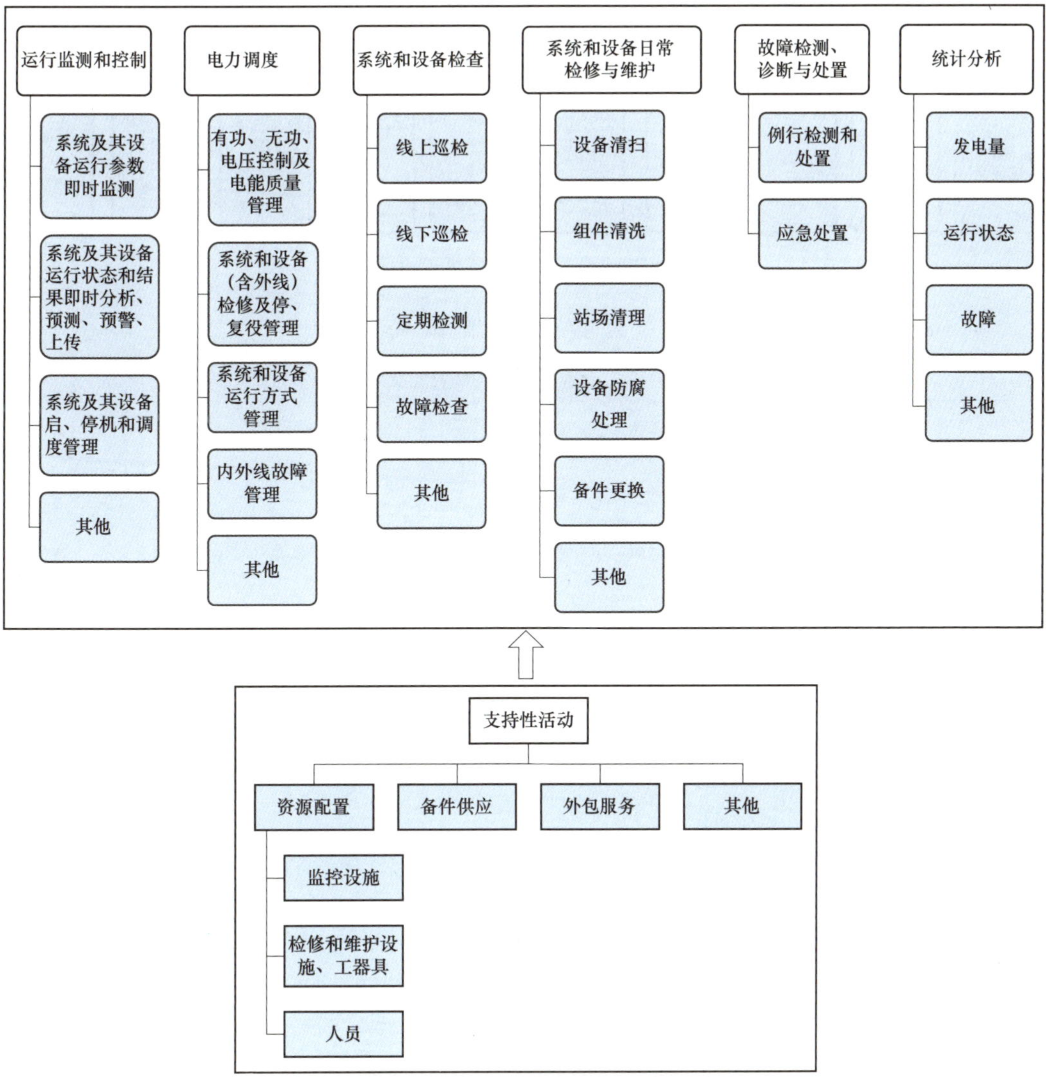

图 2-26 运行与维护活动概览

图中所示活动中，运行监控、检修与维护、故障诊断和处置是运行与维护的重点。

一、运行监控

建立一套能够全方位监测设备和系统运行状况的监控系统是保证光伏发电站正常运行的必备手段。图 2-27 为大、中型集中式电站运行监控系统框图，表 2-8 为监测内容清单。对分布式及小型发电系统，可选择适用部分建立运行监控系统。

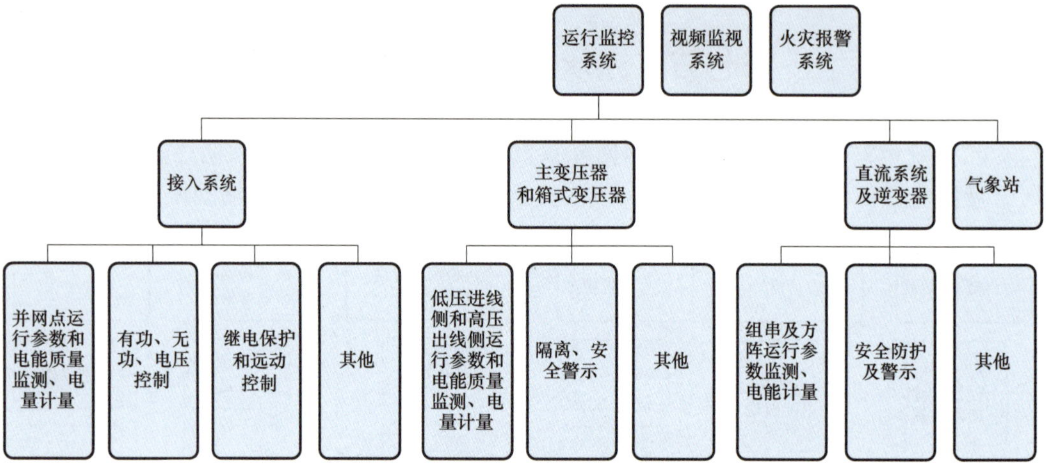

图 2-27 运行监控系统框图

表 2-8 监控内容清单

类别	监控内容
运行参数	1. 太阳能资源和气象参数 水平辐射量、斜面辐射量、辐照度、气温、风速。 2. 系统和设备的运行参数 （1）汇流箱所接入组串的运行电流和电压； （2）直流柜各支路的输入电流和电压； （3）逆变器直流侧输入电流、电压和功率，输出侧总有功功率、总无功功率、总视在功率、各相电压和电流、频率、谐波； （4）变压器低压、高压侧各相电流、相（线）间电压； （5）并网点正向有功和无功功率，反向有功和无功功率，累计发电量； （6）逆变器和并网点的发电时间、发电量； （7）方阵的绝缘电阻、残余电流； （8）组件背板温度； （9）逆变器和汇流箱主要部位的温度
设备/系统状态	1. 逆变器 （1）过欠压； （2）启、停、运状态信息； （3）故障、保护、动作信息。 2. 并网点 （1）断路器、隔离开关、远动设备状态及动作信息； （2）故障及保护动作信息。 3. 变压器 （1）高压和低压侧断路器、隔离开关、就地及远动设备状态及动作信息； （2）故障及保护动作信息。 4. 汇流设备 保护动作及故障信息

二、检修和维护及故障诊断和处置

综合运用各种手段，对光伏发电站及其设备运行状态、性能和质量进行系统性检测、消缺/修复，以及适当维护，是保证电站寿命期内保持应有性能和质量的必要条件。图 2-28 为系统检修、维护及故障诊断和处置逻辑框图。图 2-29 为电站维护内容框图。

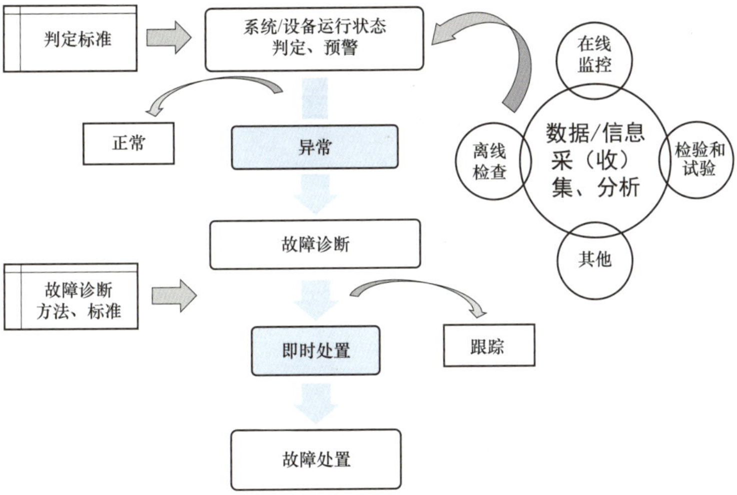

图 2-28　光伏发电站检修及故障诊断和处置逻辑框图

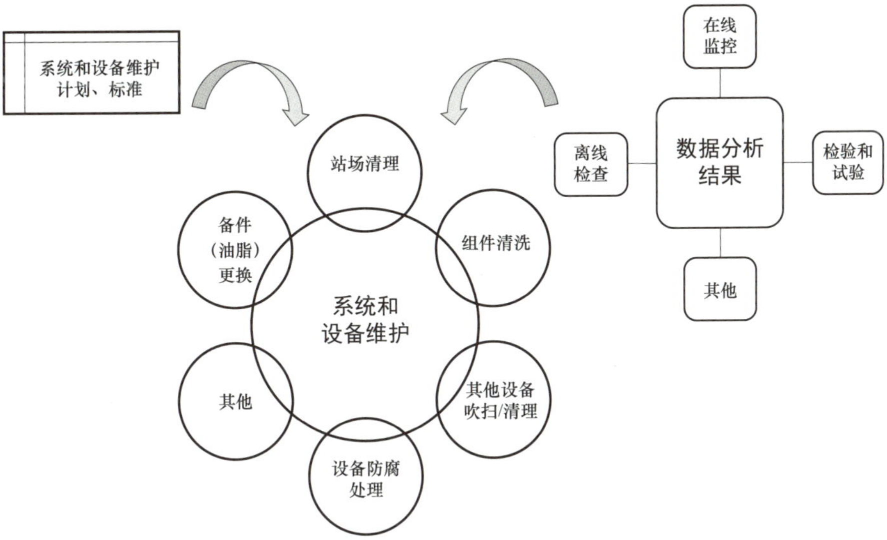

图 2-29　光伏发电站维护内容框图

大、中型光伏发电站由成千上万台设备构成，具有系统形式复杂、设备分散、占地广的特点。每台设备、每处电气连接发生故障，包括运行环境存在异常，都会影响电站的性能和质量。如何提高运行和维护质量，包括效率，是行业的难点问题，也是下一步光伏发电技术开发的重点之一。

第三章

光伏发电项目保险经纪人

第一节　保险经纪人的概念及特点

一、保险经纪人的概念

保险经纪人，起源于英国，是基于投保人的利益，作为客户代表为投保人和保险人订立保险合同提供中介服务的机构。

再保险市场上，再保险经纪人即基于原保险人的利益，为原保险人安排分出、分入业务提供中介服务的机构。

在发达国家成熟的保险市场上，由保险经纪人承揽的业务占70%以上。委托经纪人办理保险业务早已成为国际惯例，这种惯例也得到了国际市场的公认。

保险是一项专业性很强的经济活动，是一种契约商品。保险条款、保险费率由保险公司单方面制定，保险合同充满专业术语，投保人很难精确地理解其中的含义。保险经纪人具备一定的保险专业知识和技能，通晓保险市场规则、构成和行情，能够为投保人设计保险方案，代表投保人与保险公司商议达成保险协议。保险经纪人能够帮助客户洞察市场的变化，随时把握保险商品的脉搏，为客户谋求最大的利益，是客户的风险管理专家、保险采购行家。

二、保险经纪人的特点

保险经纪人是基于客户利益，为客户服务的保险中介，其特点如下：

（1）法律保证。企业与保险经纪人是委托与受托的关系，保险经纪人必须遵照有关法规，按照双方的合同约定，为企业提供及时、完善的服务。保险经纪人的工作受到政府的严格监管，有关法规规定，由于保险经纪人的过错，给客户造成损失的，由保险经纪人承担赔偿责任。

（2）低廉的保险成本。保险经纪人有条件利用集团购买优势，在所有保险人及其险种中为客户寻求最优惠的价格。在整个保险行业中，只有保险经纪人具备这一优势。

（3）不增加客户的负担。保险经纪人接受委托，为客户提供包括办理投保在内的一整套保险经纪服务。在我国对公业务中，由于客户所交保险费中已包含了中介服务费及各项管理费用，保险公司应按合同将这笔费用支付给保险经纪人，所以客户不必再向保险经纪人支付报酬，也就是说，通过保险经纪人投保不会比通过代理人或自行投保产生更多花费。

（4）协助索赔。保险事务中，最复杂、最艰难、最棘手的是索赔，由于保险经纪人已经得到了中介服务佣金，所以应按合同约定无偿地为客户提供协助索赔服务。保险经纪人具有索赔方面的丰富知识和专业技巧，有能力在索赔事务中最大限度地维护客户的合法权益。

（5）团队的专家服务。企业所面临的风险是多方面的，是不断变化的，要进行全面有效的风险管理，依靠个人或普通人的力量是绝对不够的。由各相关专业的专家所组成的风险管理专家组是保险经纪公司的关键部门之一，该部门负责为客户提供团队的专家级的风险管理服务，专家服务将使企业受益匪浅。

第二节 光伏发电项目保险经纪人的作用与优势

光伏发电项目的特点是参与建设的主体多、从事施工人员素质参差不齐、面临的风险非常复杂。大型光伏发电工程项目在可行性研究、规划设计、建安施工、设备材料采购、安装调试等所有过程中面临各种各样的风险，风险来源多且不易掌控。

对于光伏发电项目而言，风险来源非常复杂，对每个类别的风险源还需要进一步细分，确保能通盘识别可能发生的静态和动态性风险。每一个子风险源发生的概率可能服从不同的分布，比如均匀分布、三角分布、正态分布、二项分布或泊松分布，分布的类型既要具体分析，又要从经验中总结。对每个子风险源发生概率的分析将有助于评估风险损失及合理地选择风险管理策略。对每个子风险源可能造成的损失，既要看施工过程不同阶段的风险暴露程度，又要看目标物的易损性。

对光伏发电项目各阶段风险的清醒认识和评估，不仅仅是保险公司和再保险公司的责任，也是保险经纪人的责任。很多类别的风险是保险公司无法承保的，这些风险只能通过预测、识别、评估并通过自身的管理予以控制。因此，光伏发电企业需要对风险有更全面的认知。在全面认知的基础上，如果光伏发电企业对整个工程项目进行全程动态的、实时的风险管理，完全可以将风险扼杀在萌芽状态，使风险可能引致的损失控制在一定范围。

然而，光伏发电企业很难既是工程项目专家，又是风险管理专家。保险经纪人作为风险管理专家和顾问，凭借扎实的专业知识、丰富的从业经验，完全有能力协助企业为整个光伏发电项目进行全方位、多角度的风险分析，为整个工程项目量身定做一套低成本、高效益的光伏发电风险管理机制。

一、光伏发电保险经纪人的作用

基于保险经纪人的业务范围，在光伏发电项目中，保险经纪人也是从原保险和再保险两个层面发挥作用。

（1）光伏发电项目风险的客观性、普遍性、偶然性、必然性和可变性要求保险经纪人帮助客户规避风险。作为直接保险经纪人，在收到客户委托之后，根据收集到的相关光伏发电项目的必要信息，首先对项目风险点进行分析并形成风险分析报告，再结合客户实际需求，量身定制保险方案，并在基本条款的基础上通过扩展条款增加特别约定等方式达到全面转嫁被保险人的相关风险的目的。保险经纪人站在客户的立场上，可以提供科学的风险分析和评估，以及制定高效的风险应对策略，帮助客户以最合理的价格买到充分的保险保障。

（2）在保单生效之后，作为直保经纪人还会根据光伏发电项目的实际需求，为企业提供有针对性的风险查勘及防灾防损的培训工作。在保险期限内，帮助企业发现风险、识别风险以及防范风险，从最大程度上减少或减轻事故造成的物质损失及人员损伤。一旦企业的资产或人员受到了损害，作为直保经纪人可以为企业提供全面的协赔服务，为企业争取最大的利益。

（3）由于很多光伏发电项目牵涉到项目融资，保险经纪人对融资方需求的了解，可以有效协助投保人与融资方谈判，处理融资方最关心的风险，使得保险验证工作得以顺利通过。保险经纪人在工程融资、设备供应与建设的合同管理方面具有专长，可以协助投保人在合同中改进风险有关条款，如赔偿条款、保险需求条款、责任条款与不可抗力条款等，以保护他们的利益。

（4）资深保险经纪人专业的经验加上全球风险资金管理与自保管理的资源，可为光伏发电项目风险问题提供最合理、最合适的建议与方案。保险经纪人可以通过国际保险市场，寻找优惠和充分的承保能力来应付不同类型的项目以及其不同的保障范围。保险经纪人掌握了大量的国际保险市场信息，可以更有效地比较国际保险市场与本土保险市场，从而给投保人提供更有利的建议。同时，自动检查保险人包括直接承保的保险公司与再保险公司的财政状况，按照不同光伏发电项目的规模，确保风险转移的安全性。

（5）作为再保险经纪人，其掌握着广泛的再保险市场资源，相较于直保公司本身而言，无论是从询价还是从再保排分，直保公司都可以通过再保险经纪人找到性价比更优的再保险公司，省去了该环节的人力、物力成本。这样直保公司就可以在再保公司的优惠报价基础上为投保人提供优惠报价，等同于从源头为企业的风险转嫁找到了归宿并节省了保费支出。

总之，光伏发电工程项目所伴随的风险是独特的，诸如高技术设计风险、履约风险等，保险安排往往也非常复杂，涉及业主、承包商、分包商、项目融资方与咨询顾问等。安排工程保险首先需要在作出保险安排之前，对项目结构、风险特点、风险转移等情况有非常深入的了解，保险安排本身也需要特别的经验，因此，选择有相应专业技能和经验的保险经纪人变得尤为关键。

二、光伏发电保险经纪人的优势

（1）保险方案量身定做。保险经纪人充分理解客户保险需求，设计最符合客户实际情况的保险方案，确保保险方案符合光伏发电业主与融资机构的要求。

（2）服务团队专业稳定。保险经纪人通过资源整合，汇集各方面专业人才，为客户提供专业稳定的保险保障服务。

（3）争取最合理的保险条件。保险经纪人利用庞大的客户体量，成为国内直接保险公司以及国际再保险公司的重要渠道客户，并根据丰富的光伏发电项目经验，为客户争取到最合理的保险条件。

（4）提供完善的保险保障服务。保险经纪人掌握丰富的光伏发电项目承保及理赔数据，能够为客户提供系统化的风险管理服务，减少重大损失事故的发生。同时，利用丰富的光伏发电保险理赔经验，帮助客户在发生保险事故后及时完成保险索赔。

第二篇

风险管理篇

第四章

风 险 管 理 总 论

第一节　风险管理基本概念和流程

ISO 31000：2018《风险管理指南》中将“风险”定义为“不确定性对目标的影响”。同时，标准中给出以下注解。

（1）影响是与预期的偏差。

（2）目标可以有不同的方面和类别，并且可以在不同的层面应用。

（3）风险通常以风险源、潜在事件、后果及其可能性表示。

安全角度，GB/T 28001《职业健康安全管理体系要求》中将风险定义为“发生危险事件或有害暴露的可能性，与随之发生的人身伤害或健康损害严重性的组合”。

基于 ISO 31000、GB/T 28001 中的定义和解释，给出如图 4－1 所示的与风险相关概念逻辑框图。

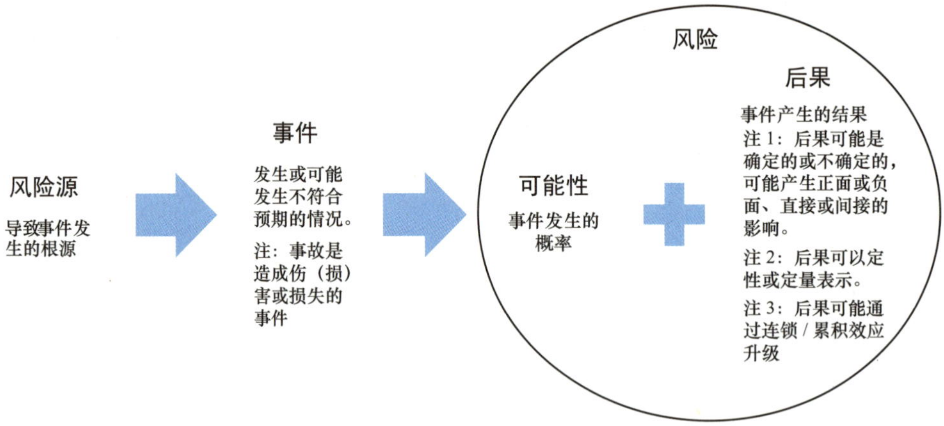

图 4－1　风险及相关概念逻辑框图

透过上述概念，基于上述标准及风险管理实践，可以归纳出风险管理的基本过程及活动顺序，如图 4－2 所示。

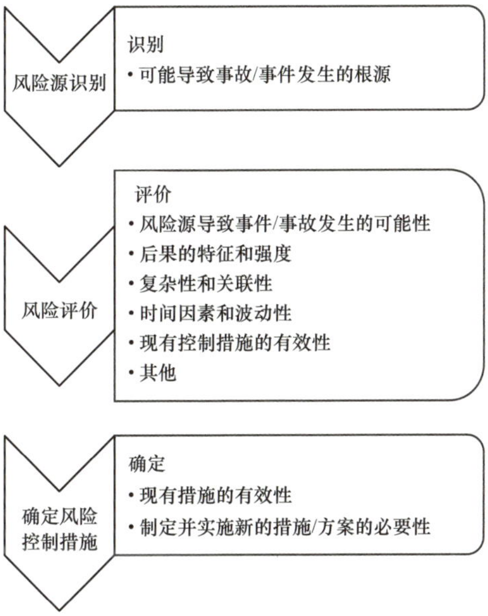

图 4－2 风险管理基本流程

第二节 光伏发电风险管理概论

按第一节中对风险及相关概念的解释，根据光伏发电特点及本书内容侧重点，可以将光伏发电风险狭义地理解为“寿命期内，不确定性对光伏发电站安全、性能及可靠性的影响”，其中：

（1）“安全影响”限定在造成人身伤害、全部或部分营业中断或中止及其他可能造成较大财产损失的情形。

（2）“性能影响”限定在造成发电量或效率水平低于预期的情形。

（3）“可靠性影响”限定在造成系统及其设备故障高于正常水平的情形。

另外，考虑到光伏发电为政策性较强、合规性要求较高的行业，将合规性纳入风险管理的范畴。

图 4－3 为光伏发电风险表象及致因逻辑框图。

从风险控制角度，宜按照图 4－2 所示流程及图 4－3 给出的框图，识别全生命期、全要素显在和潜在风险源，客观地评价各类风险源可能导致的事件及其发生的概率和后果，并采取适当措施将各类风险控制在可接受范围。

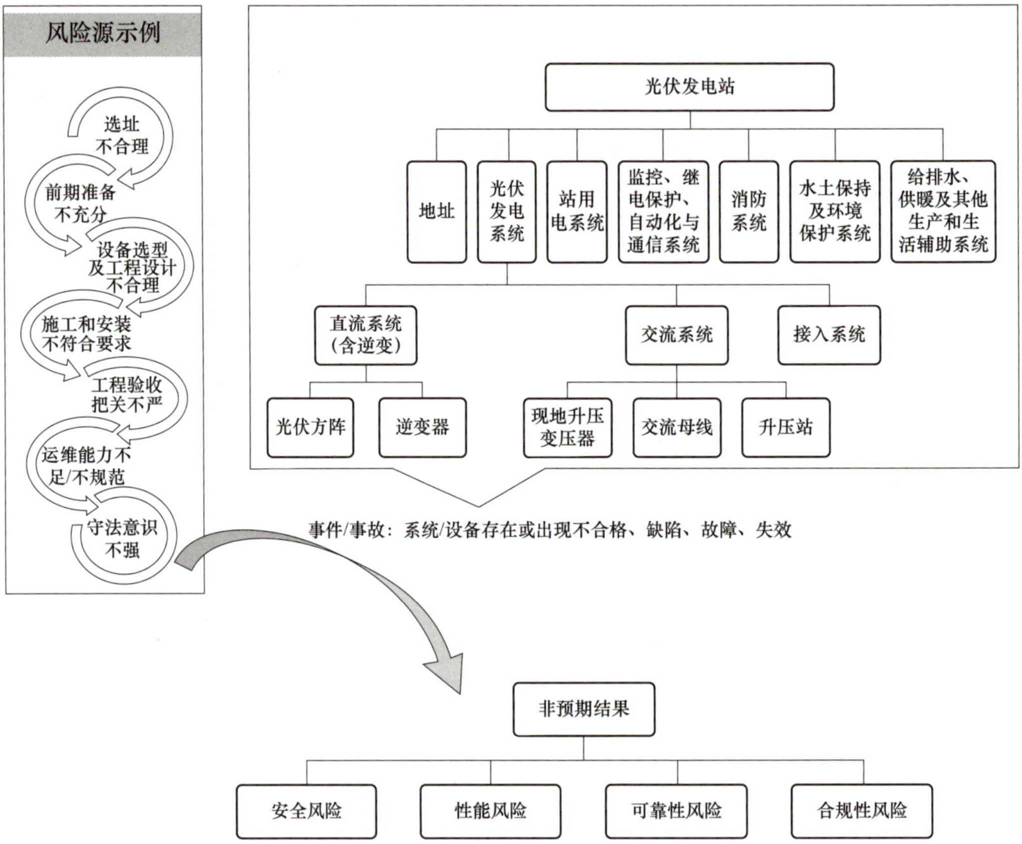

图 4-3　光伏发电风险表象及致因逻辑框图

第五章

安 全 风 险

“安全”具有广泛的含义，本书所述安全特指光伏发电站免除可能造成人身伤害或财产损失的不可接受风险的状态，主要涉及站址安全、基础和结构安全、电气安全。

第一节 站 址 安 全

本书第三章第一节描述了光伏发电站场址类型和用地性质。占地广、站场类型多样、场地条件复杂都是光伏发电的特点。不同类型和站场条件的光伏发电站，需要防控的与站址相关的风险也不尽相同，概括起来，从安全角度，对地面电站，需要评估和防范的主要是站场发生地质灾害和气象灾害的风险；对屋面及其他与建筑结合电站，需要评估和防范的是电站依附建（筑）物结构安全及发生气象灾害的风险。

适用时，需要防范的地质灾害类型主要包括：

（1）对丘陵和山地电站，滑坡、崩塌（危岩）、岩溶塌陷。

（2）泥石流。

（3）采空塌陷。

（4）地裂缝。

（5）地面沉降。

（6）其他。

适用时，需要重点防控以下情形造成的气象灾害：

（1）台风（沿海地区适用）和大风。

（2）暴雨/强降雨。

（3）暴雪（北方地区适用）。

（4）冰雹。

（5）雷电。

（6）其他。

上述地质和气象灾害发生的概率取决于站场水文地质、地理和气象条件，需要科学评估和论证。不良地质条件和气候现象造成的后果及严重程度取决于站址条件、电站建设质量，以及防灾措施的有效性，表 5-1 给出了典型地质和气象灾害及其对光伏发电影响示例。

表 5－1　　　　地质和气象灾害及其影响示例

<table>
<tr><th>灾害类型示例</th><th>影响分析及示例</th></tr>
<tr><td>滑坡、塌陷、沉降、地裂</td><td>

后果：处于灾害发生区域的阵列或其他建（构）筑物，可能会出现基础和结构坍塌、设备损毁的情况；处于灾害发生相邻区域的阵列或其他建（构）筑物，可能会出现结构变形、断裂、设备受损的情况。

严重程度：取决于灾害发生的区域范围和程度及防灾措施的及时性和有效性。严重时，可能会导致局部、大范围或全场性设施受损及电站停发。

案例一：

某电站，处于生态环境脆弱及地质灾害易发区，施工过程造成植被破坏，发生滑坡的可能性增加。从图中可以看出，局部阵列所在区域已发生滑坡，且仍在蔓延，另外，采取防灾补救措施的难度较大，可以预计，电站将大面积受损。

已出现滑坡区域

案例二：

某电站，处于采空区，发生地面沉降及地裂，导致基础、支架、组件变形和开裂，电站严重受损并存在停运的风险。

地面出现
沉降、开裂

支架和基础
变形、开裂

</td></tr>
<tr><td>台风和大风</td><td>

后果：可能导致电站设施和设备变形、撕（断）裂、脱落、垮塌、损毁。对分布式光伏，还可能波及周边并造成次生事故。

严重程度：取决于风力等级及设施设备的抗载能力。严重时，可能会导致局部、大范围或全场性设备设施受损及停发，包括周边设备设施受损。

案例：

某电站，大风过后，组件螺栓连接部件撕裂，大量组件脱落，损失严重。

风力作用下，
连接部位撕裂

组件脱落

</td></tr>
</table>

续表

灾害类型示例	影响分析及示例
暴雨或强降雨	**后果**：可能导致设施和设备被淹、冲毁，站场内涝、水土流失。 **严重程度**：取决于降雨量和强度及防灾措施的有效性。严重时，可能会导致局部、大范围或全场性设备设施受损及停发。 **案例**： 某电站，强降雨后被水淹，大量设备损毁，电站停运。  **组件损毁**  **支（桥）架损毁**
冰雹	**后果**：可能导致组件受损。 **严重程度**：取决于冰雹等级及组件抗冲击能力。严重时，可能会导致局部、大范围或全场性组件受损。 **案例**： 某电站，冰雹过后，组件大面积受损。  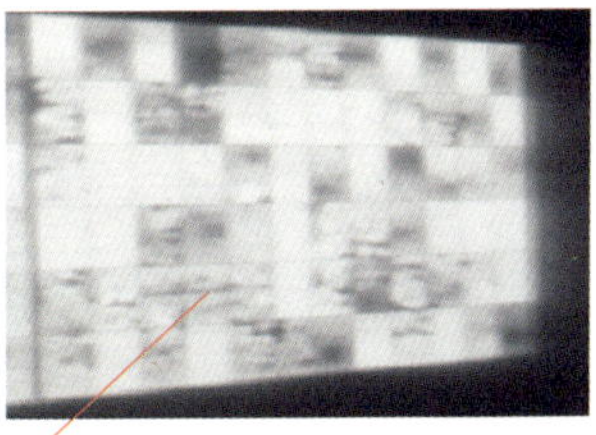 **冰雹导致玻璃/电池严重碎裂**

第二节　基础与结构安全

基础与结构安全特指各类基础与结构承受荷载的能力，特别是极限载荷，包括结构稳定性、结构强度和刚度、其他。对于光伏发电，应特别注意以下方面质量问题造成的基础和结构安全风险：

（1）各类基础承载能力、稳定性和结构强度，对地面集中式电站，例如，变压器、逆变器（集中式）基础，方阵支架基础；对屋面分布式电站（含户用），例如，房屋结构，屋面结构，支架固定的墙体结构。

（2）支架及其他支撑结构承载能力、稳定性和结构强度。

（3）基础与支架间结构连接强度和稳定性。

（4）组件及其他设备与支架或支撑结构间连接强度和稳定性。

（5）各类设备的结构强度和稳定性。

图 5－1～图 5－7 为基础与结构中可能发生故障及其影响示例。

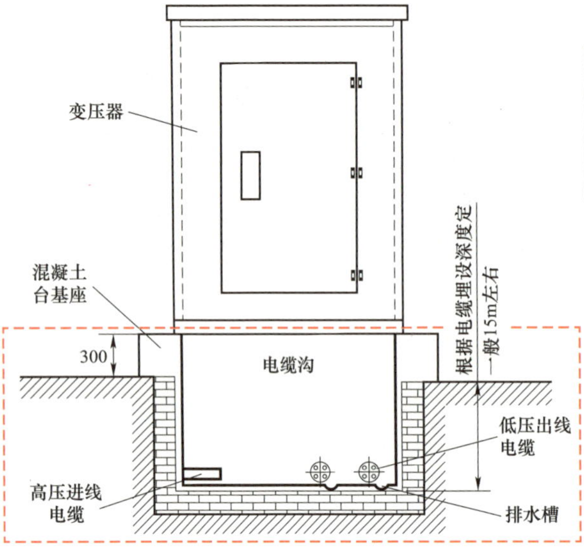

故障形式（例举）	影响分析
基础沉降、倾斜、破裂（碎）	箱式变压器及连接构件（含线缆）结构形变、受损，并可能引发电气故障

图 5－1　示例 1：箱式变压器基础

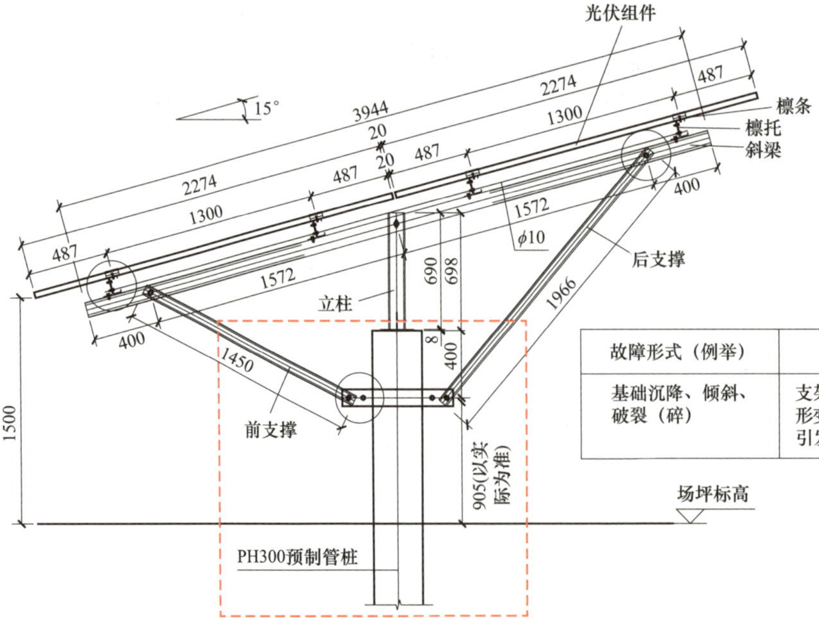

故障形式（例举）	影响分析
基础沉降、倾斜、破裂（碎）	支架（含组件）结构形变、受损，并可能引发电气故障

图 5－2　示例 2：支架基础（混凝土）

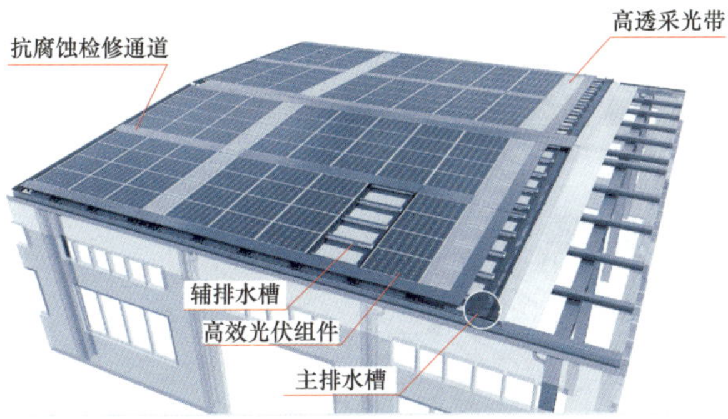

故障形式（例举）	影响分析
结构强度、稳定性不够，屋面破损	结构形变、破损、垮塌，并可能引发次生事故

图 5–3　示例 3：屋顶分布式依附的厂房结构

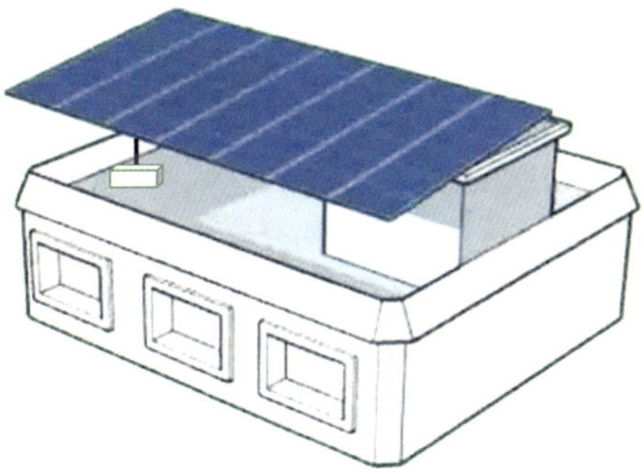

故障形式（例举）	影响分析
结构强度、配重、稳定性不够，屋面或墙体破损，年久失修	结构形变、破损、垮塌，中途拆除

图 5–4　示例 4：户用分布式依附的房屋结构

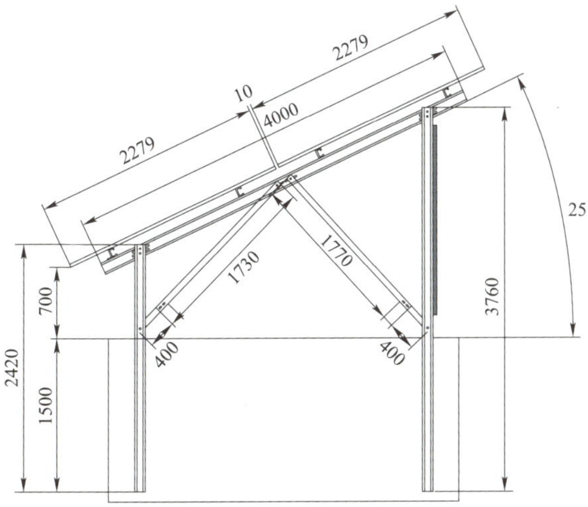

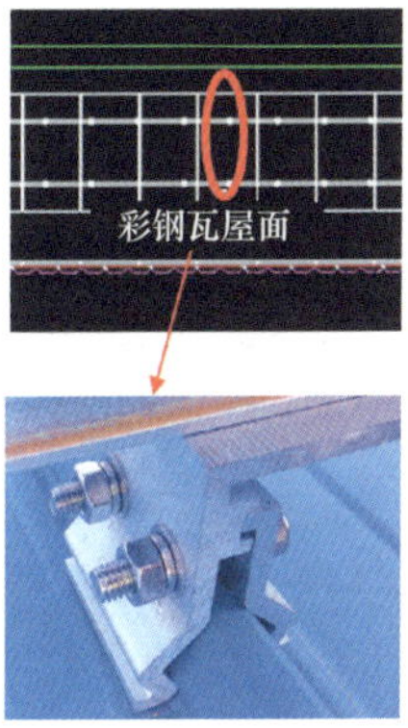

故障形式（例举）	影响分析
结构强度、稳定性不够，构件或连接部位强度、刚度不够	结构形变、破裂、垮塌，并可能引发次生事故

图 5–5　示例 5：支架结构

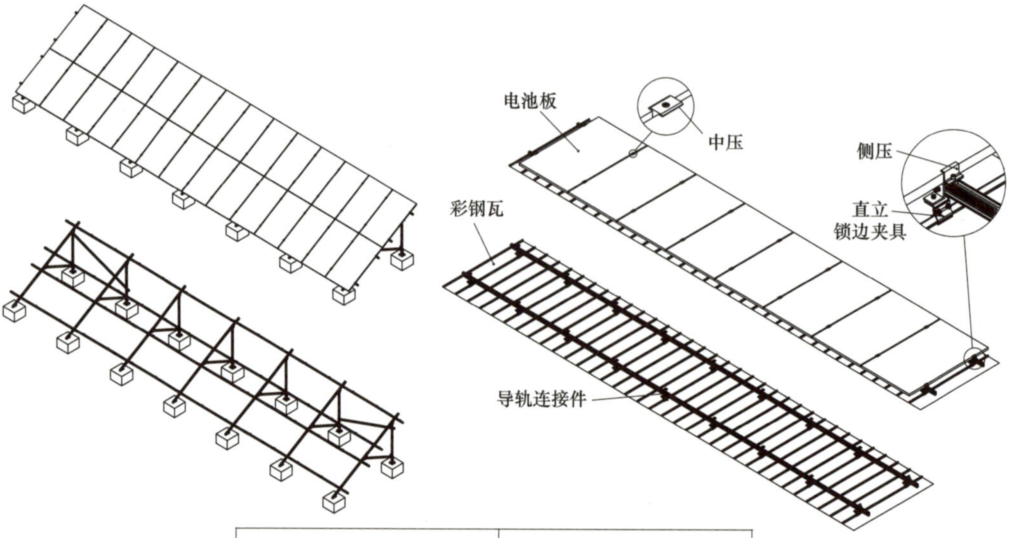

故障形式（例举）	影响分析
连接松动、脱落、断裂	结构形变、脱落、垮塌，并可能引发次生事故

图 5-6　示例 6：基础/配重/屋面/墙体与支架结构间结构连接

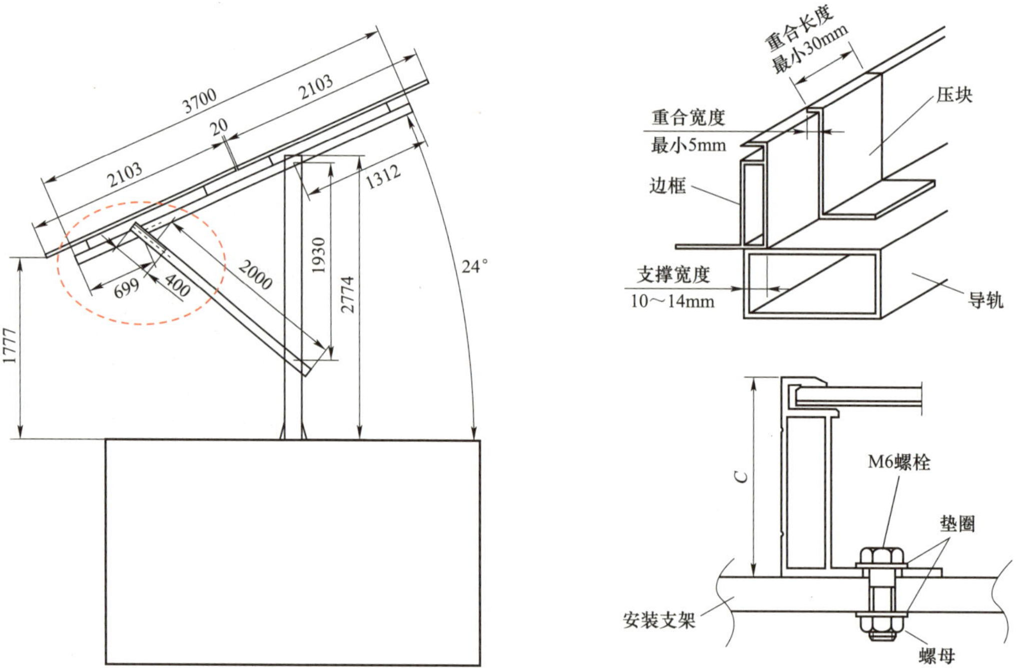

故障形式（例举）	影响分析
连接松动、脱落、断裂	结构脱落、垮塌，并可能引发次生事故

图 5-7　示例 7：支架与组件间结构连接

案例一～案例三为投运光伏发电站发生的事故案例。

案例一：某光伏发电站发生局部基础断裂，引发结构形变和组件电池严重碎断、失效，如图 5－8 所示。

图 5－8　投运光伏发电站事故案例（一）

案例二：某光伏发电站遇强风，支架导轨与斜梁、组件与导轨间连接断裂，结构受损、部分组件被吹落，如图 5－9 所示。

图 5－9　投运光伏发电站事故案例（二）

案例三：多次强风过后，某地多座户用电站被吹翻，如图 5－10 所示。

图 5－10　投运光伏发电站事故案例（三）

第三节 电 气 安 全

光伏发电电气安全具有风险源（点）形态多样、点多面广、隐性交织等特点，在可能发生的各类电气故障中，接地、拉弧、短路及反向电流是常见的故障形式。图 5－11～图 5－13 分别为直流系统中可能发生接地、拉弧、短路故障的点位和类型图例。

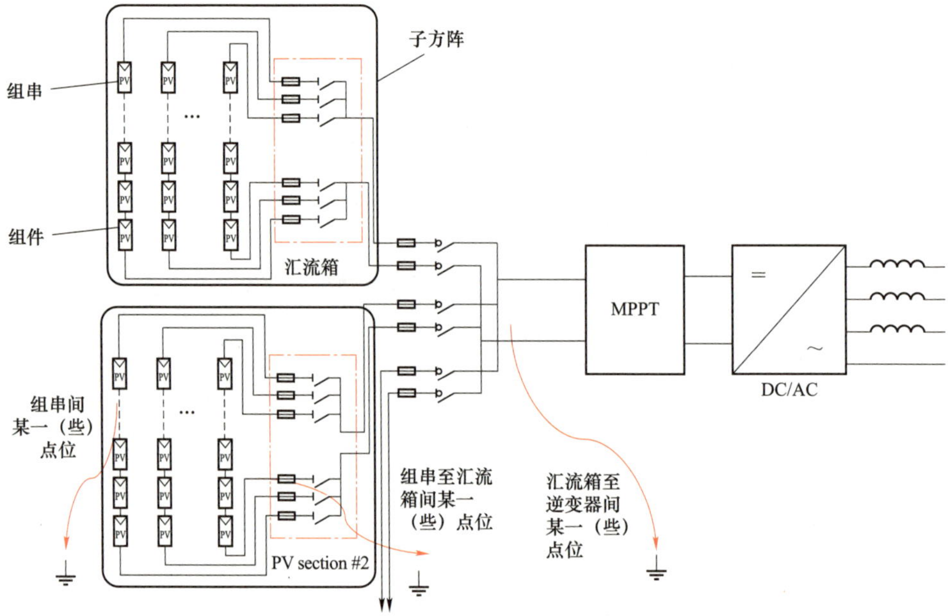

图 5－11　直流侧可能发生接地点位图示（集中式逆变器）

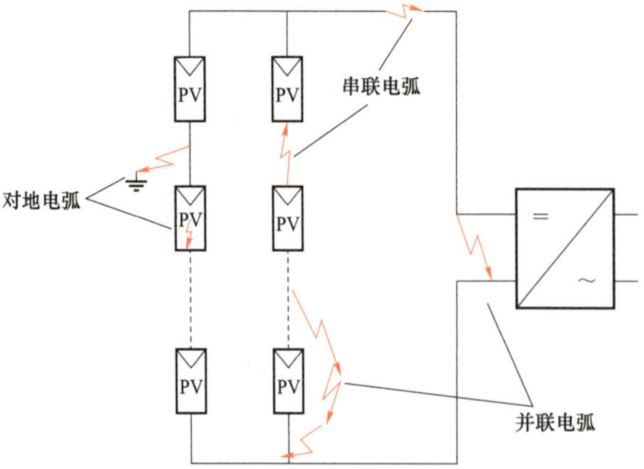

图 5－12　可能发生的直流拉弧类型和点位图示（组串式逆变器）

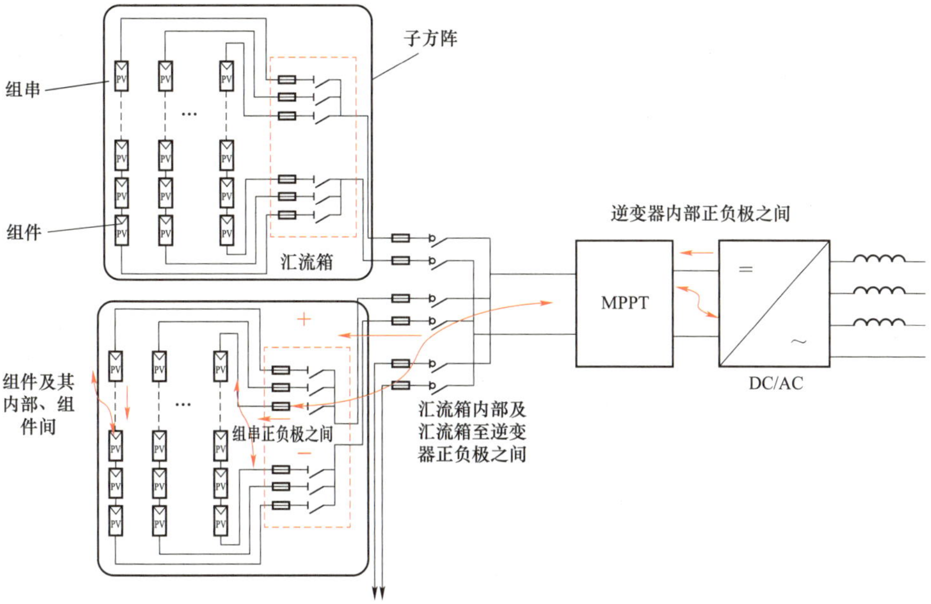

图 5－13　可能发生的直流短路点位图示（集中式逆变器）

光伏发电需要重点防控的各类安全风险中，电气安全事故发生频次较高，是安全风险防控的重中之重，表 5－2 给出了典型电气故障及影响示例。

表 5－2　　电气安全事故及其影响示例

<table>
<tr><th>事故类型示例</th><th>影响分析及示例</th></tr>
<tr><td>接地</td><td>

后果：方阵或其子阵单点（极）接地，可能导致系统无法启机；运行过程中，方阵或其子阵多点（极）接地，可能导致等效短路及有害过电流的发生，包括诱发短路、过电流、拉弧梯次发生的情况，严重时可能引发火灾。

严重程度：取决于系统形式、主电气结构及系统安全防护能力。可能会导致设备局部受损，严重时会引发火灾。

案例：

某电站，由于接地故障，引发火灾事故。

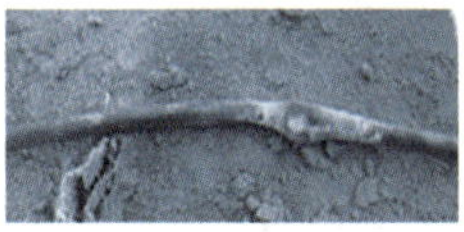

<table>
<tr><td rowspan="2">测试位置</td><td colspan="2">绝缘电阻</td></tr>
<tr><td>正极（MΩ）</td><td>负极（MΩ）</td></tr>
<tr><td>A×××××1</td><td>0.2</td><td>0</td></tr>
<tr><td>A×××××5</td><td>2.5</td><td>1.1</td></tr>
</table>

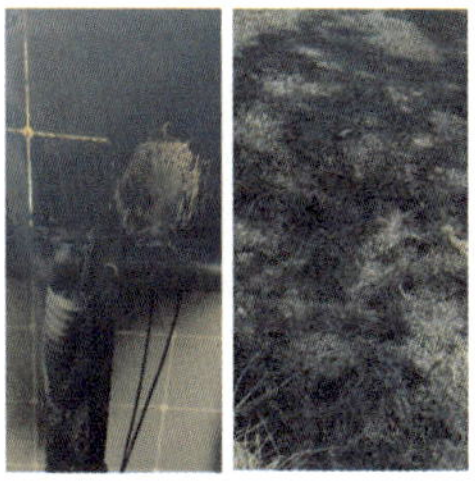

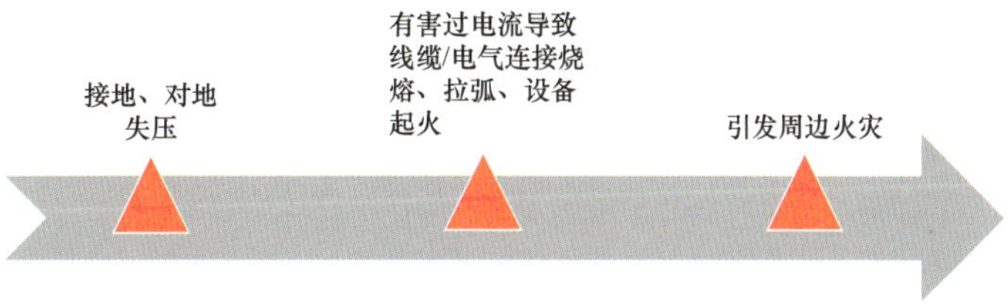

</td></tr>
</table>

续表

事故类型示例	影响分析及示例
拉弧	**后果**：串联电弧可能引起电气连接局部烧损或烧熔，包括引发次生火灾；并联或对地电弧可能引发设备或周边物体烧损或烧熔，严重时会引起火灾，特别对与建筑结合的分布式。 **严重程度**：取决于系统形式、主电气结构及系统安全防护能力。可能会导致设备局部受损，严重时会引发火灾。 **案例**： 某彩钢瓦屋面分布式光伏，发生拉弧导致的火灾事故。 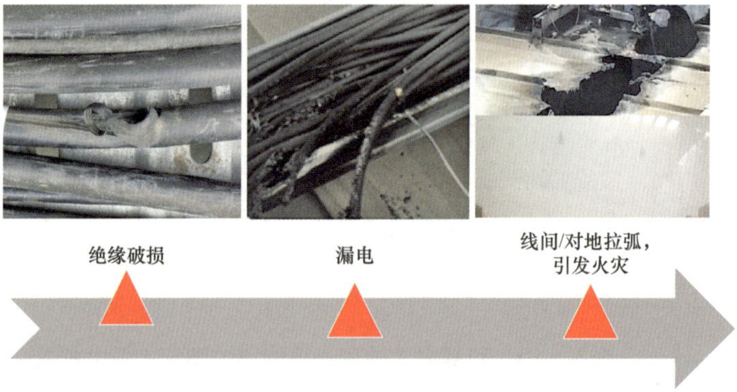
短路	**后果**：可能会导致局部或大范围设备停机，严重时可能会引发设备或周边物体烧损或烧熔，包括引起火灾。 **严重程度**：取决于系统形式、主电气结构及系统安全防护能力。可能会导致设备局部受损，严重时会引发火灾。 **案例**： 某电站汇流箱至逆变器间发生短路，逆变器直流断路器未响应，设备烧毁。 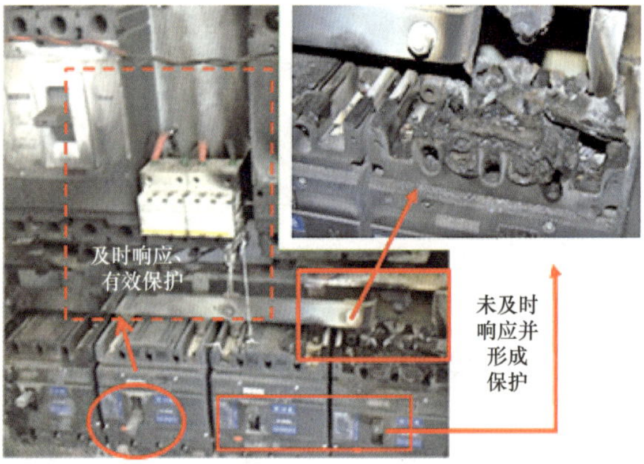

第四节　安全风险控制

涉及安全，对图 4－1 中所示风险及相关概念，可根据系统安全理论及相关概念，进行适应性改编，图 5－14 为安全管理常用概念逻辑框图。

安全管理及风险控制围绕图 5－14 所述的 3 个基本概念展开，图 5－15 为安全管理的基本过程。

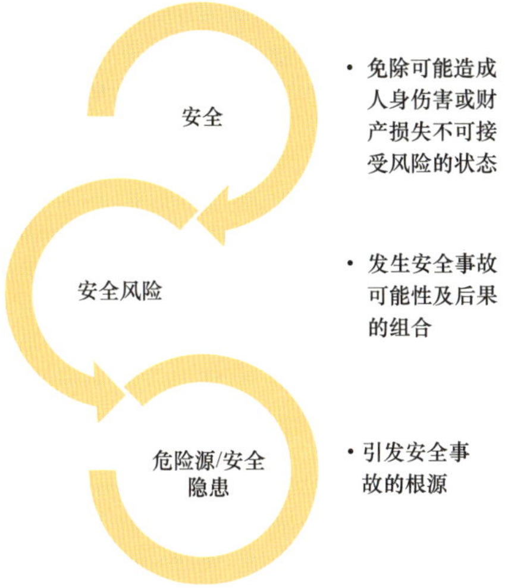

图 5－14　安全管理基本概念及逻辑框图

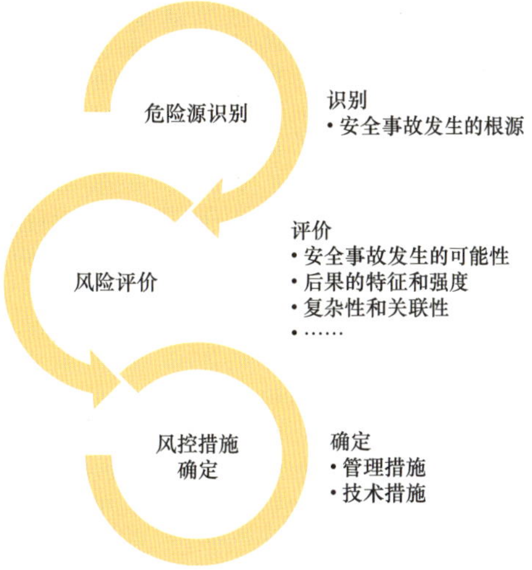

图 5－15　安全管理基本过程

图 5－15 所述过程中，识别、消除或控制系统中的危险源或安全隐患是安全管理的核心和主线，其中，运用科学方法，排查危险源或安全隐患是安全管理切入点；确定适宜的准则要求，准确评估危险源的安全风险是安全管理的重点；综合采取管理和技术措施，将安全风险控制在可接受范围是安全管理的落脚点。

1. *危险源辨识/安全隐患排查*

按照第四章中对光伏发电安全管理范围的界定，危险源辨识或安全隐患排查的重点为系统中显在或潜在，可能导致第五章第一节至第三节所述各类安全事故的不安全状态，包括诱发系统不安全状态的过程行为，如图 5－16 所示。

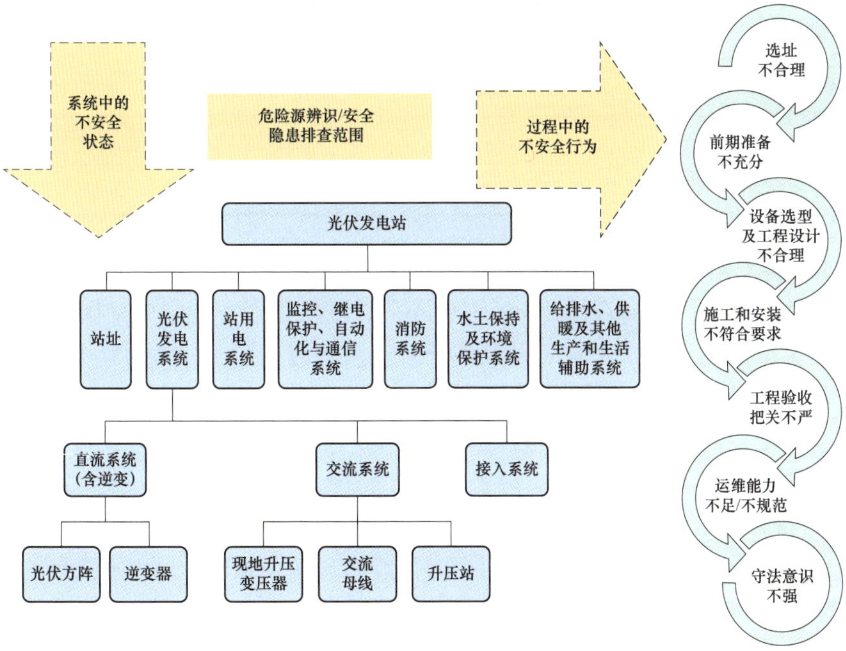

图 5－16　危险源辨识范围图示

涉及危险源辨识方法，可借鉴传统行业成熟方法，例如：

（1）检查表法（SCL）。

（2）预先危害分析法（PHA）。

（3）失效模式和影响分析法（FMEA）。

（4）危险性和可操作性研究法（HAZOP）。

（5）事件树分析法（ETA）。

（6）故障树分析法（FTA）。

（7）因果分析法（CCA）。

2. 风险评价

归纳起来，风险评价方法可分为定性评价和定量评价。在定量评价中，常用的方法为 *LEC* 法，式（5－1）为 *LEC* 法的计算方法。

$$D=LEC \tag{5-1}$$

式中 D——风险值；

L——事故发生可能性大小；

E——暴露于危险环境的频繁程度；

C——事故后果。

采用适宜的方法，客观、准确地评估潜在的安全风险，并采取与之适配的技术和管理措施，是安全管理的重点。表 5－3 为采用 *LEC* 进行风险评价的安全风险等级示例。

表 5－3　　安全风险分级

D 值	风险/危险程度
＞320	可能造成极其严重后果，停止运营或作业
160～320	高度，立即整改
70～160	明显，限期整改
20～70	一般，需要注意
＜20	稍有，可以接受

针对表 5－3 给出的示例，需要注意的是：同样一起事故，对不同类型的光伏发电站，由于电站所处的区域和环境不同，*E* 值不同，*D* 值也会不同，如采用同样的 *D* 值作为可接受安全风险的阈值，则需要采取不同的设防等级。图 5－17 为集中式电站、分布式电站类似事故的对比图。从图中给出的示例可以体会到：对分布式电站，由于人员或其他财产暴露于危险环境的频繁程度远高于集中式电站，从风险防控角度，需要采取更高的设防等级。

3. 控制措施

安全风险防控需要从管理和技术两个方面综合施策。管理方面，重点针对的是过程中的不安全行为，见第七章；技术角度，借鉴传统行业的安全控制，可考虑从以下方面采取措施：

(a) 集中式　　(b) 分布式

图 5-17 集中式、分布式光伏事故类比

（1）消除或减少某些危险源（例如，优先采用干式变压器）。

（2）对危险源的能量进行限制（例如，对分布式光伏，限制系统电压等级、直流安装容量）。

（3）防止能量积蓄（例如，采用组件级故障关断）。

（4）安全地释放能量（例如，电气接地）。

（5）隔离，包括：

1）分离（例如，将易燃物与潜在火源分开）。

2）关闭（例如，断路器中加装灭弧装置）。

3）封闭（例如，危险区域加护栏）。

4）联锁（例如，采用智能关断、AFCI 技术）。

第六章

性能与可靠性风险

本章所述“性能”特指：

（1）光伏发电站及其分子系统能量转换效率/能量损失，含初始效率及寿命期内效率保持率/衰减率，包括光伏组串、光伏方阵、光伏发电单元、光伏发电系统。

（2）关键设备能量转换效率/能量损失，含初始效率及寿命期内效率保持率/衰减率，主要包括光伏组件、逆变器、变压器、汇流箱、交直流电缆。

通常，可靠性指设计寿命内，在规定或预期使用条件下，产品满足要求、无故障运行的能力。针对光伏发电特点，可将“故障”扩展性地理解为：

（1）已经或可能造成系统或设备全部或局部停机和发电量损失的显性故障。

（2）未造成系统或设备停机、但影响发电量的隐性故障。

第一节 系统性能与可靠性

行业上通常采用系统等效利用小时数、性能指数（PR）表征系统性能，指标解释见图 2-26。图 6-1 为光伏发电系统初始性能及寿命期内效率保持率可能出现的各种走势。

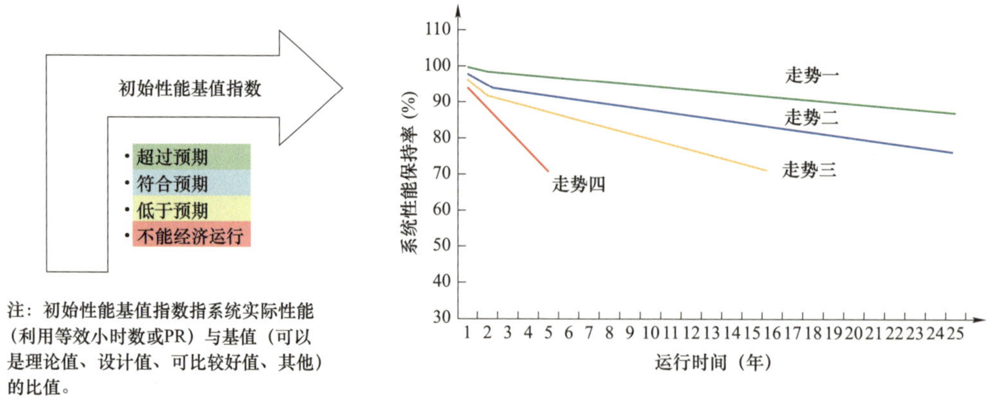

图 6-1 初始性能及寿命期内性能保持率走势图

从图 6-1 可以看出，对光伏发电系统，需要重点防控的风险包括两类：一是初始性能低于预期或不能经济运行。二是寿命期内，系统性能过快衰减或减损。图 6-2 为初始性能不及预期主因概览。

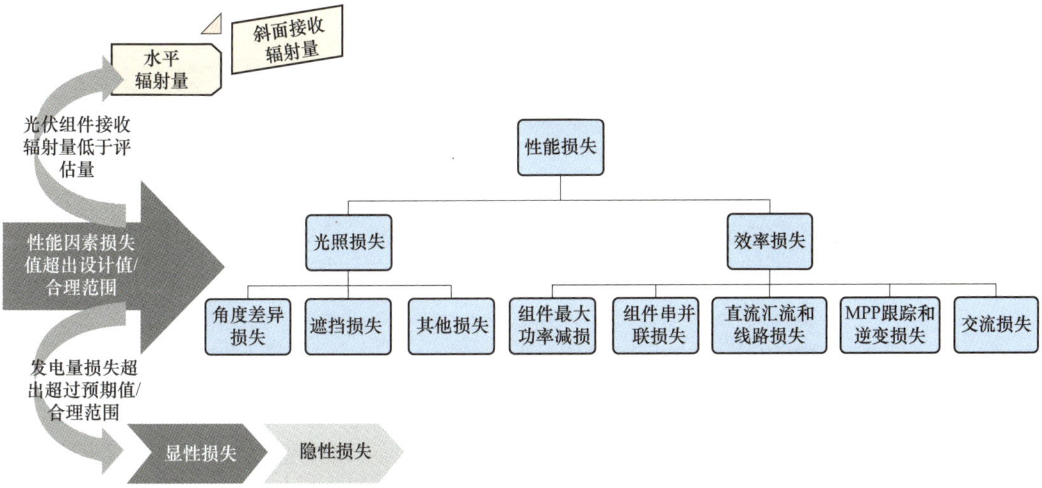

图 6–2 初始性能不及预期主因概览

归纳起来，寿命期性能保持率不及预期的主要原因有以下方面：

（1）出现图 6–1“走势四”主要是电站存在重大安全隐患（见第五章）或组件存在致命缺陷（见本章第二节）所致。

（2）出现图 6–1“走势三”主要是几方面原因所致，包括：组件故障率过高或最大功率过快衰减或衰减不一致（见本章第二节），其他设备或分子系统可靠性不够，运维跟不上造成的效率损失过大。

示例一～示例三给出电站性能不及预期及致因分析案例。

示例一：某地批量性建设电站首年“年度等效利用小时数基值指数”“月度等效利用小时数基值指数极差”对比分析结果如图 6–3 和图 6–4 所示。

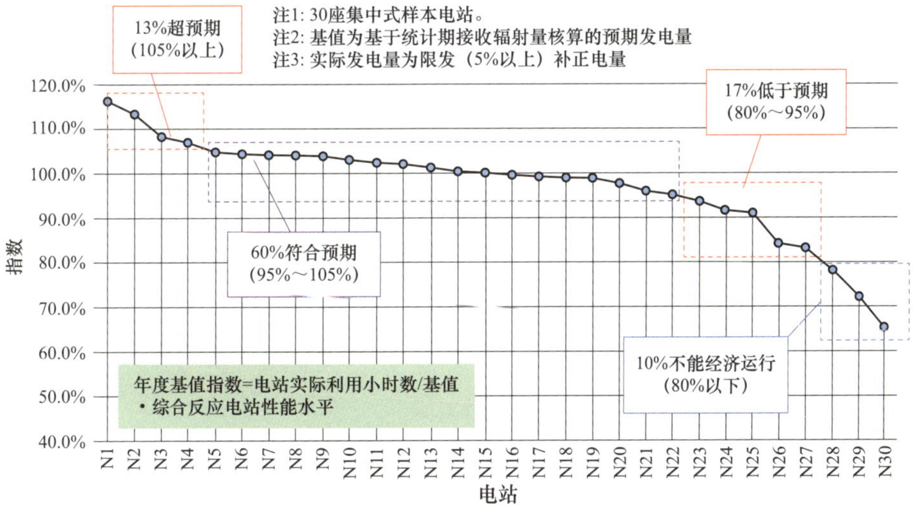

图 6–3 年度等效利用小时数基值指数对比分析

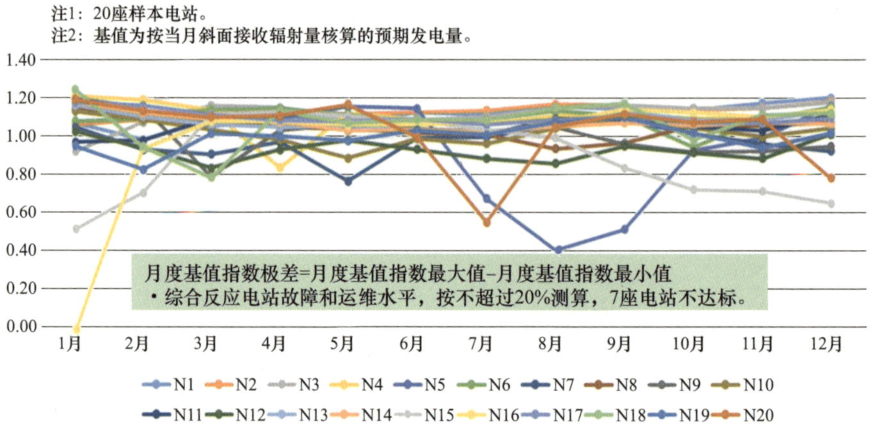

图 6－4 月度等效利用小时数基值指数极差对比分析

示例二：不同地区 10 座样本电站太阳能资源评估结果可接受程度分析结果如图 6－5 所示。

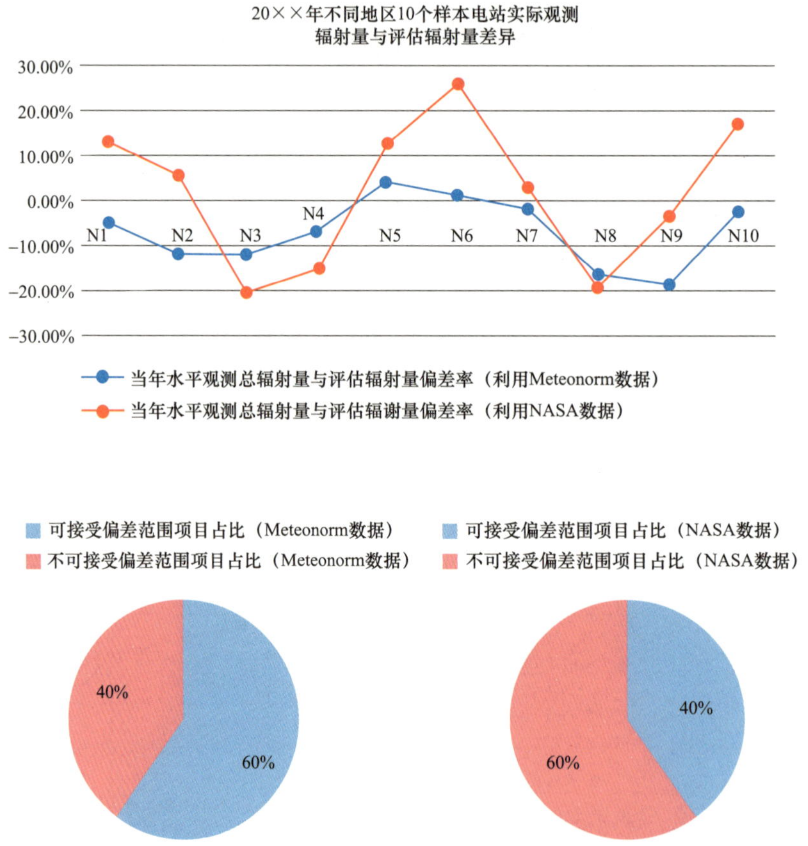

注：以长时间序列，年际波动范围为评判依据（例，-8%～10%）

图 6－5 太阳能资源评估结果可接受程度分析结果

示例三：不同地区 200 座样本电站故障发电量损失程度分析如图 6－6 所示。

注1：选取不同类型电站200座。
注2：显性损失指造成停机的发电量损失；隐性损失指性能因素效率损失超出合理范围部分的核算电量。

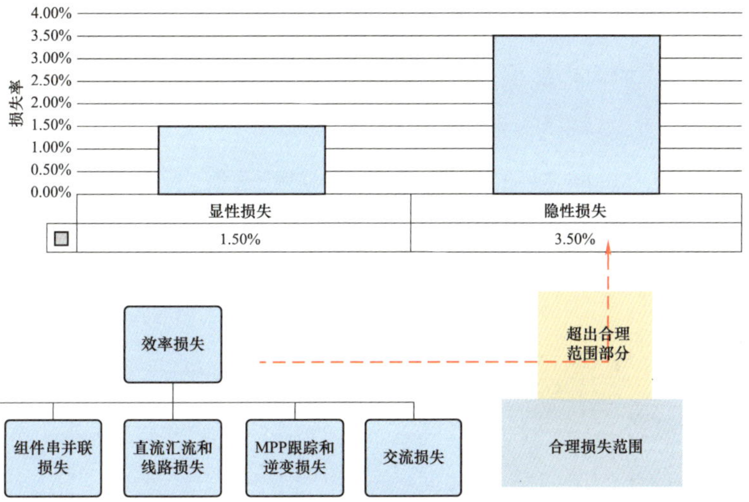

图6-6　电站故障发电量损失程度

第二节　设备性能与可靠性

对光伏发电设备，需要重点防控以下方面不满足要求或与应用环境不适配所带来的性能与可靠性风险，适用时，包括：

（1）初始发电或能量转换效率。

（2）电气安全性能，包括耐压、耐流、防雷。

（3）防火性能。

（4）结构稳定性及承载、抗变形、耐磨、抗冲击和振动能力。

（5）耐腐蚀性能。

（6）耐紫外、湿热、高低温性能。

（7）其他。

光伏发电设备可分为两类，包括专用设备、通用性较强设备。从风险源识别和风险评价角度，通用性较强设备与其他行业相差无几，需要重点关注的是专用性较强设备，特别是光伏组件。

一、光伏组件

组件是光伏发电的核心设备，从性能及可靠性角度，需要重点防控以下方面的风险：

（1）标准测试条件（STC）下，组件初始性能达不到标称水平，包括组件最大功率及其他电学性能、力学和热学性能。

（2）应用环境下，组件最大输出功率或转换效率减损过大。

（3）运营期内，组件最大功率保持率低于保证值。

（4）组件整体、外观和内部质量缺陷导致的效率及安全性能减损。

（5）其他。

一定程度上，图 6－1 所示的系统性能取决于组件性能及其一致性。图 6－7 为组件初始性能及寿命期内性能保持率可能出现的各种走势。

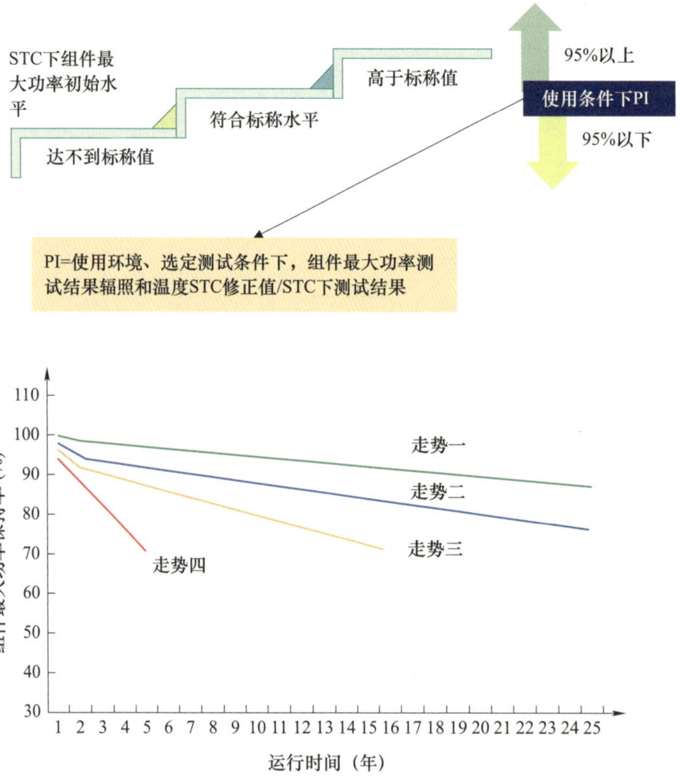

图 6－7　组件初始性能及寿命期内性能保持率走势图

在图 6－7 所示的各种走势中，与初始性能有关的风险比较容易识别，需特别注意与性能保持有关风险的识别、评价和防控，包括：

（1）导致最大功率过快衰减的质量缺陷，如 PID，包括衰减不一致。

（2）各类质量缺陷导致的组件性能减损，包括安全性能。

示例一、示例二为组件最大功率衰减情况举例，表 6－1 为各类质量缺陷示例。

示例一：从位于我国亚湿热、暖温、寒温等光伏应用较广区域内的 20 座电站中，每类气候区选择 21 种不同类型和型号的组件，合计 63 种组件进行对比测试，得出最大功率衰减程度的测试和分析结果如图 6－8 和图 6－9 所示。

其中：

（1）“最大功率衰减均值指数”是指某电站、单一型号“抽检组件样本组”最大功率衰减率均值与对应期限最大功率衰减保证值的比值。

（2）“最大功率衰减极值指数”是指某电站、单一型号“抽检组件样本组”中最大功率衰减率最大值与对应期限保证值的比值。

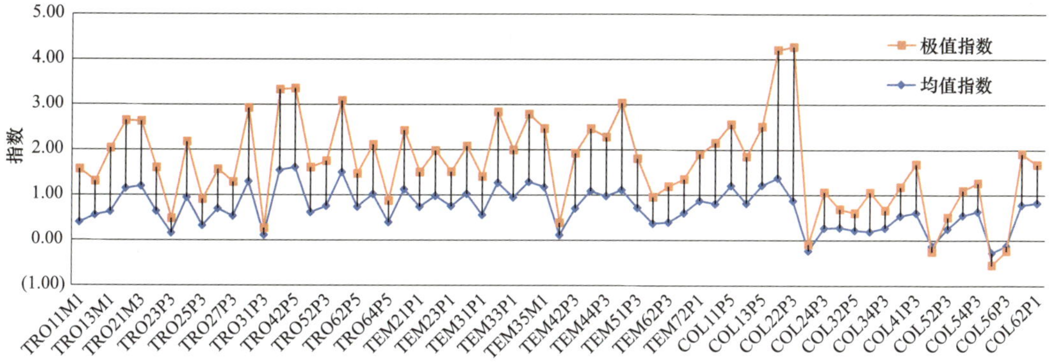

图 6-8 组件最大功率衰减均值和极值指数

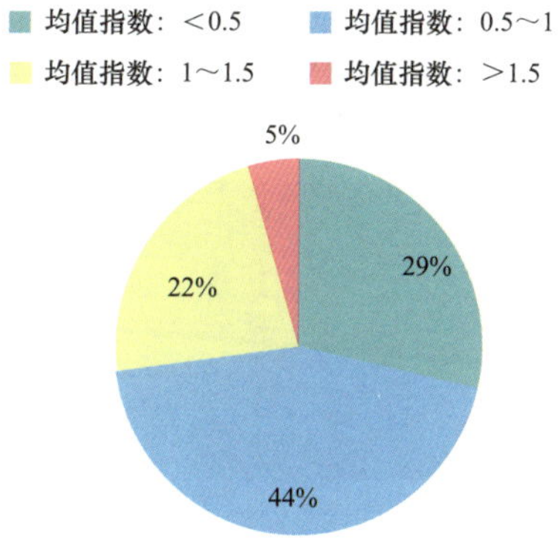

图 6-9 分析结果

示例二：同一电站使用不同企业生产的组件，三年后对样本组件最大功率衰减情况进行对比，如图 6-10 所示。

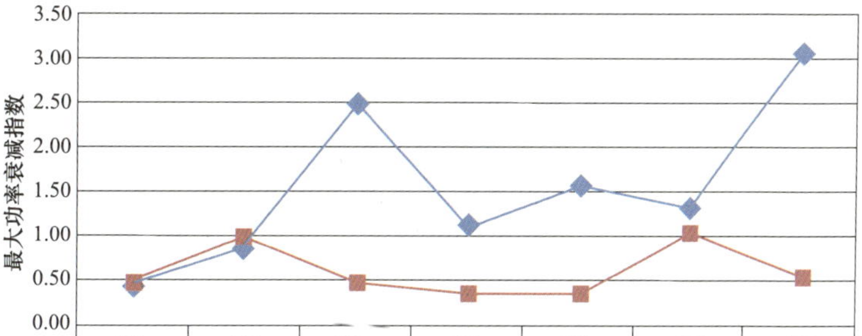

	N1	N2	N3	N4	N5	N6	N7
A厂家	0.48	0.84	2.48	1.09	1.57	1.31	3.08
B厂家	0.46	0.98	0.48	0.33	0.35	1.05	0.56

图 6-10 不同厂家组件功率衰减一致性对比

其中："最大功率衰减指数"是指检测时点实测最大功率衰减率与对应期限最大功率衰减保证值的比值。

表 6－1　　　　组件质量缺陷示例

缺陷类型示例		缺陷图例
整体结构和外观缺陷	结构形变、面板玻璃破碎	 
	面板玻璃划（擦）伤、蜗牛纹	 
	EVA 脱层、黄变	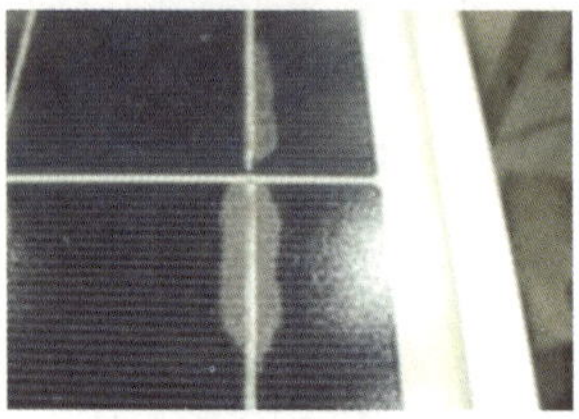 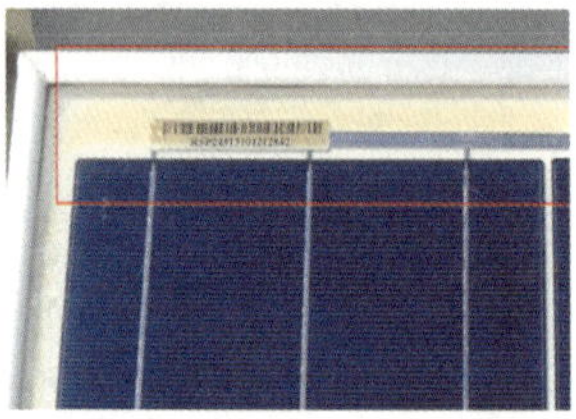
	组件内存在异物	 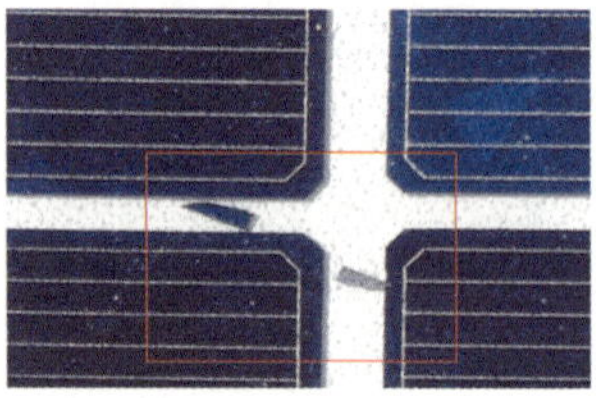
	肉眼可见焊接和电池缺陷	 
	背板划伤/开裂/鼓包/褶皱/凹坑	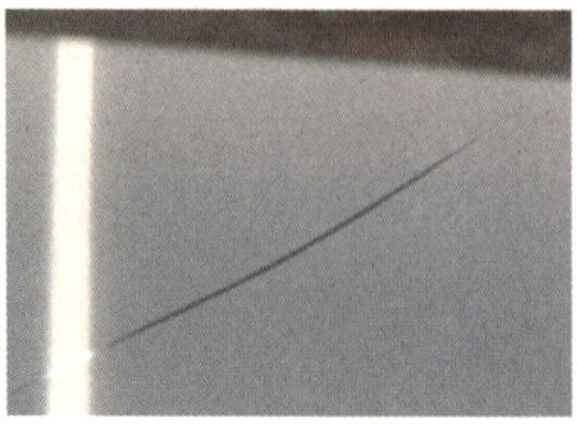 

续表

缺陷类型示例		缺陷图例
整体结构和外观缺陷	接线盒、线缆、接线端子肉眼可见缺陷	 
电致发光（EL）缺陷	机械性损伤：隐裂、碎裂	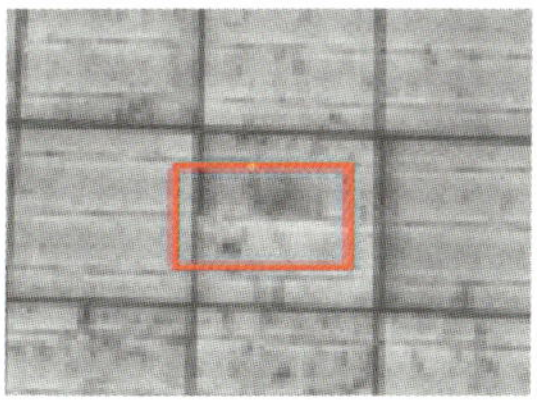 
	印刷、焊接性缺陷：断栅、过焊、虚焊、短路	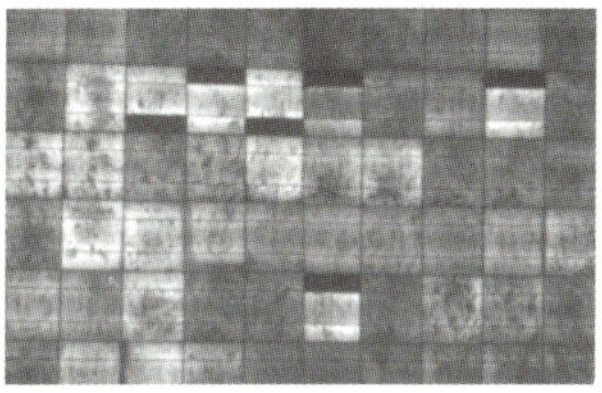 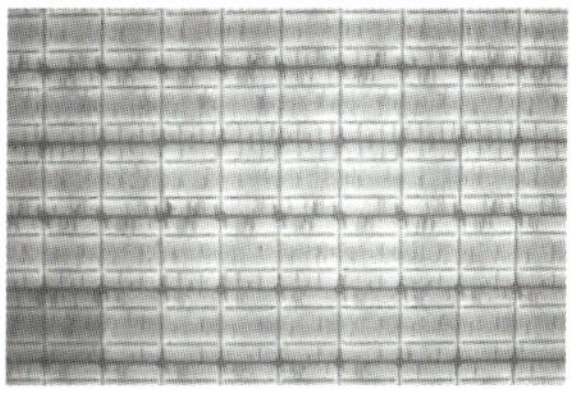
	工艺性缺陷：黑边、黑斑、明暗片	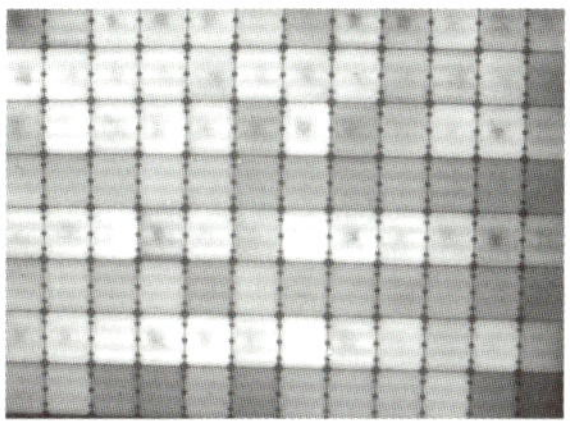 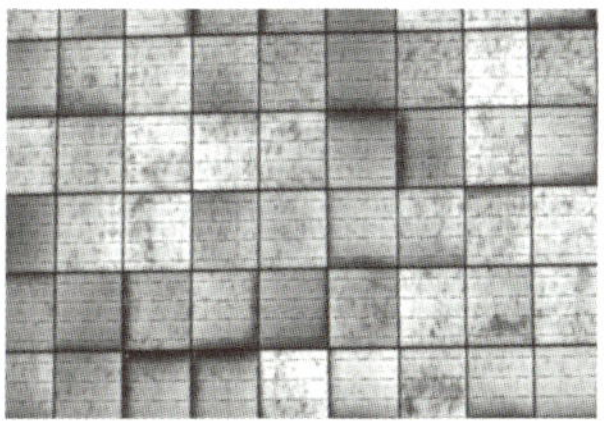
	PID、二极管击穿/导通	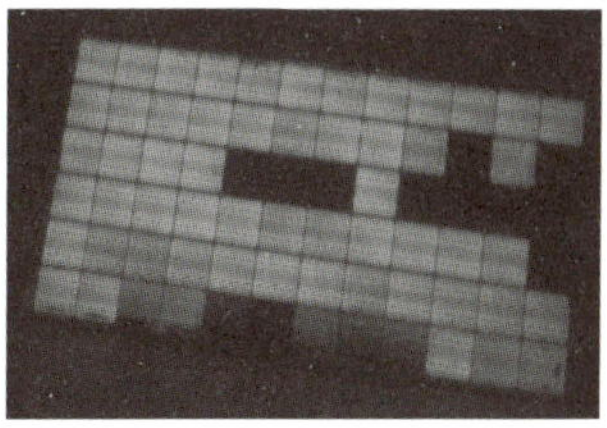 
红外（IR）缺陷	热斑	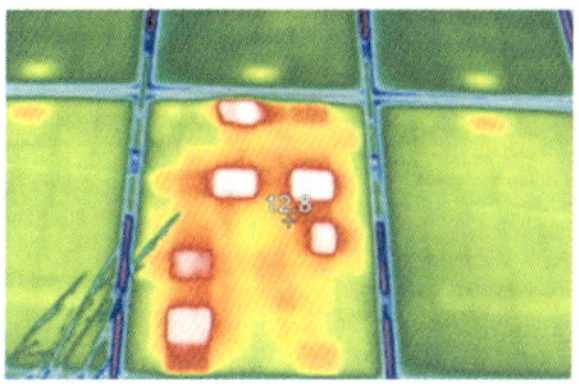 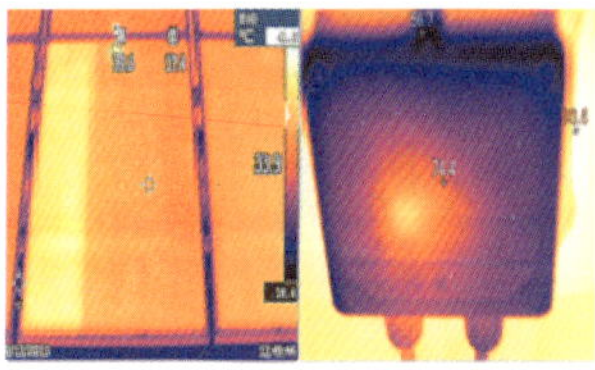

二、其他设备

包括逆变器、汇流箱、变压器、电缆及其他电气一次设备和电气二次设备。常见性能和质量缺陷或风险与其他行业类似，适用时，需重点关注：

（1）设备本身结构和电气安全。

（2）设备本身及系统的功能安全及可信性。

（3）设备性能和安全特性或参数与系统匹配程度。

（4）设备性能与使用环境适配性，包括安全、耐蚀、防护等级、电磁兼容。

（5）其他。

第三节　性能与可靠性风险控制

归纳前述各类性能与可靠性风险，需要重点防控的风险包括以下三类：

（1）初始性能不达标或不及预期。包括 STC 和使用环境下的设备性能、系统性能及各类效率损失。

（2）性能衰减过快，超出保证值或合理预期。包括 STC 和使用环境下的设备性能及系统性能。

（3）故障损失、设备和系统可利用率超出合理范围。包括显性和隐性故障、限制发电。

业主角度，开发和建设光伏发电项目的核心目的是保证运营期的发电量达到设计水平并取得预期收益。围绕建设单位核心诉求，涉及性能与可靠性，可从以下三个环节确定并控制电站的运营风险：

（1）识别和解析发电量影响因素。图 6－11 为电站初始及运营期发电量及性能影响因素框图。

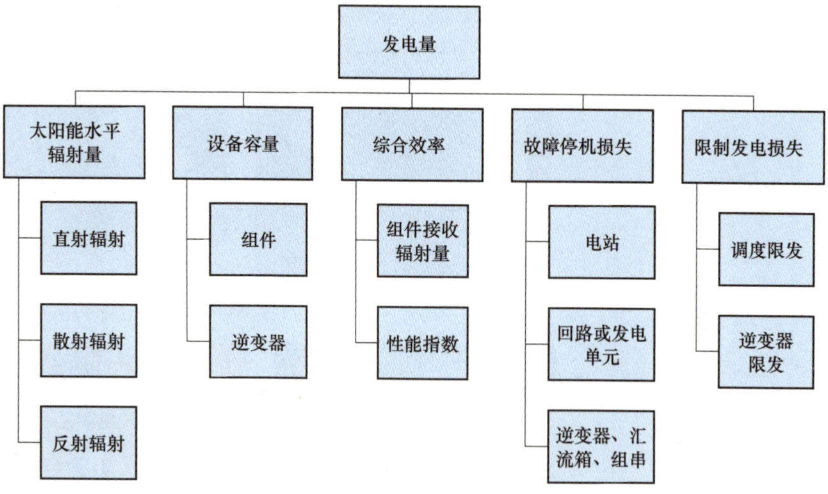

图 6－11　发电量影响因素框图

图 6－11 所示因素中，不确定性较大且业界较为关注的是系统综合效率，图 6－12 为系统综合效率影响因素框图。

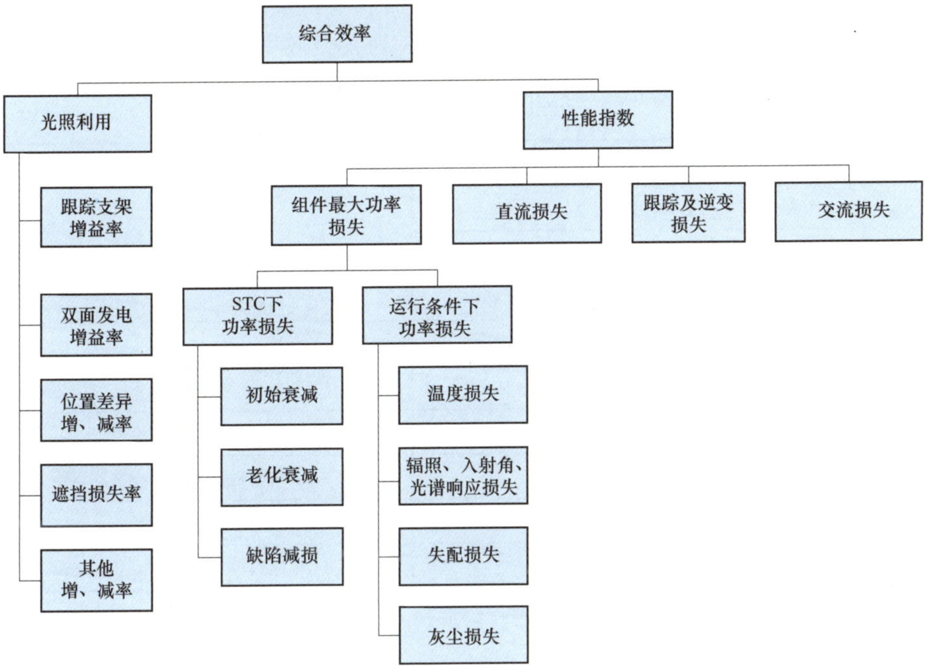

图 6－12　综合效率影响因素框图

（2）确定各类因素的影响及可控程度。发电量影响因素影响及可控程度评估如图 6－11 和图 6－12 所示，光伏发电效率影响因素比较复杂，实际工作中，一是要科学评估各类因素的影响程度；二是要深度解析影响因素的主控环节及受控程度，并按照“关注可改变”的原则，优先针对那些提效潜力大、可控程度高的因素，确定技术和管理措施。表 6－2 给出部分效率因素影响及可控程度的分析结果示例。

表 6－2　　效率因素影响及可控程度示例

效率因素	影响程度	可控程度
组件最大功率温度损失	高	低
组件最大功率辐照、光谱及其他环境适配损失	中	低
组件最大功率初始及自然老化衰减	高	低
组件最大功率缺陷损失	中	高
组件最大功率失配损失	高	高
灰尘及遮挡损失	高	高
直流线路及其他损失	中	中
逆变器追踪及转换效率损失	低	低
交流侧电能损失	中	中

（3）采取适当措施，将各类因素造成的发电量增益或减损控制在预期或可接受的范围内。控制措施总体看，光伏发电系统应用端效率管控精细化程度和能力还有待提高，包括技术能力和管理能力。提效角度，一是要解析效率因素的主控环节；二是要剖析效率损失的机理，并明确控制标准和措施。表 6－3 为各类效率因素主控环节示例。

表 6－3　　效率因素影响主控环节

效率因素	主控环节
组件最大功率温度损失	设备制造
组件最大功率辐照、光谱及其他环境适配损失	
组件最大功率初始及自然老化衰减	
组件最大功率缺陷损失	设备制造 + 系统设计、安装和运维
组件最大功率失配损失	
灰尘及遮挡损失	系统设计和运维
直流线路及其他损失	系统设计、施工、安装和运维
逆变器追踪及转换效率损失	设备制造
交流侧电能损失	系统设计、施工、安装和运维

注　仅为示例，对不同情况，需要客观分析和判断。

如前所述，光伏发电效率影响因素比较复杂，某些因素的影响程度为多个环节综合作用结果，需要解析影响因素的作用机理，并综合施策。图 6－13 为组件最大功率串联失配损失机理图示。

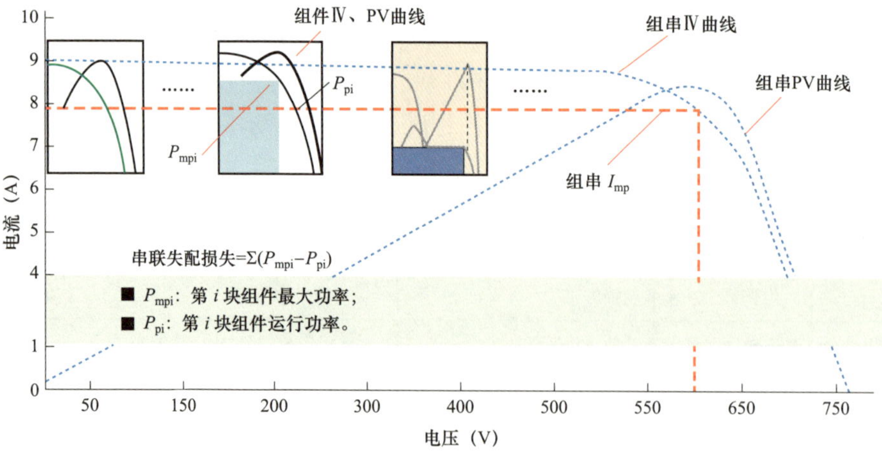

图 6－13　组件最大功率串联失配损失机理图示

从图中可以看到，组件最大功率失配损失取决于组件Ⅳ特性的一致性。而组件Ⅳ特性的一致性除组件本身质量，还与运行环境一致性密切相关，为降低失配损失，需要制造端和应用端共同施策。

第七章

合 规 性 风 险

光伏发电工程建设和电力生产需要遵守的法律法规涉及范围较宽，除《电力法》及配套的法规和标准，还包括工程建设、环境保护、安全生产及其他方面适用的法律法规。针对光伏发电特点及已投运项目出现的问题，需要特别注意以下方面法规和标准的贯彻实施：① 项目备案，工程建设和用地许可，专项评价（估）和许可；② 电力生产和监管方面的法规、标准及其他规范性文件。

一、行政许可

表7－1为地面集中式光伏发电项目工程建设阶段需要具备的许可文件清单(部分)。工程建设中，需要特别注意以下合规性风险的防范：

（1）违法用地，或用地手续不全，或手续办理严重滞后。

（2）未批先建，或备案手续不全，或未取得建设指标，或未取得接入许可。

（3）未按要求办理所需要专项评价（估）和许可。

表7－1　　地面集中式光伏发电项目行政许可文件清单（部分）

项目备案	备案证/其他等效文件
规划许可	建设用地选址红线图
	建设项目选址意见书
	建设用地规划许可证
	建设工程规划许可证
用地许可	建筑工程施工许可证
	国有土地使用证
专项评价估/许可（批复）	建设项目环境影响报告书或报告表或登记表
	环评批复意见
	地质灾害危险性评估报告及附图
	地质灾害危险性评估报告备案登记表
	水土保持方案报告
	水土保持方案批复

续表

项目备案	备案证/其他等效文件
专项评价估/许可（批复）	使用林地可行性研究报告（适用时）
	使用林地审查同意书（适用时）
	使用草原可行性研究报告（适用时）
	使用草原审查同意书（适用时）

案例一和案例二为行政许可不合规被叫停或拆除的项目。

案例一：某新能源科技有限公司利用黄河滩地建设200MW光伏电站项目，总投资19.77亿元。直至项目主体工程完工之时，仍未获得水利行政主管部门审查意见，最终被叫停。

案例二：2017年，山东微山县拆除6个共计298MW光伏发电项目。被要求拆除的6个项目位于省级自然保护区内。

二、电力生产

随着非水可再生能源接入比例的提高，对光伏发电站的考核趋于严格。光伏发电项目建设和运行需要进一步提高与电力生产相关法规和标准的符合程度，特别是属地电力监管部门发布的《发电厂并网运行管理实施细则》的满足，图7-1为《发电厂并网运行管理实施细则》中规定的主要考核指标示例。

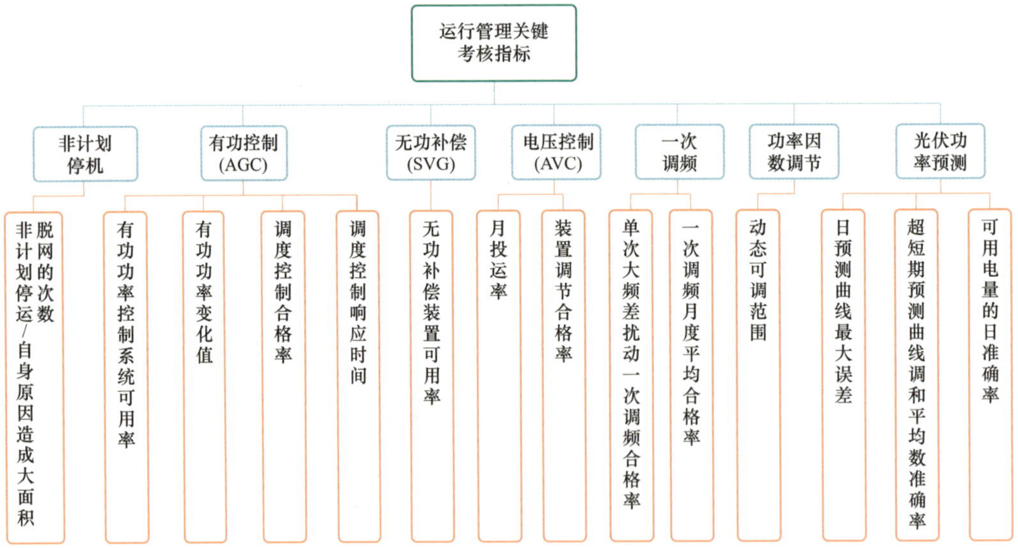

图7-1 光伏电站运行考核指标示例

从风险控制角度，需要重点防控：① 安全管理和调度控制设备配置或性能指标不达标所带来风险；② 运行管控指标不达标带来的风险。

例如：某地安装容量为30MW、50MW的两座电站，2019年考核分值折算电费分别为 96.6 万元、280.9 万元，考核内容包括 AGC 和 AVC 控制合格率、电压合格率、日前和日内光功率预测、调度响应、有功功率变化、自动化设备投用情况。

三、风险控制

整体来看，光伏行业守法意识及合规性还有待提高，特别是在项目建设、土地利用、水土保持、安全生产及涉网要求达标率方面。随着光伏发电应用规模的提高及应用场景的扩大，法规要求趋于严格，执法力度也在加大。电站建设单位应规范和加强项目的合规性管理，特别在以下两个方面：

1. 法规要求识别

适用法规和标准要求的识别，如前所述，光伏发电项目建设和运营涉及的法律法规较多，宜从风险控制角度，特别针对那些不可接受的风险，识别并确定需要遵守的法律法规和强制性标准要求。图 7－2 为光伏发电需要重点考虑并遵守的法规范围框图，宜围绕图中所示范围，识别适用的法律法规和强制性标准要求。

2. 法规要求的应用及合规性评价和改进

图 7－3 为适用法规要求（含强制性标准）应用及合规性评价基本流程，光伏发电项目建设单位宜围绕图中所示过程，建立程序并规范企业的合规性管理。

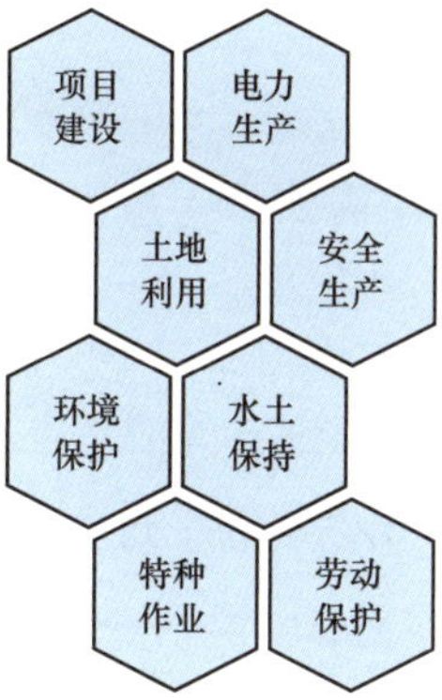

图 7－2 适用法规和强制性标准范围框图

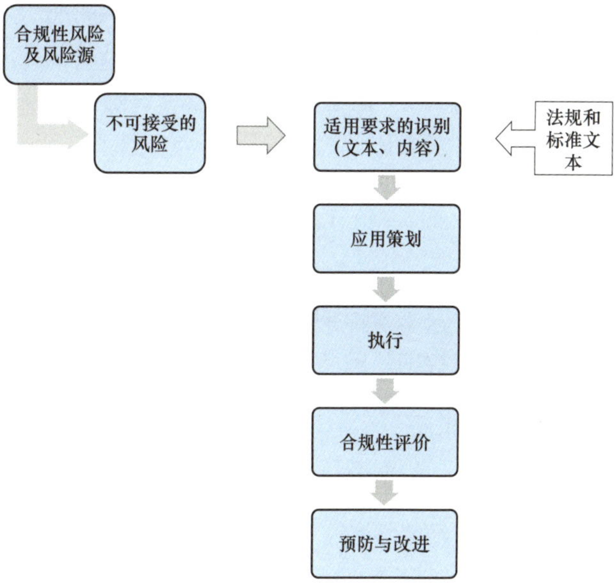

图 7－3 法规要求应用及合规性评价基本过程

第八章

建设与运行过程风险控制

如图 4－3 所示，光伏发电各类风险表象在电站及其分子系统或设备，但源头在电站建设和运维过程，从风险防控角度考虑，需要管住过程。

系统分析各类系统或设备已发生事故或失效案例的致因，即风险源，有些是由单一过程或环节控制不当所致，如表 5－1 中的“案例二”、第五章所举的“案例一”“案例二”，主要是选址不当所致；有些事故，特别是与电站性能及结构和电气安全有关的风险，大多是多个环节控制不当、综合作用的结果，以表 5－2 中给出的“案例二”为例，事后进行分析，涉及电缆选型不当、桥架和线缆敷设设计不合理、施工过程缺少必要防护、运维过程监控不到位等多个环节。从风险管理的角度，对可能发生的各类事故或风险，需要按照图 4－2 所示流程，系统识别电站建设和运维过程各类风险源，在风险评价的基础上，采取适当的防控措施。

第一节　站址选择与前期准备

站址选择及项目前期准备的基本流程见图 2－6，从风险控制角度，应特别注意选址及项目审批过程的风险防控。

一、选址

图 8－1、图 8－2 分别为地面电站、与建筑结合的分布式电站选址过程宜考虑的因素及主要风险源点示例。

针对选址过程存在的风险源点，需要采用适当的技术和管理措施，特别在以下方面：

（1）针对可能出现的不可接受风险，制定底线性选址标准。

如前所述，站场出现不可接受的安全或合规性风险时，会造成较大财产损失，需要有效规避。目前，涉及电站选址，特别在站址安全方面，尚缺少完整、适度、可操作的国家、行业标准或其他规范性文件。站址安全方面，以 GB 50797《光伏发电站设计规范》为例，标准中仅给出以下原则性规定，实际操作中尚难于掌握：

1）选择站址时，应避开泥石流、滑坡的地段。在危岩、发震断裂地带、岩溶发育、采空区和地质塌陷区等地区进行选址时，应进行地质灾害危险性评估。

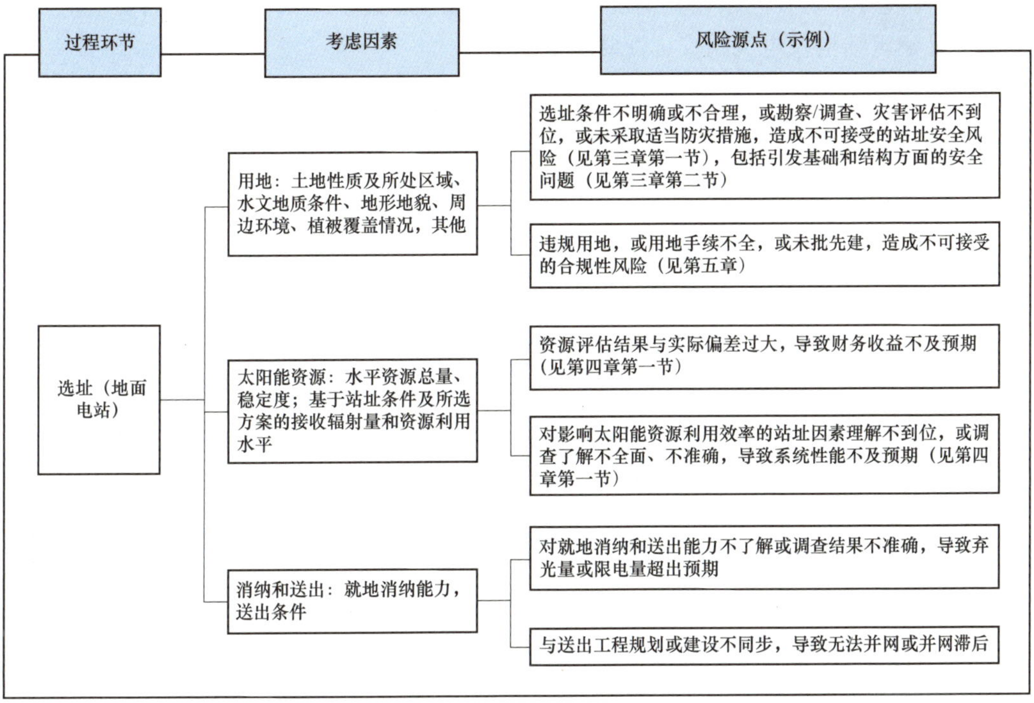

图 8－1 选址过程考虑因素及主要风险源点示例（地面电站）

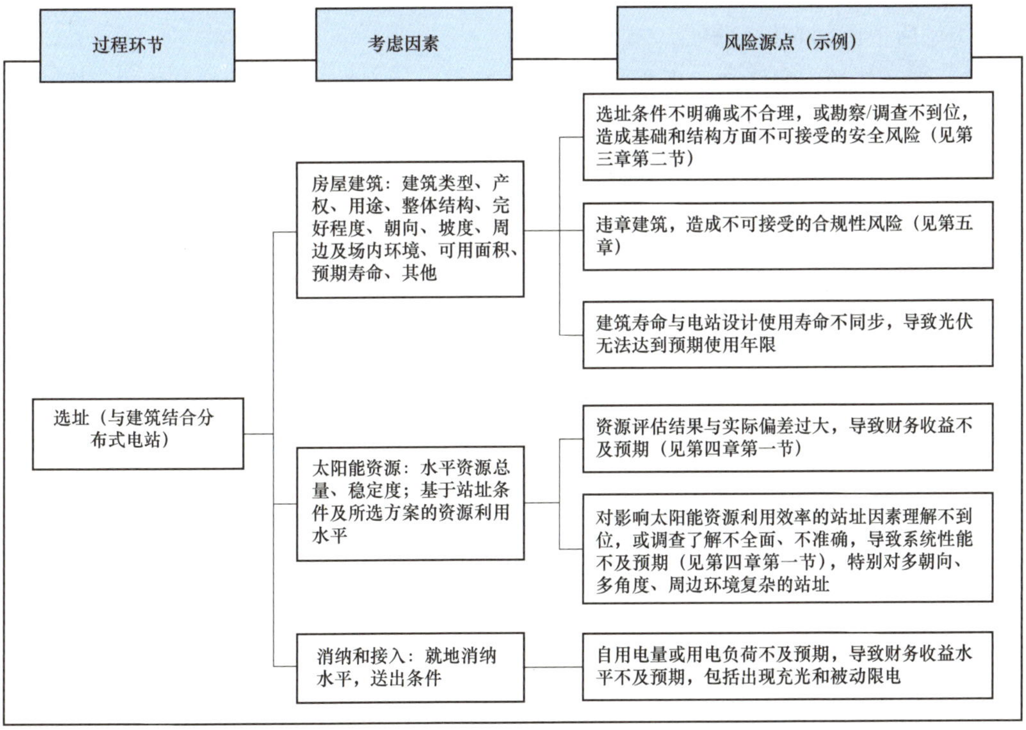

图 8－2 选址过程考虑因素及主要风险源点示例（与建筑结合分布式电站）

2）在既有建筑物上增设光伏发电系统，必须进行建筑物结构和电气的安全复核，并应满足建筑结构及电气的安全性要求。

电站开发及建设单位宜按照问题导向原则，针对可能出现的不可接受风险，充分考虑开发企业的预期及风险安排，制定涵盖图 8－1 或图 8－2 所述因素，能够有效防范前述各类风险，可作为站址适合性评价和选址依据的标准或准则要求。

（2）根据选址标准及选址过程显在或潜在风险源点，充分利用既有数据和现代技术手段，兼顾效率和有效性，明确适度的选址程序，包括过程质量评价准则。

电站选址的目的之一是寻找站址条件符合预设条件的客观证据，并识别显在和潜在的各类风险。在图 8－1、图 8－2 所示风险中，比较难于识别和客观判断的是由于站址条件引发的安全风险及光资源和利用水平低于预期的风险，需要更为重视的是站址勘察和太阳能资源评估两个环节风险源点的识别和控制。

1）对地面电站的地质灾害防控，工程实践中涉及现场踏勘、岩土工程勘察、水文地质钻探、地质灾害危险性评估、防灾设计等过程环节，主要依据通用标准和地方性法规要求，存在以下问题：

——勘察和评估范围主要是升压站及其他列为建设用地部分，较少涉及光伏区。

——评估内容和灾害类型不能完全覆盖整个站场需要防控的风险。

——对光伏区的防灾设计关注不够。

2）对与建筑结合的分布式电站，GB 50797《光伏发电站设计规范》中仅规定进行结构和电气安全复核，不够全面；另外，未充分考虑某些建筑无法定量复核的实际，如户用电站所依附的农村建筑。

3）涉及气象灾害防控，现行标准存在不完整、适度性和可操作性不够的问题。

——针对风、雪、雷电等自然现象，主要依据现行通用标准进行系统荷载和电气安全设计，存在局部不足、局部过剩的问题。

——针对降雨、冰雹及其他可能引发气象灾害的自然现象，尚无适合光伏发电特点、能够有效防范风险的标准。

4）涉及太阳能资源评估的内容和方法见第二章第二节。目前，主要依据 GB 50797《光伏发电站设计规范》、GB/T 31155《太阳能资源等级　总辐射》、GB/T 37526《太阳能资源评估方法》及其他相关标准开展评估工作，需要注意以下问题：

——评估结果不确定度不能充分满足电站建设对评估准确度的实际需要，见第五章第一节。

——对复杂站址条件，评估结果不能满足精细化管理的需要。

——缺少适合于光伏发电特点的校核程序和方法。

二、项目审批（决策）

本节所述“项目审批”指企业内部的项目审批或决策，包含对图 2－6 所述选址、可行性研究（含初设）、外部行政性（含涉网部分）评估/审查过程结果的综合评审。图 8－3 为项目审批过程宜考虑因素及主要风险源点示例。

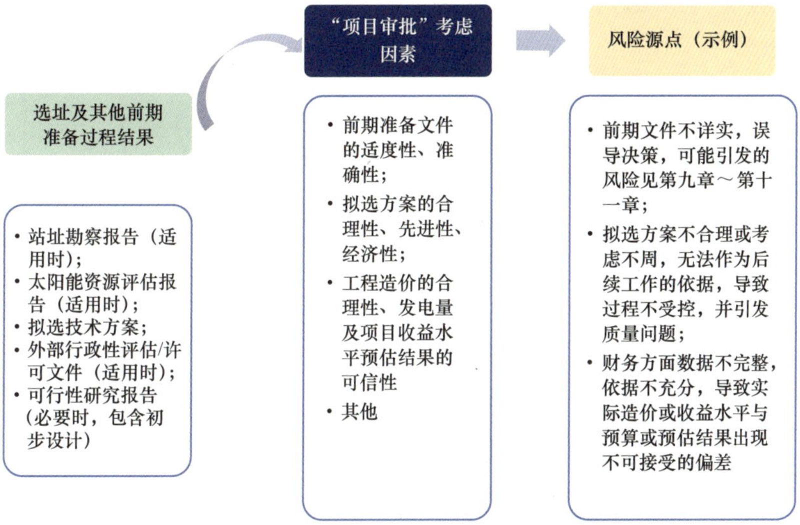

图 8－3 项目审批考虑因素及主要风险源点示例

目前，总体来看，光伏发电项目决策过程规范化、科学化程度还不够，针对项目决策过程存在的风险源点：

（1）按照问题和结果导向原则，除财务指标，制定可用于评判前期准备各环节过程输出适度性、准确性，能够有效防范决策风险的评价准则或标准，作为决策过程的评估依据。

（2）兼顾效率和有效性，按照项目类型、建设和投资规模，以及可接受的风险程度，确定适度的决策程序。

第二节 设 备 选 型

光伏发电常用设备、材料和构件见图 2－3 所示。从选型角度，图中所述各类设备中，最为关键的是组件和逆变器。

一、组件选型

图 8－4 为组件选型需考虑因素及主要风险和风险源点示例。

如第四章所述，目前，在质量要求方面，尚缺少符合 GB/T 20001.10《标准编写规则 第 10 部分：产品标准》、完整地规定组件各方面质量要求、可作为组件选型依据的国家或行业标准。针对行业实际，以及第五章第二节所述风险和图 8－4 所示风险源点，组件选型过程应当：

（1）系统评估现行标准不够完整，或需要延伸，或针对特定环境需要补充要求的内容，必要时，制定适当的组件选型标准。

（2）针对组件技术快速更迭，规格型号不统一的实际，组件选型及系统设计时，适当考虑可维修性（含升级改造）方面要求，特别是兼容性及可互换性。

（3）兼顾效率和有效性，建立适度、有效的组件选型和质量验证程序。

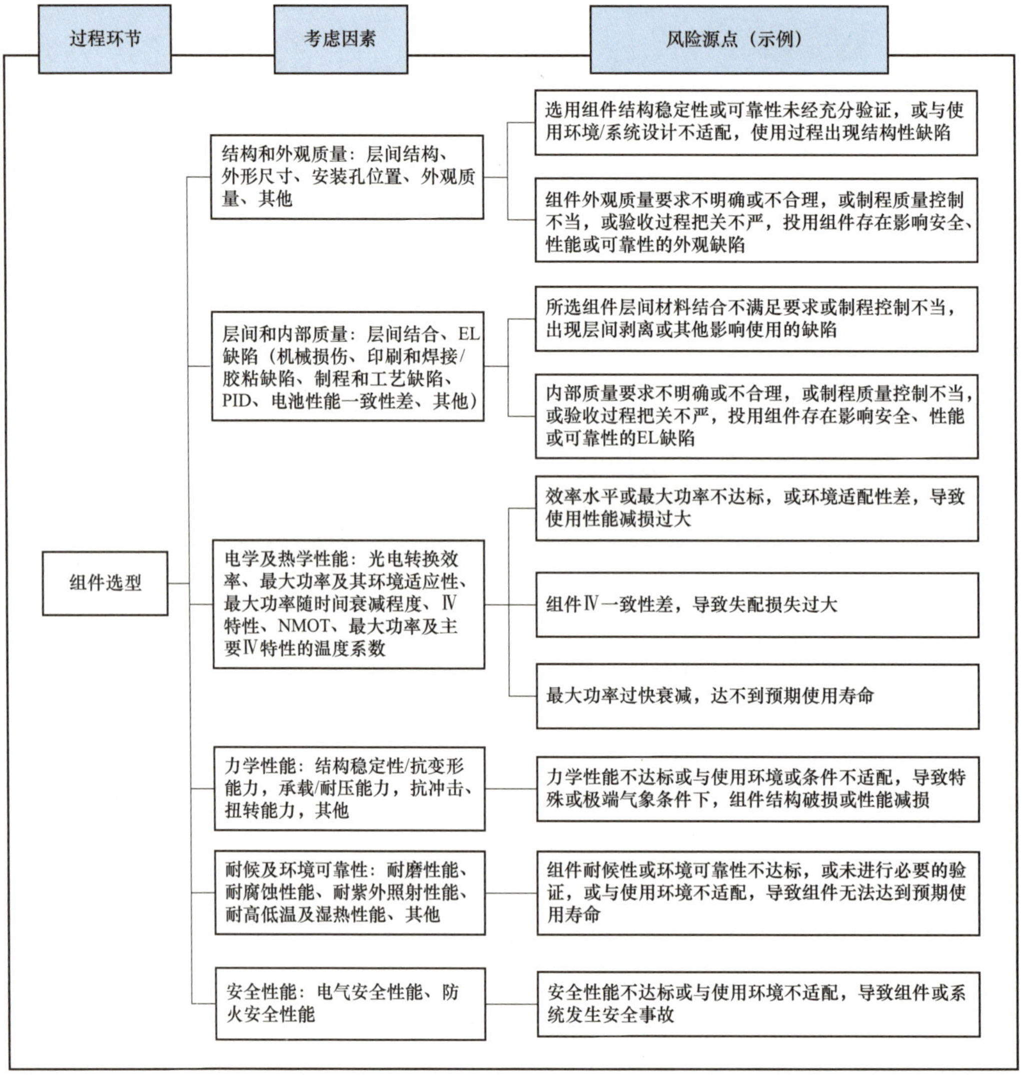

图 8－4　组件考虑因素及主要风险和风险源点示例

二、逆变器及其他电气设备选型

光伏发电常用的电气设备见图 2－3，其中，电气一次设备最为关键。在电气一次设备中，从风险控制角度，组件以外的设备有许多相通之处，图 8－5 以逆变器为例，说明设备选型过程需考虑因素及主要风险源点。

总体看，投运电站中，逆变器、汇流箱、变压器等一次设备的可靠性有待提高，设备选型过程同样需要从选型标准制定、可维修性考虑、选型和质量验证程序的建立等环节注重各类风险源点的防控。

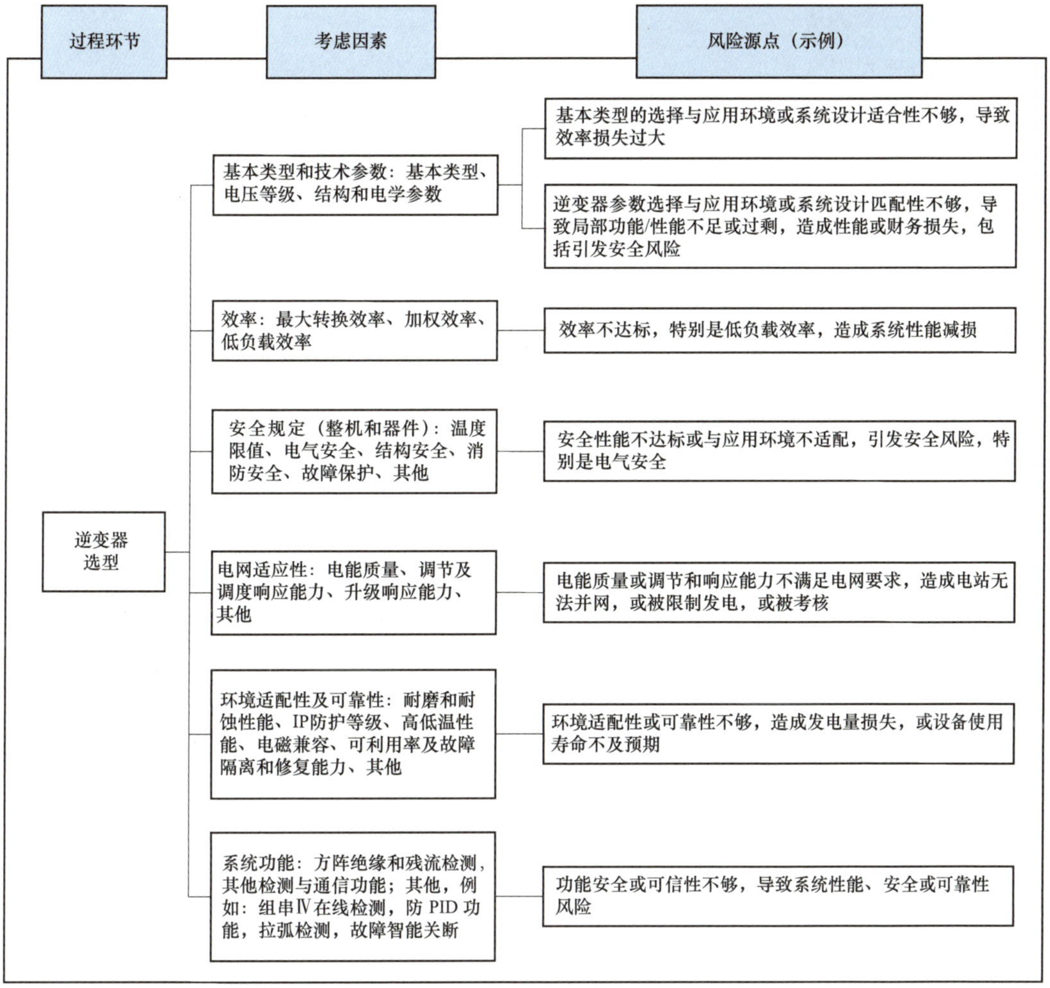

图 8-5　逆变器选型考虑因素及主要风险源点

第三节　施　工　设　计

如图 2-17 所示光伏发电站施工设计内容中，从风险防控角度，应特别注意站区布置、接入系统、发电系统［含土建（地面电站适用）、结构和电气］等方面的设计控制。图 8-6、图 8-7 为重点设计内容需考虑因素及风险源点示例。

整体来看，目前可作为设计依据的标准，交流侧相对完整，适用性也较强；光伏区可作为电站设计依据的标准，存在缺失、适用性不够、可操作性不强等方面的问题，特别对水上、建筑集成及其他新型光伏发电形式。设计是源头，针对光伏发电可能出现的风险及设计过程的风险源点：

（1）进一步提高电站设计的专业化程度和水平，特别对分布式电站。

（2）强化设计输入及设计约束条件的管理，必要时，宜制定补充性技术要求。

（3）制定必要的准则要求，规范设计评审、验证、确认和更改程序，提高设计输出满足设计输入的程度。

（4）充分利用现代信息技术，提高设计的效能水平。

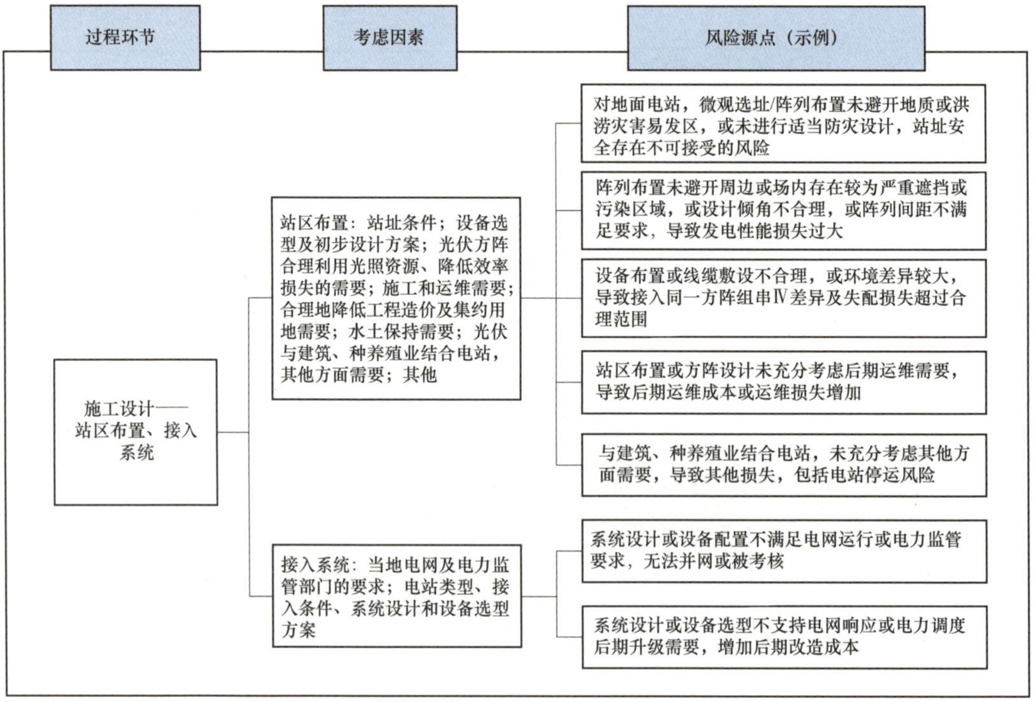

图 8-6 设计过程考虑因素及风险源点示例（一）

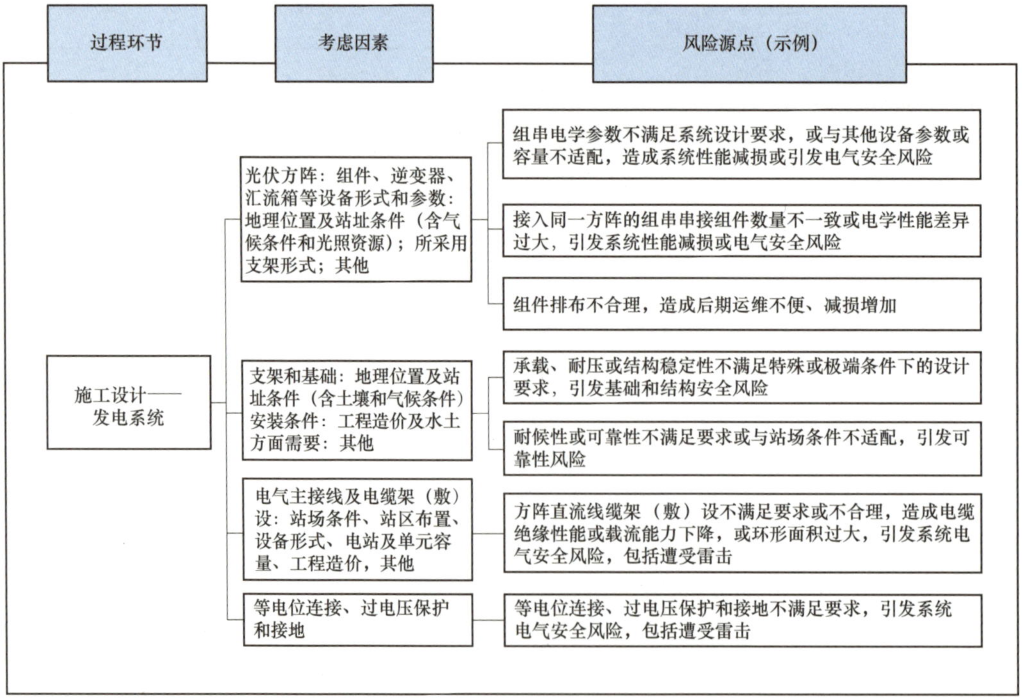

图 8-7 设计过程考虑因素及风险源点示例（二）

第四节 施工、安装与工程验收

本节涉及施工组织设计、施工与安装、工程验收等过程环节。图 2－21 给出了施工组织设计内容概览，图 2－22 给出了施工与安装内容概览，图 2－23 给出了工程验收内容概览。在图 2－22 所示的各项内容中，从风险防控角度，应特别注意基础施工、支架安装、组件安装、防雷与接地、电缆施工/架（敷）设等过程的管控，包括相关的施工组织设计（含专项方案）、工程验收。图 8－8、图 8－9 为施工重点管理环节需考虑因素及风险源点示例。

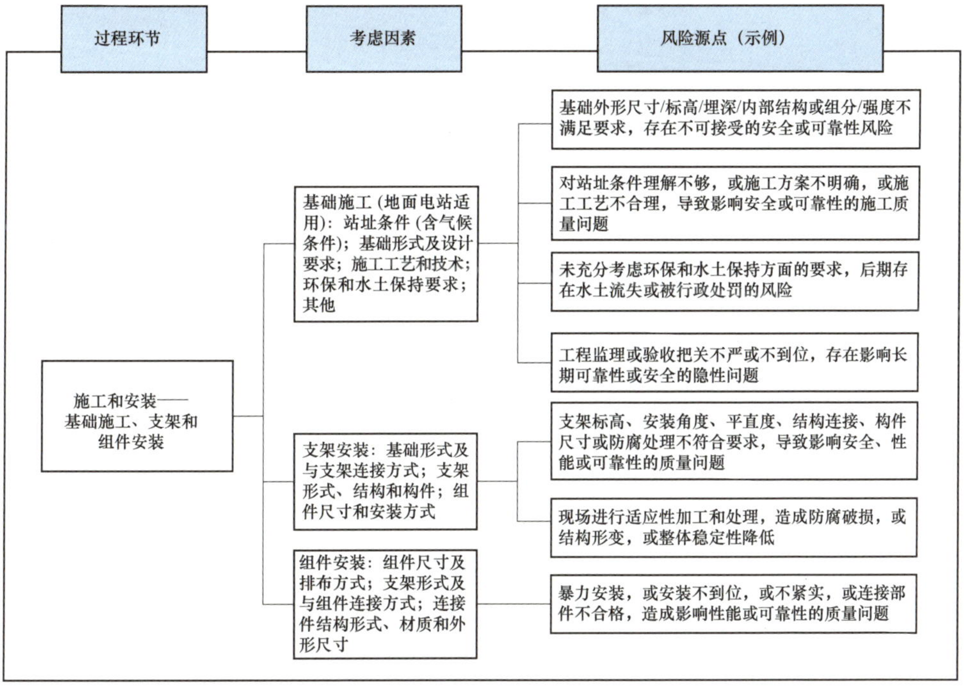

图 8－8 施工环节需考虑因素及风险源点示例（一）

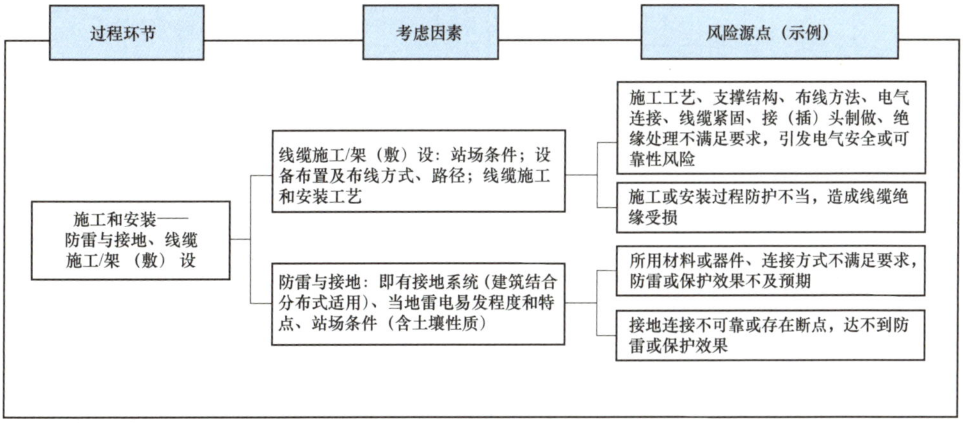

图 8－9 施工环节需考虑因素及风险源点示例（二）

总体来看，用于规范光伏发电工程施工和安装的标准存在缺失、局部不适用、可操作性不强等方面的问题；另外，工程项目建设中，存在施工组织设计/专项方案针对性不强、质量验收缺少依据、工程管理粗放等方面问题。针对光伏发电可能出现的风险及施工过程的风险源点：

（1）在现行标准基础上，因地制宜，分门别类地制定适度、可操作性的技术质量要求，包括质量验收大纲和规范。

（2）利用现代信息手段，提高过程管理的实效性和质量透明度。

（3）预防为主，分清责任，逐段、逐级把关，有效防范各类质量风险。

第五节　运行与维护

图2－26给出了运行与维护活动概览，图2－27～图2－29给出了子项活动概览。在图2－26所示各项活动中，从风险防控角度，应特别注意系统和设备检查、故障检测与诊断、检修和维护环节的管控。图8－10为运行与维护重点环节需考虑因素及风险源点示例。

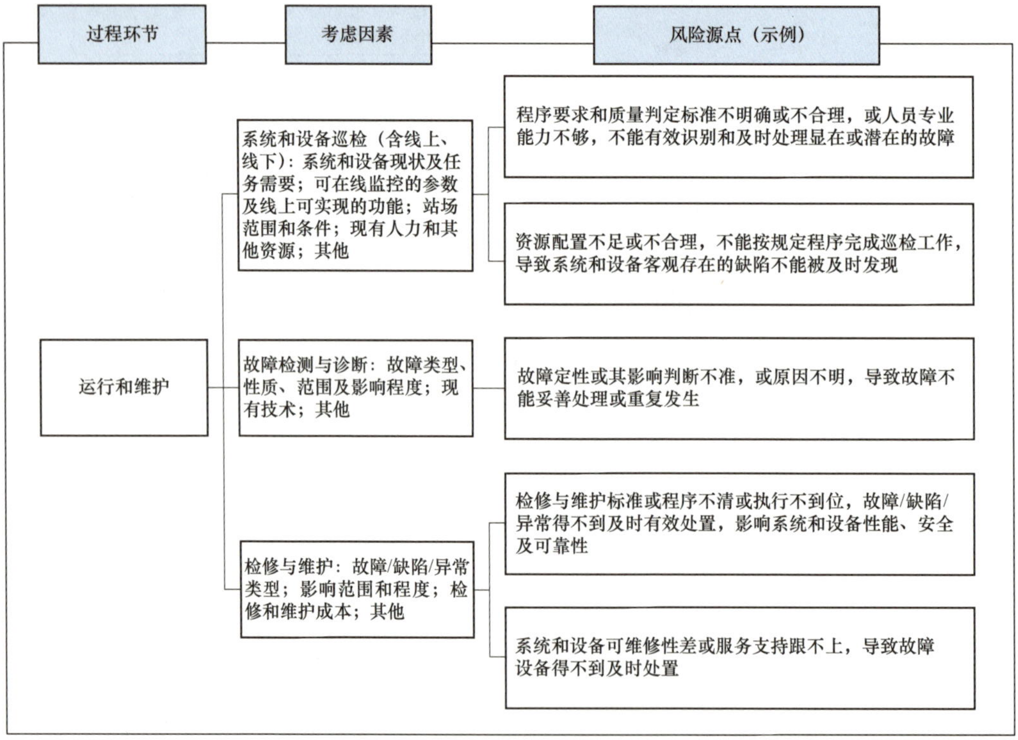

图8－10　运行与维护需考虑因素及风险源点示例

目前，整体来看，光伏发电站运行与维护的规范化程度和专业化水平还有待提高，针对光伏发电可能出现的风险及运维过程的风险源点：

（1）工程建设过程宜充分考虑运维设施配置及设备可维修方面的需要。

（2）充分理解所运维电站现状，并针对实际，建立科学、合理的运维方案。

（3）建立适度的过程程序，包括系统及其设备正常运行状态、维修、更新的判定标准或运行准则。

（4）针对光伏发电占地面积大、设备分散、故障源点多面广的实际，充分利用现代技术手段，提高运维的效能水平。

第三篇

保险篇

第九章

光伏发电保险

第一节　光伏发电保险的发展

一、光伏发电保险的概念

光伏发电保险是投保人通过与保险公司签订保险合同，针对光伏发电项目在设备制造、电站设计、建设、运行及维护阶段中可能发生的因自然灾害、意外事故而造成的物质损失和依法应对第三者的人身伤亡、疾病或财产损失承担的经济赔偿责任及产生的相关费用提供保障的一种综合型保险。

二、光伏发电保险的发展

虽然近年来我国光伏行业的发展速度保持着较快增长，但保险在其中的运用时间较短，光伏发电保险发展速度相对较缓慢，与光伏行业相关的保险产品在保障范围、核赔服务、费率厘定等方面与欧美发达国家相比均还有一定差距。

光伏发电保险的发展基本上可以分为三个阶段：

第一阶段（2008～2010 年），国内以光伏产业的组件生产出口作为主营业务，我国厂商在海外市场供不应求的状态下得到了商机。市场上以国内保险公司的一年期保单为主。这个时期，国内光伏组件厂商用一年期保单充当 25 年期保单。这个保险的弊端很明显，企业一旦破产，保险随即终止，对国内外买家来说，其权益根本没有保障。因为一旦投保人破产或财务困难，保费支付无法延续，保单也就不再存续，这使得厂商的信誉及买家的权益均得不到良好的保障。

第二阶段（2010～2012 年），国外出现了光伏组件功率保险产品（Munichre 慕尼黑再保险和 PowerGuard 联合开发的 25 年期光伏组件功率保险产品）。国内厂家为拓展海外市场的地位、满足海外客户需求而进行投保，如赛维 LDK、正泰太阳能、英利等中国组件厂商进行了投保。研究表明，由于技术有限且缺乏相关经验数据，这两家保险公司的产品存在着许多缺陷和苛刻的条款。2012 年 10 月，英大泰和财产保险股份有限公司推出了首个光伏组件 25 年期保险产品（光伏组件质量及性能保险），解决了大多数厂商面临的困境。

第三阶段（2012 年至今），光伏组件长期保险进入以中国保险机构承保的具有真正意义的光伏保险时代。国内保险公司在参照国外产品的基础上改进产品，使得光伏组件长期保险不再是一纸宣传单，而是一张有保障且对于投保人和保险公司双方来说相对公平、合理的保单。

2013～2014 年，欧美国家对光伏产业进行反倾销调查，对光伏发电保险的需求量产生了重大影响。国内光伏行业仅有针对组件产品的质量保险，但对于实际发电量并没有保险产品。2014 年 6 月，安邦财产保险股份有限公司向原保监会（现为银保监会）提交与光伏电站运营损失有关保险产品的备案文件，成为国内第一份涉及光伏电站运营期损失的险种。

2015 年，全球的光伏市场规模达到 5000 多亿元。日本、美国、欧洲等许多国家都把光伏作为重点扶持的新兴产业和经济增长点。同时，国内相关的保险产品也迅速兴起。安邦财险经过一年多的产品酝酿，推出国内首款“太阳能光伏电站综合运营险”，成为第一家承保发电量的保险公司。

2016 年，苏美达能源与鼎和财产保险、德国莱茵 TÜV 签订战略合作协议，三方决定充分发挥各自的资源和专业能力优势，针对苏美达能源旗下光伏电站资产，共同开展国内光伏电站发电量保险合作项目。

2016 年，国家发展改革委发布《可再生能源发展“十三五”规划》（以下简称《规划》），《规划》中指出：到 2020 年底，光伏发电装机容量达到 1.05 亿 kW 以上，要求全面推进分布式光伏和“光伏 + ”综合利用工程，有序推进大型光伏电站建设，因地制宜推进太阳能热发电示范工程建设，大力推广太阳能热利用的多元化发展，积极推进光伏扶贫工程，要通过不断完善可再生能源扶持政策，提高可再生能源在能源消费中的比例。2017 年，国家能源局发起光伏发电“领跑者”计划。同年，光伏装机数量大规模增加，仅仅在上半年装机总量就达到了 2400 万 kW，截至 2020 年末，并网太阳能发电装机容量 2.534 3 亿 kW，同比上年增长 24.1%，超额完成“十三五”规划。随着光伏产业的大力发展，光伏保险也迎来了新的发展机遇与挑战。

在光伏扶贫方面，太平洋财产保险有限公司充分发挥保险主业优势，积极探索保险扶贫新模式，持续为“造血式”扶贫提供专业保障，以精品服务助力地方经济发展。比如，2018 年，太平财险在青岛的首批光伏发电扶贫项目保险成功出单，为建设农村经济发展送去保险保障，全力助推青岛平度市光伏发电扶贫项目。

第二节　光伏发电保险的种类

针对光伏发电项目，国内保险公司提供了多种保险产品。建设期主要是建筑、安装工程一切险（附带第三者责任险）、施工机具保险以及货物运输险，运营期主要是财产一切险、机器损坏险和营业中断保险，另外设备厂商可以购买产品质量保证保险。

一、光伏发电建筑、安装工程一切险

建筑、安装工程一切险承保光伏发电项目在建设、安装过程中因自然灾害或意外事故而引起的物质损失，以及被保险人依法应承担的第三者人身伤亡或财产损失的民事损

害赔偿责任，该险种通常附加第三者责任险。

二、光伏发电财产一切险

财产一切险承保由于自然灾害或意外事故造成保险标的直接物质损坏或灭失的损失。光伏发电的财产一切险承保自然灾害、意外事故等导致的光伏电站的直接财产损失。

三、机器损坏险

光伏发电的机器损坏险专门承保各类安装完毕的光伏发电设备并且已转入运行的机器设备，承保的风险主要是保险标的本身固有的风险，即光伏发电设备内部本身以及操作不当的损失。

四、营业中断保险

营业中断保险又称为利润损失保险，主要承保因自然灾害、意外事故等所导致的光伏电站运营中断的间接损失，包括预期发电量和补贴的减损以及固定成本的增加。

五、产品质量保证保险

光伏发电项目的产品质量保证保险主要为光伏组件因材料与制造工艺缺陷提供 25 年的维修、退换保证。

第三节　光伏发电保险的特点

一、承保的风险广泛而特殊

光伏发电工程项目施工是一种动态的过程，作业面广、施工人员数量多，而且存在大量的交叉作业，各种风险因素错综复杂，风险程度比一般的财产保险要大；光伏发电保险的保险标的大部分处于裸露状态，自身抵御风险的能力大大低于普通财产保险的保险标的。

二、被保险人的广泛性

普通财产保险的被保险人通常只有一个明确的被保险人，而光伏发电工程项目的被保险人相对复杂，可以包括业主、主承包商、分包商、设备和材料供应商、勘察和设计商、技术顾问、监理人、投资者、贷款银行等，他们均可能对工程项目拥有保险利益，成为被保险人。光伏发电保险的被保险人之所以如此广泛，主要是因为工程建设项目往往涉及关系众多，且当事人对保险工程都各自有其所具有的相关保险利益。

三、保险期限的不确定性

一般普通财产保险的保险期限是相对固定的，通常是一年。而光伏发电工程保险的保险期限一般是根据工期确定的，光伏发电工程保险期限的起止点也很特殊，是根据保险双方签署的保险合同规定和工程的具体情况来确定的。为此，光伏发电工程保险通常采用的是工期费率，而较少采用年度费率。

四、保险金额的变动性

在保险金额方面，与普通财产保险不同的是，光伏发电保险中物质损失部分标的的实际价值在保险期限内是随着工程建设的进度不断增长的，财产保险的保险金额在保险期限内是相对固定不变的。可见，光伏发电保险的保险金额在保险期限内是变动的，只有当工程完工时，保险金额才是最精确的。

第四节　光伏发电保险的要素

一、投保流程

（一）投保资料整理

保险经纪公司协助投保人定制保险方案并确定保险金额，投保人需按照保险公司要求，填写《基本情况调查表》《投保单》并提供其他相关资料。

（二）保险采购

在保险方案确定后，与投保人确认保险的采购模式，投保人可以选择公开招标、竞争性谈判、保险询价等三种保险采购模式，确定合适的保险供应商。

（三）出单及单据送达

保险公司指定服务机构人员将根据投保人提供的投保资料，进行相关投保手续办理及保险合同签署工作；保险公司出具完保单后，保单及发票等单据将在 10 个工作日内递交投保人，同时抄送电子版保单至经纪公司备案。

（四）支付方式选择

投保人可自行选择保费的支付方式，或直接支付给保险公司或由经纪公司代收代付。如由保险经纪代收代付，保险经纪公司则应在收到保费后 10 个工作日内将代收保费划转至保险公司指定账户。

（五）光伏发电保险采购的主要渠道

国内光伏发电投资基本以国有资金为主，保险的采购流程须合法、合规，主要是通过公开招标或者通过经纪公司邀标并展开竞争性谈判确定。

1. 公开招标

公开招标是指采购人、采购代理机构或保险经纪公司在国内公开招标采购平台发布招标公告，阐明项目概况及保险需求。有意向参与承保的保险公司通过公开渠道购买标书后编制标书参与投标。

公开招标的方式更加符合国家及企业的相关规定，流程更加公开透明。但对于保险采购而言，公开招标时若对投标人限制较多，可能造成流标；若招标无费率等限制，保险公司可能报出高费率，导致费用超过预算。

2. 竞争性谈判

竞争性谈判是指采购人、采购代理机构或保险经纪公司直接邀请多家保险供应商就采购事宜进行谈判的方式。

保险竞争性谈判将经过初次报价，多轮谈判，最终确定费率及承保份额，再通过保险经纪公司组织完成共保体组成及保险采购流程。

3. 保险询价

保险询价是指采购人、采购代理机构或保险经纪公司直接向多家保险供应商提供表达项目采购需求的保险询价文件，由各供应商进行保险报价。

在收到各家供应商的保险报价以及承保条件后，通过保险经纪公司进行分析汇总，形成详细询价报告，并择优推荐，经采购人同意后，组织完成共保体组成及保险采购流程。

二、被保险人范围

（一）业主

光伏发电有限公司及其股东单位/母公司所有现存或今后可能组建或收购的附属/合资/子公司，包括与业主有利益关系的合伙人、联营人。

（二）承包商/供应商

所有指定的各级施工和采购、营运和维护承包商、分包商、技术许可商；所有供应商、次供应商、卖主、与工程项目有关的并在工地上活动、有利益关系的其他提供货物或服务的人、他们现存的或将来会组建的分支机构。

（三）其他方

与业主签订和项目有关的协议、合同的设计师、咨询工程师和/或融资方、顾问、技术顾问、项目经理、任何个人或公司（包括但不限于供应商、卖主和制造商），但仅限于他们在工程现场的活动；保单保障以上被保险人各自的权利和利益，以各自利益为限。

三、保险标的

光伏发电项目的设计、勘察、采购、供应、装卸、预制、交送、建筑、安装、检测、调试、试车、试运行、施工期运行和维护，包括但不限于项目的永久工程以及与项目相关的前期工程、相关工程、辅助工程、临时工程。

四、项目地点

建设地点包括但不限于永久工程所在地及为实施施工的专用施工地、设备材料预制构件基地、存储仓库、其他临时工程、临时建筑、临时设施所在地，以及所有场地之间的往返运输途中。

五、索赔流程

如图 9－1 所示为保险索赔流程图，详细介绍如下。

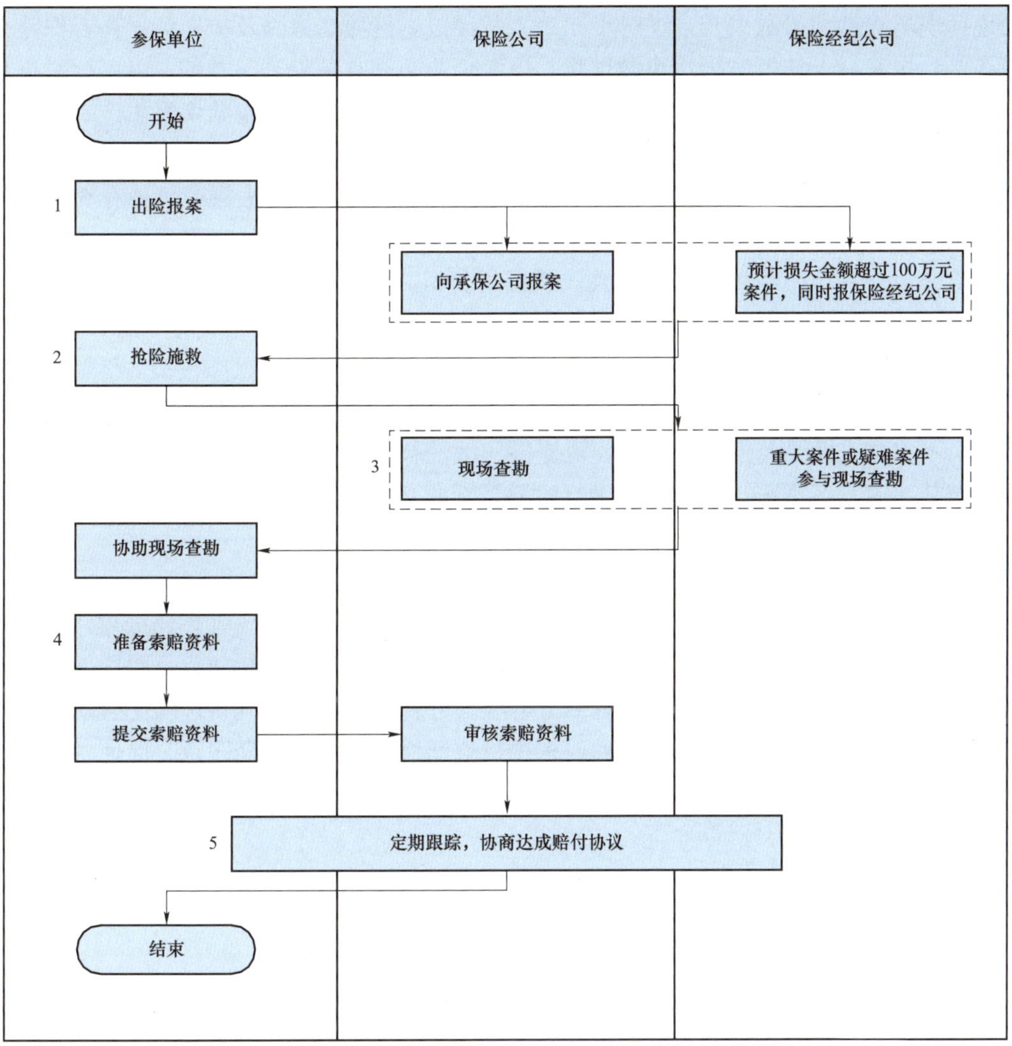

图 9-1　保险索赔流程图

（一）出险报案

发生事故后，投保人妥善保护好现场；指定保险管理或索赔管理人员，在 24 小时内向首席承保人报案，对于预计损失金额超过 100 万元的案件同时告知保险经纪公司。在发生火灾、盗抢、医疗急救等紧急情况下先拨打报警电话；然后认真填写保险公司提供的《出险通知书》，书面陈述事故原因、经过和估计损失等情况；最后索取报案号，建立索赔案件档案。

（二）抢险施救

事故发生后，投保人应采取一切必要紧急施救措施防止损失的进一步扩大并将损失减少到最低程度。施救费用作为发生损失后，被保险人为减少标的损失而采取必要措施产生的合理费用，属于保险赔偿范围。

（三）现场查勘

向保险公司报案后，配合保险公司查勘人员做好现场查勘的相关准备工作，积极协助进行现场查勘和事故调查，进一步明确事故经过、性质、原因及损失情况；若保险公司在接到报案后无法及时抵达事故现场，投保企业必须紧急处理事故的，可自行对事故现场进行科学取证（如拍照、录像、保留受损财产等）后，先行施救恢复生产。相关各方须对现场查勘的内容进行签字确认，包括受损项目、数量、损失程度、修复方式、预估损失金额及相关费用（含人身损害赔偿、施救费等）等。对于大额或可能存在争议的案件，保险经纪公司将协助投保人进行保险索赔工作，大额案件处理需要聘请保险公估或理算公司介入，应事先得到投保人（或经纪公司）签署的书面认可。

（四）准备索赔资料

根据保险公司出具的保险索赔资料清单，保险索赔管理人员组织搜集、整理保险事故相关资料。向保险公司报送的索赔资料应要求保险公司签收确认，若保险公司认为索赔材料不完整，投保人应要求保险公司提供一次性补充资料清单并按要求予以补充。保险经纪公司客户经理将指导投保人进行索赔资料收集、整理和审核，协助投保人完成索赔资料的报送或提交工作。

（五）定期跟踪，协商达成赔付协议

加快核损理算进程，做好配合解释工作，要求保险公司尽快出具理赔处理意见。对保险公司出具的理赔处理意见，若无异议即可与保险公司达成赔付协议，明确保险赔款金额和支付时限；若对定损金额存有部分异议，可就无异议部分确认，以便启动预付赔款程序。保险经纪公司将根据投保人要求提供协赔服务，包括定期跟踪、促使各方达成赔付协议。

主要险种索赔资料清单如下：

1. 财产一切险

（1）出险通知书。

（2）索赔申请报告。

（3）事故证明材料（如火灾提供消防火因证明、自然灾害提供气象证明、盗抢险提供公安局证明、事故现场照片）。

（4）直接损失清单、各项施救、保护、整理费用清单及相关支持材料。

（5）保单正本复印件、资产负债表以及资产明细、固定资产卡片等相应的财务资料。

（6）各项维修合同、结算单、发票等相关材料。

（7）权益转让书及相关追偿文件（损失涉及其他责任方时）。

（8）对于特殊案件，经双方共同协商后，应提供其他需要的有关资料。

2. 机器损坏保险

（1）出险通知书。

（2）索赔报告。

（3）由设备厂家或维修单位出具的事故原因分析说明或专业机构鉴定报告。

（4）损失清单。

（5）保单正本复印件、资产负债表、资产分类账、明细账（房屋建筑、机器设备）；资产卡片（受损的标的）。

（6）修理合同、结算单及发票等。

（7）维修领用的材料、备件、配件的出入库单证。

（8）受损标的近期运行及维护记录。

（9）设备采购合同、技术服务合同等商务文件。

（10）权益转让书（涉及第三方责任时，签署权益转让书）。

（11）残值处理证明等。

3. 建筑、安装工程一切险

（1）出险通知书。

（2）保险单正本复印件。

（3）索赔报告及损失清单。

（4）损失标段工程合同（含工程量清单）。

（5）计量签证单及计价资料。

（6）施工方案及图纸等。

（7）修复方案。

（8）修复合同、预算及决算资料。

（9）检测费（含检测合同）。

（10）清理费用明细、施救费用依据（加班费、人工费、机械台班费等）。

（11）残值处理证明、气象证明等。

4. 公众责任保险

（1）出险通知书。

（2）损失清单。

（3）保单正本复印件、权益转让书。

（4）相关证明文件，包括：

1）事故证明：政府主管部门事故调查报告、责任认定书或事故鉴定等。

2）赔偿协议、仲裁裁决、法院调解书或判决书。

3）受害人身份证明。

4）死亡伤残证明：死亡证明和户口注销证明、残疾鉴定。

5）医疗证明：病历、诊断证明、住院证明、医疗费用清单、医疗费用收据原件。

6）财产损失证明。

7）相关费用单据。

8）有关经济合同。

保险经纪公司将督促保险公司按照约定支付方式、赔款金额和时限支付赔款。若损害或赔偿涉及第三方责任，在保险公司按合同约定支付赔款后，投保人须向保险公司签署权益转让书，并协助其向第三方进行追偿。

第十章

光伏设备制造阶段的保险运用

第一节　产品质量保证保险

一、概念

产品质量保证保险亦称产品保证保险，是指承保制造商、销售商或修理商因其制造、销售或修理的产品质量有内在缺陷而给消费者带来的经济损失的保险。

二、保险责任

（1）在保险单明细表中列明的追溯期起始日之后，由被保险人生产或销售的产品，由于下列原因之一，导致权利人在保险期间内首次向被保险人提出索赔，依照中华人民共和国法律（不包括港澳台地区法律）应由被保险人承担的经济赔偿责任，保险人按照保险合同约定负责赔偿：

1）不具备产品应当具备的使用性能而事先未作说明的。

2）不符合在产品或者其包装上注明采用的产品标准的。

3）不符合以产品说明、实物样品等方式表明的质量状况的。

（2）由于保险事故引起的下列必要的、合理的费用，保险人也负责赔偿：由于保险产品的修理、更换或退货引起的应由被保险人承担的鉴定费用、运输费用和交通费用。

三、保险金额

产品质量保证保险的保险金额一般是按保险标的的购货发票或修理费收据金额来确定。

四、保险期间

除另有约定外，保险期间为一年，以保险单载明的起讫时间为准。

五、责任免除

（1）保险人对下列原因造成的损失和费用不负责赔偿：

1）投保人及其代表的犯罪或故意行为。

2）投保人或权利人的欺诈行为。

3）战争、军事行为、恐怖活动、罢工、骚乱、盗窃、抢劫。

4）政府有关当局的没收。

5）核反应、核辐射、放射性或其他任何形式的污染。

6）地震、雷击、火灾、爆炸、暴雨、洪水、台风等自然灾害和意外事故。

7）权利人不按使用说明违规操作。

8）产品的自然消耗或磨损。

9）产品召回。

10）运输或仓储过程中外来原因。

11）产品生产时国内市场技术水平尚不能发现的缺陷。

（2）保险人对下列各项不负赔偿责任：

1）任何原因造成的人身伤亡和保险产品之外的财产损失。

2）关联企业之间的相互索赔。

3）罚款、惩罚性赔款。

4）因保险事故造成的一切间接损失。

5）投保人承诺免费维修的费用。

6）精神损害赔偿。

（3）保险人对下列产品的损失和费用不负赔偿责任：

1）权利人认可并接受的有质量问题的产品。

2）出厂时未经检验，或经检验不合格仍允许出厂，以及无法确定生产日期或销售日期的产品。

3）超过安全使用期或有效期或保质期销售的产品。

4）投保人停业、关闭或破产以后销售的产品。

（4）其他不属于保险责任范围的一切损失、费用和责任，保险人不负责赔偿。

六、赔偿限额与免赔额（率）

（1）赔偿限额包括每次事故赔偿限额、累计赔偿限额，由投保人与保险人协商确定，并在保险合同中载明。

（2）每次事故免赔额（率）由投保人与保险人在签订保险合同时协商确定，并在保险合同中载明。

七、保险费

（1）投保人应当在保险合同签发时将保险单明细表中列明的预收保险费交付保险人。预收保险费按照投保人预计当年产品销售额或上年产品实际销售额，乘以保险单约定的费率确定。

除另有约定外，投保人应当在保险合同成立时交付保险费。

投保人未按约定及时足额交付保险费的，保险人有权解除保险合同，保险合同自保险人解除保险合同的书面通知送达投保人时解除，保险人有权向投保人收取自保险责任开始之日起至保险合同解除之日止期间的保险费。保险人对于合同解除前发生的保险事故，按照保险事故发生时投保人已交保险费与保险合同约定应交保险费的比例承担赔偿保险金的责任。

（2）保险合同期满时，被保险人应将保险期间内已经发生的实际销售额书面告知保险人，作为调整保险费的依据。但无论保险合同因任何原因终止，保险人均按照被保险人在保险期间内的实际销售额结算应收保险费。应收保险费与预收保险费的差额多退少补。但如果结算出的应收保险费低于保险单明细表列明的最低保险费，则保险人以最低保险费作为应收保险费，退还预收保险费多余的部分。

八、保险人义务

（1）订立保险合同时，采用保险人提供的格式条款的，保险人向投保人提供的投保单应当附格式条款，保险人应当向投保人说明保险合同的内容。对保险合同中免除保险人责任的条款，保险人在订立合同时应当在投保单、保险单或者其他保险凭证上作出足以引起投保人注意的提示，并对该条款的内容以书面或者口头形式向投保人作出明确说明；未作提示或者明确说明的，该条款不产生效力。

（2）保险合同成立后，保险人应当及时向投保人签发保险单或其他保险凭证。

（3）保险人在合同订立时已经知道投保人未如实告知的情况的，保险人不得解除合同；发生保险事故的，保险人应当承担赔偿责任。

（4）保险人认为被保险人提供的有关索赔的证明和资料不完整的，应当及时一次性通知投保人、被保险人补充提供。

（5）保险人收到被保险人的赔偿保险金的请求后，应当及时作出是否属于保险责任的核定；情形复杂的，应当在30日内做出核定，但保险合同另有约定的除外。

保险人应当将核定结果通知被保险人；对属于保险责任的，在与被保险人达成赔偿保险金的协议后10日内，履行赔偿保险金义务。保险合同对赔偿保险金的期限有约定的，保险人应当按照约定履行赔偿保险金的义务。保险人依照前款的规定作出核定后，对不属于保险责任的，应当自作出核定之日起3日内向被保险人发出拒绝赔偿保险金通知书，并说明理由。

（6）保险人自收到赔偿保险金的请求和有关证明、资料之日起60日内，对其赔偿保险金的数额不能确定的，应当根据已有证明和资料可以确定的数额先予支付；保险人最终确定赔偿的数额后，应当支付相应的差额。

九、投保人、被保险人义务

（1）对保险人的一切通知或通信，都应以书面形式送达保险人，否则有关任何事项或任何索赔的通知或消息，不应视为对保险人送达的通知或为保险人所获知。

（2）投保人应履行如实告知义务，如实回答保险人就保险标的或者被保险人的有关情况提出的询问。

投保人故意或者因重大过失未履行如实告知义务，足以影响保险人决定是否同意承保或者提高保险费率的，保险人有权解除保险合同。

投保人故意不履行如实告知义务的，保险人对于保险合同解除前发生的保险事故，不承担赔偿责任，并不退还保险费；投保人因重大过失未履行如实告知义务，对保险事故的发生有严重影响的，保险人对于保险合同解除前发生的保险事故，不承担赔偿责任，但可以退还保险费。

（3）在保险期间内，保险产品在设计、制造、工艺、包装、原材料和说明书内容等方面发生变化，或其他重要事项变更致使风险程度增加的，被保险人应在 10 个工作日内书面告知保险人，并根据保险人的要求增交保险费。

被保险人未履行前款规定的通知义务的，因保险标的的危险程度增加而发生的保险事故，保险人不承担赔偿责任。

（4）被保险人应遵守《中华人民共和国产品质量法》及其他相关法律、法规的有关规定，认真执行产品生产的技术标准和原材料进厂及产品出厂时的检验制度，加强质量管理，认真做好产品售后服务工作。

（5）被保险人应认真接受保险人对保险产品的质量检查和监督，提供保险人认为必要的生产、销售、质检及产品修理、更换、退货等方面的资料和账册，对保险人的防损建议认真付诸实施，但保险人的检查和监督并不构成对被保险人的任何承诺。

（6）保险产品的包装标识和内容必须符合有关法律、法规的规定。被保险人可以在广告、产品说明书或类似的宣传材料中宣传投保保险的事实，但必须事先就宣传内容和方式征得保险人的书面同意并与保险人达成书面协议。

（7）发生保险责任范围内的事故，被保险人应该：

1）尽力采取必要、合理的措施防止或减少损失，否则，对因此扩大的损失，保险人不承担赔偿责任。

2）立即通知保险人，并书面说明事故发生的原因、经过和损失情况；对因未及时通知导致保险人无法对事故原因进行合理查勘的，保险人不承担赔偿责任；对因未及时通知导致保险人无法核实损失情况的，保险人对无法核实部分不承担赔偿责任。

（8）当被保险人获悉可能因产品质量问题引起保险合同项下的索赔或诉讼时，应立即以书面形式通知保险人；当接到法院传票或其他法律文书后，应及时以书面形式通知保险人；在必要时，保险人有权以被保险人的名义接办对任何诉讼的抗辩或索赔的处理。

（9）保险合同期满不再续保时，被保险人应从保险合同终止之日起，停止使用由保险人提供的投保保险的宣传标记和其他宣传材料。

十、赔偿处理

（1）当被保险人获悉，可能因产品质量问题引起保险合同项下的损失或诉讼后，须以书面形式通知保险人。

（2）权利人认为产品存在质量问题的，经被保险人（必要时须经过保险人）鉴定确认后由被保险人向保险人提出索赔。被保险人向保险人进行索赔时，应提交保险单正本、销售发票、权利人的索赔报告、产品质量检验报告、维修费用凭证及其他必要的单证材料。

（3）发生保险事故时，保险人在保险单明细表中列明的赔偿限额内按下列处理方式进行赔偿：

1）因设计、制造等原因导致产品零部件、元器件失效或损坏时，赔偿该部件或元器件的重置价和修理费用。

2）整件产品需要更换、退货时，其赔偿金额以产品出厂价格或销售价格为限。若出厂价格或销售价格高于购买地重置价时，其赔偿金额以重置价为限。

3）保险人负责赔偿因产品修理、更换、退货引起的鉴定费用、运输费用和交通费用，合计赔偿金额在同一赔案中不得超过合同规定赔偿金额的 30%。

4）更换或退回的产品残值作价在赔款中扣除后归被保险人所有。

（4）权利人必须通过被保险人向保险人提出索赔，保险人在保险单明细表中列明的赔偿限额内承担赔偿责任，超过赔偿限额的部分由被保险人负责赔偿，保险人不负赔偿责任。对于超过赔偿限额的部分，如被保险人向保险人提供了保险人认可的担保，则保险人也可以在担保的额度内承担赔偿责任。

（5）保险单负责赔偿损失、费用或责任时，若另有其他保障相同的保险存在，不论是否由被保险人或他人以其名义投保，也不论其他保险赔偿与否，保险人仅负责按保险的赔偿限额占保险和所有其他保险累计相应赔偿限额之和的比例分摊赔偿责任。对应由其他保险人承担的赔偿责任，保险人不负责垫付。

被保险人在请求赔偿时应当如实向保险人说明与保险合同责任有关的其他保险合同的情况。对未如实说明导致保险人多支付保险赔款的，保险人有权向被保险人追回应由其他保险合同的保险人负责赔偿的部分。

（6）发生保险责任范围内的损失，应由有关责任方负责赔偿的，权利人和被保险人应行使或保留行使向该责任方请求赔偿的权利。

保险人自赔付之日起，取得在赔偿金额范围内代位行使对有关责任方请求赔偿的权利。在保险人行使上述权利时，权利人和被保险人应当积极协助。

（7）被保险人向保险人请求赔偿保险金的诉讼时效期间为二年，自其知道或者应当知道保险事故发生之日起计算。

（8）保险人的赔偿以下列方式之一确定的被保险人的赔偿责任为基础：

1）被保险人和向其提出损害赔偿请求的第三方协商并经保险人确认。

2）仲裁机构裁决。

3）人民法院判决。

4）保险人认可的其他方式。

第二节　产品责任保险

一、概念

产品责任保险是产品的生产者或销售者由于产品存在缺陷，造成使用者或其他人的人身伤害或财产损失，依法以应承担的赔偿责任为保险标的的保险。其保险标的是指由于产品存在缺陷造成使用者或其他人的人身伤害或财产损失，生产商或销售商依法应承担的赔偿责任。我国《侵权责任法》第41条和第42条对此进行了明确的规定。

在产品责任关系中，产品制造者、修理者、销售者是产品责任关系的责任方，都可以投保产品责任保险；而产品用户、消费者或公众是产品责任关系中的受害方，也是产品责任法律制度所保障的对象。

二、保险责任

（1）在保险期间内，由于被保险人所生产、出售的产品或商品在承保区域内发生事故，造成使用、消费或操作该产品或商品的人或其他任何人的人身伤害、疾病、死亡或财产损失，依照中华人民共和国法律（不包括港澳台地区法律）应由被保险人负责的经济赔偿责任，保险人根据保险合同的规定，在约定的赔偿限额内负责赔偿。

（2）保险事故发生后，被保险人因保险事故而被提起仲裁或者诉讼的，对应由被保险人支付的仲裁或诉讼费用以及事先经保险人书面同意支付的其他必要的、合理的费用，保险人按照合同约定也负责赔偿。

三、责任免除

下列损失、费用和责任，保险人不负责赔偿：

（1）被保险人根据与他人的协议应承担的责任，但即使没有这种协议，被保险人仍应承担的责任不在此限。

（2）根据劳动法应由被保险人承担的责任。

（3）根据雇佣关系应由被保险人对雇员所承担的责任。

（4）被保险产品本身的损失。

（5）产品退换回收的损失。

（6）被保险人所有、保管或控制的财产的损失。

（7）被保险人故意违法生产、出售的产品或商品造成任何人的人身伤害、疾病、死亡或财产损失。

（8）被保险产品造成的大气、土地及水污染及其他各种污染所引起的责任。

（9）被保险产品造成对飞机或轮船的损害责任。

（10）由于罢工、暴动、民众骚乱或恶意行为直接或间接引起的任何后果所致的责任。

（11）由于战争、类似战争行为、敌对行为、武装冲突、恐怖活动、谋反、政变直接或间接引起的任何后果所致的责任。

（12）由于核裂变、核聚变、核武器、核材料、核辐射及放射性污染所引起的直接或间接的责任。

（13）罚款、罚金、惩罚性赔款。

（14）精神损害赔偿。

（15）保险费交清前发生的保险事故所导致的损失、费用和责任。

（16）保险单明细表或有关条款中规定应由被保险人自行负担的免赔额。

（17）其他不属于保险合同责任范围内的责任和费用。

四、保险期间

保险期间为一年，起讫时间以保险单载明的起讫时间为准。

五、赔偿限额与免赔额

（1）赔偿限额包括每次事故赔偿限额、累计赔偿限额，由投保人与保险人协商确定，并在保险合同中载明。

（2）每次事故免赔额由投保人与保险人在签订保险合同时协商确定，并在保险合同中载明。

六、保险人义务

（1）保险合同成立后，保险人应当及时向投保人签发保险单或其他保险凭证。

（2）保险人按照保险合同的约定，认为被保险人提供的有关索赔的证明和资料不完整的，应当及时一次性通知投保人、被保险人补充提供。

（3）保险人收到被保险人的赔偿保险金的请求后，应当及时做出核定；情形复杂的，应当在 30 日内做出核定，但保险合同另有约定的除外。

保险人应当将核定结果通知被保险人；对属于保险责任的，在与被保险人达成赔偿保险金的协议后 10 日内，履行赔偿保险金义务。保险合同对赔偿或者给付保险金的期限有约定的，保险人应当按照约定履行赔偿保险金的义务。保险人依照前款约定做出核定后，对不属于保险责任的，应当自做出核定之日起 3 日内向被保险人发出拒绝赔偿保险金通知书，并说明理由。

（4）保险人自收到赔偿保险金的请求和有关证明、资料之日起 60 日内，对其赔偿保险金的数额不能确定的，应当根据已有证明和资料可以确定的数额先予支付；保险人最终确定赔偿的数额后，应当支付相应的差额。

七、投保人、被保险人义务

（1）订立保险合同，保险人就保险标的或者被保险人的有关情况提出询问的，投保人应当如实告知。

投保人故意或者因重大过失未履行前款规定的如实告知义务，足以影响保险人决定是否同意承保或者提高保险费率的，保险人有权解除保险合同。

前款规定的合同解除权，自保险人知道有解除事由之日起，超过 30 日不行使而消灭。

投保人故意不履行如实告知义务的，保险人对于合同解除前发生的保险事故，不承担赔偿保险金的责任，并不退还保险费。

投保人因重大过失未履行如实告知义务，对保险事故的发生有严重影响的，保险人对于合同解除前发生的保险事故，不承担赔偿保险金的责任，但应当退还保险费。

保险人在合同订立时已经知道投保人未如实告知的情况的，保险人不得解除保险合同；发生保险事故的，保险人应当承担赔偿保险金的责任。

（2）被保险人及其代表应根据保险单和批单的规定按期交付保险费。否则，保险人不承担赔偿责任。

（3）保险人的代表有权在任何适当的时候对被保险人的房屋、机器、设备、工作和产品或商品的风险情况进行现场查验。被保险人应提供一切便利及保险人要求的用以评估有关风险的详情和资料。但上述查验并不构成保险人对被保险人的任何承诺。保险人的检查人员如发现任何缺陷或危险时，将书面通知被保险人，在该项缺陷或危险未被排除并使保险人满意之前，对其有关的或因此引起的责任，保险人不承担任何赔偿责任。

（4）保险期间届满后，被保险人应将保险期间生产、出售的产品或商品的总值书面通知保险人，作为计算实际保险费的依据。实际保险费若高于预收保险费，被保险人应补交其差额，反之，若预收保险费高于实际保险费，保险人退还其差额，但实际保险费不得低于所规定的最低保险费。

保险人有权在保险期间内的任何时候，要求被保险人提供一定期限内所生产、出售的产品或商品总值的数据。保险人还有权派员检查被保险人的有关账册或记录并核实上述数据。

被保险人或其代表不履行上述义务，漏报、错报、虚报或隐瞒上述数据，保险人有权要求增加保险费或解除保险合同。

（5）在保险期间，被保险人若生产、出售某种新产品或被保险产品的化学成分有所变动，应在 10 天内书面通知保险人，并根据保险人的要求，缴纳应增加的保险费，否则保险将不扩展承保该产品。

（6）若在某一被保险产品或商品中发现的缺陷表明或预示类似缺陷亦存在于其他保险产品或商品时，被保险人应立即自付费用进行调查并纠正该缺陷，否则，由于类似缺陷造成的一切损失应由被保险人自行承担。

（7）保险事故发生后，被保险人及其代表应该：

1）尽力采取必要、合理的措施，防止或减少损失，否则，对因此扩大的损失，保险人不承担赔偿责任。

2）及时通知保险人，并书面说明事故发生的原因、经过和损失情况；由于被保险人故意或者因重大过失未及时通知，导致保险事故的性质、原因、损失程度等难以确定的，保险人对无法确定的部分，不承担赔偿保险金的责任，但保险人通过其他途径已经及时知道或者应当及时知道保险事故发生的除外。

3）保护事故现场，允许并且协助保险人进行事故调查；对于拒绝或者妨碍保险人进行事故调查导致无法确定事故原因或核实损失情况的，保险人对无法核实的部分不承担赔偿责任。

4）被保险人收到第三者的损害赔偿请求时，应立即通知保险人。未经保险人书面同意，被保险人对第三者及其代理人做出的任何承诺、拒绝、出价、约定、付款或赔偿，保险人不受其约束。对于被保险人自行承诺或支付的赔偿金额，保险人有权重新核定，不属于保险责任范围或超出应赔偿限额的，保险人不承担赔偿责任。在处理索赔过程中，保险人有权自行处理由其承担最终赔偿责任的任何索赔案件，被保险人有义务向保险人提供其所能提供的资料和协助。

5）被保险人获悉可能发生诉讼、仲裁时，应立即以书面形式通知保险人；接到法院传票或其他法律文书后，应将其副本及时送交保险人。保险人有权以被保险人的名义处理有关诉讼或仲裁事宜，被保险人应提供有关文件，并给予必要的协助。

对因未及时进行书面通知或提供必要协助导致扩大的损失，保险人不承担赔偿责任。

6）被保险人及其代表应根据保险人的要求提供作为索赔依据的所有证明文件、资料和单据。

被保险人及其代表未履行保险合同约定的索赔材料提供义务，导致保险人无法核实损失情况的，保险人对无法核实的部分不承担赔偿责任。

八、赔偿处理

（1）保险人的赔偿以下列方式之一确定的被保险人的赔偿责任为基础：

1）被保险人和向其提出损害赔偿请求的第三者协商并经保险人确认。

2）仲裁机构裁决。

3）人民法院判决。

4）保险人认可的其他方式。

（2）被保险人给第三者造成损害，被保险人未向该第三者赔偿的，保险人不得向被保险人赔偿保险金。

（3）发生保险责任范围内的损失，保险人按以下方式计算赔偿：

1）对于每次事故造成的损失，保险人在每次事故赔偿限额内计算赔偿。

2）在保险期间内，保险人对多次事故损失的累计赔偿金额不超过累计赔偿限额。

（4）发生保险责任范围内的损失，应由有关责任方负责赔偿的，保险人自向被保险人赔偿保险金之日起，在赔偿金额范围内代位行使被保险人对有关责任方请求赔偿的权利，被保险人应当向保险人提供必要的文件和所知道的有关情况。

被保险人已经从有关责任方取得赔偿的，保险人赔偿保险金时，可以相应扣减被保险人已从有关责任方取得的赔偿金额。

保险事故发生后，在保险人未赔偿保险金之前，被保险人放弃对有关责任方请求赔偿权利的，保险人不承担赔偿责任；保险人向被保险人赔偿保险金后，被保险人未经保险人同意放弃对有关责任方请求赔偿权利的，该行为无效；由于被保险人故意或者因重大过失致使保险人不能行使代位请求赔偿的权利的，保险人可以扣减或者要求被保险人返还相应的保险金。

（5）生产出售的同一批产品或商品，由于同样原因造成多人的人身伤害、疾病或死亡或多人的财产损失，应视为一次事故造成的损失。

（6）发生保险事故时，若另有其他保障相同的保险存在，不论是由被保险人或他人以被保险人名义投保，也不论其他保险赔偿与否，保险人仅负责按比例分摊赔偿的责任。

其他保险人应承担的赔偿金额，本保险人不负责垫付。若被保险人未如实告知导致保险人多支付赔偿金的，保险人有权向被保险人追回多支付的部分。

（7）被保险人向保险人请求赔偿保险金的诉讼时效期间为 2 年，自其知道或者应当知道保险事故发生之日起计算。

第三节 合同履约保证保险

一、概念

合同履约保证保险是指保险人应工程合同一方（投标人、委托人、承包方、施工方）的要求向另一方（权利人、受益人、业主、招标人）做出书面承诺，保证如果被保证人无法完成其与权利人签订的合同中规定应由被保证人履行的义务，则由保险人代为履约或做出其他形式的补偿。

具体到工程制造阶段的合同履约保证保险是指，在保险期间内，投保人因自身原因未按照与被保险人签订的建设工程施工合同履行供货等相关义务，导致工程竣工延误或工程质量不符合建设工程施工合同要求，给被保险人造成直接经济损失的，视为保险事故发生。保险人按照保险合同的约定，向被保险人承担赔偿责任。

二、保险责任

保险期间内，投保人未按照与被保险人所签订的合同履行相关义务，且未按照合同约定向被保险人履行赔偿责任，对于被保险人因此产生的直接经济损失，保险人按照保险合同的约定承担赔偿责任。

三、保险金额和免赔率（额）

（1）保险金额以投保人与被保险人签订的《建设工程施工合同》的有关要求为基础，由投保人与保险人协商确定，并在保险单中载明。

（2）保险金额随下列情形而相应降低：

1）投保人逐步履行《建设工程施工合同》约定或法定义务。

2）保险人的赔付。

（3）每次保险事故免赔率（额）由投保人与保险人在签订保险合同时协商确定，并在保险单中载明。

保险单中同时载明了免赔额和免赔率的，免赔金额以免赔额和按照免赔率计算的金额中的高者为准。

四、责任免除

（1）下列原因造成的损失、费用和责任，保险人不负责赔偿：

1）战争、敌对行动、军事行为、武装冲突、罢工、骚乱、暴动、恐怖活动、谋反、政变。

2）核辐射、核爆炸、核污染及其他放射性污染。

3）大气污染、土地污染、水污染及其他各种污染。

4）洪水、地震、海啸及其他人力不可抗拒的自然灾害。

5）空中运行物体坠落，及火灾、爆炸等意外事故。

6）行政行为或司法行为。

7）被保险人及其代表的故意或犯罪行为。

（2）存在下列情况之一的，保险人不负责赔偿：

1）投保人与被保险人签订的建设工程施工合同或交易基础不成立、不生效、无效、被撤销或在保险事故发生前被解除的。

2）投保人或其雇员与被保险人或其雇员采用欺诈、串通、贿赂等手段订立建设工程施工合同，或恶意串通违反建设工程施工合同约定。

3）投保人与被保险人变更建设工程施工合同内容，而事先未征得保险人书面同意。

4）被保险人因自身原因未按照建设工程施工合同约定履行相关义务。

5）被保险人明知或应当知道投保人违反建设工程施工合同约定或法律法规的规定进行转包或违法分包。

（3）下列损失、费用和责任，保险人不负责赔偿：

1）投保人与被保险人签订的建设工程施工合同约定以外的任何损失和费用。

2）被保险人的任何间接损失以及被保险人以外的第三方的任何损失。

3）被保险人与投保人因建设工程竣工工期、施工质量以外的纠纷所致的任何损失或费用。

4）被保险人为收集、确认、证明投保人违反建设工程施工合同约定导致其损失所产生的法律费用及其他相关费用，以及诉讼、仲裁、执行阶段所发生的任何法律费用。

5）因建设工程设计错误、缺陷或设计变更导致的损失，以及根据建设工程施工合同，应由被保险人承担的责任及其相关费用。

6）建设工程施工合同中约定的或未在建设工程施工合同中约定的材料、人工价格超过保险事故实际发生时当地政府相关主管部门指导价（若无指导价，则参考一般市场价）的部分。

7）违约金、滞纳金、罚款、罚金及惩罚性赔偿。

8）保险合同中载明的免赔额或按保险合同中载明的免赔率计算的金额（两者以高者为准）。

9）其他不属于该险种责任范围内的损失、费用和责任。

五、保险期间

保险期间自建设工程施工合同生效之日起或保险单载明的保险起期之日起（二者以后发生者为准），至建设工程实际竣工之日或保险单载明的保险终期之日止（二者以先到者为准）。具体以保险单载明的起讫日期为准。

保险期间届满，工程建设项目无法竣工的，经投保人申请并经保险人、被保险人同意，保险期间根据投保人申请的期限予以延长，投保人应当按照保险人的要求缴纳保险期间延长部分对应的保险费。

六、保险人义务

（1）对保险合同中免除保险人责任的条款，保险人在订立保险合同时应当在投保单、保险单或者其他保险凭证上做出足以引起投保人注意的提示，并对该条款的内容以书面或者口头形式向投保人做出明确说明；未作提示或者明确说明的，该条款不产生效力。

（2）保险合同成立后，保险人应当及时向投保人签发保险单或其他保险凭证。

（3）保险人按照约定，认为被保险人提供的有关索赔的证明和资料不完整的，保险人应当及时一次性通知投保人、被保险人补充提供。

（4）保险人收到被保险人的赔偿保险金的请求后，应当及时做出是否属于保险责任的核定；情形复杂的，应当在30日内做出核定。

保险人应当将核定结果通知被保险人，对属于保险责任的，在与被保险人达成赔偿保险金的协议后10日内，履行赔偿保险金义务。保险合同对赔偿保险金的期限有约定的，保险人应当按照约定履行赔偿保险金的义务。保险人依照前款约定作出核定后，对不属于保险责任的，应当自做出核定之日起3日内向被保险人发出拒绝赔偿保险金通知书，并说明理由。

（5）保险人自收到赔偿保险金的请求和有关证明、资料之日起60日内，对其赔偿保险金的数额不能确定的，应当根据已有证明和资料可以确定的数额先予支付；保险人最终确定赔偿的数额后，应当支付相应的差额。

七、投保人、被保险人义务

（1）投保人应履行如实告知义务，若投保人故意或者因重大过失未履行如实告知义务，足以影响保险人决定是否同意承保或者提高保险费率的，保险人有权解除合同。

（2）投保人投保时应向保险人提供以下资料：

1）投保人基础资料、资质证明材料及近三年财务报表。

2）《建设工程招标文件》《中标通知书》、投保人与被保险人签订的《建设工程施工合同》及其备案证明等。

3）被保险人相关信息和材料。

4）保险人要求提供的其他相关材料。

（3）投保人开展与投保项目相关的业务，应遵守相关法律及行政法规。若存在有关规定的，应取得主管部门的审批、认定资格，并接受保险人对其资质进行审查。

（4）投保人有义务配合保险人实施核查。在保险人核查期间，投保人必须配合保险人或由保险人雇佣的审计人员或其他独立方对其提出的信息和文件进行准确的核查。

（5）投保人应当在保险责任起始日前一次性交清全部保险费。投保人未按约定交纳保险费，保险合同不生效。保险合同约定投保人有义务交纳保证金或提供反担保的，投保人应于保险责任起始日前履行相关义务。

（6）投保人、被保险人有义务配合保险人对工程项目进展情况、投保人履约情况及建设工程款项的资金流向等事项实施核查。被保险人应根据保险人提出的合理的风险控制建议进行整改。

（7）在保险期间内，被保险人应及时检查并协助保险人了解包括但不限于《建设工程招标文件》《建设工程施工合同》的执行情况，如发现投保人存在违约风险，或有任何其他可能导致保险合同风险显著增加的情况，被保险人应采取措施降低或消除上述风险，并应按照保险合同约定及时通知保险人。

（8）被保险人未按照《建设工程施工合同》以及保险合同的约定履行其对施工项目应尽责任的，保险人有权要求增加保险费或者解除合同。

（9）投保人发生违约，被保险人应及时做好记录，并及时书面通知保险人。

（10）当发生保险事故时：

1）被保险人应该尽力采取必要、合理的措施，防止或减少损失，否则，对因此扩大的损失，保险人不负责赔偿。

2）投保人、被保险人应及时通知保险人，并书面说明事故发生的原因、经过、损失情况和处理情况；对涉及违法、犯罪的，投保人或被保险人应立即向公安机关报案。

3）被保险人应完整保留与投保人在《建设工程施工合同》订立及履行过程中形成的与《建设工程施工合同》有关的文件（中标通知书、投标书及其附录、专用合同条款及其附件、通用合同条款、技术标准和要求、图纸、已标价工程量清单或预算书、会议纪要、其他合同文件等），保留与施工监理人、设计人、项目经理往来的资料、签证、信函等资料，允许并且协助保险人对事故进行调查。

（11）根据保险合同规定的情形，保险期间届满后若建设工程项目未竣工，投保人未向保险人申请延长保险期间或未与保险人签订新的保险合同，投保人、被保险人应主动向保险人就已完成的工程量进行书面确认，并将已完工部分的相关资料进行独立完整保管。

若投保人和被保险人未对已完成的工程量进行确认或未对已完工部分的相关资料进行独立完善保管，导致无法核实保险责任及损失的，保险人对无法核实的部分，不承担赔偿责任。

（12）发生保险事故后，被保险人应向保险人申请赔偿时，应提供下列证明和材料：

1）索赔申请书。

2）保险单正本。

3）《建设工程招标文件》《建设工程施工合同》副本及有关的所有文件。

4）仲裁机构出具的裁决书或司法机关出具的裁定书、判决书等（适用于仲裁或诉讼确定损失的方式）。

5）与建设工程施工进展、质量、缺陷有关的证明文件，包括但不限于《中标通知书》、投标书及其附录、合同协议书、通用合同条款、专用合同条款及附件、技术规范、技术标准和要求、图纸、已标价工程量清单或预算书、其他合同文件以及与施工监理人、设计人、项目经理往来的资料、签证、信函等资料。

6）保险人要求投保人、被保险人所能提供的与确认保险事故的性质、原因、损失程度等有关的其他证明和资料。

（13）被保险人未履行索赔材料提供义务，导致保险人无法核实损失情况的，保险人对无法核实的部分不承担赔偿责任。

八、赔偿处理

（1）保险人的赔偿以下列方式之一确定的被保险人损失为基础：

1）投保人、被保险人协商并经保险人确认。

2）仲裁机构裁决。

3）人民法院判决。

4）保险人认可的其他方式。

（2）发生保险责任范围内的损失，保险人依照保险合同的约定，在保险单载明的赔偿限额内，对被保险人的实际损失扣除免赔额后予以赔偿。

（3）被保险人取得保险赔偿金的同时，应将其对投保人的权益以及根据相关合同拥有的权益转让给保险人，保险人有权向投保人进行追偿。被保险人应当向保险人提供必要的文件。

第四节 职业责任保险

一、概念

职业责任保险是以从事各种专业技术工作的单位或个人在履行自己的责任时，因过失行为而给他人造成的财产损失或人身伤害依法应负的赔偿责任为保险标的的保险，又称职业赔偿保险或业务过失责任保险。如医生在治疗过程中出现诊断错误、手术错误或用药错误等对病人造成的人身伤害或费用损失；建筑设计师由于设计错误，使承建方发生重大问题造成损失；保险代理人的失误导致保险人或被保险人的损失等。此时，这些有过失的专业技术人员都要承担相应的职业责任。

二、保险责任

职业责任保险在国内并无统一的条款及保单格式，而是由保险公司根据不同种类的职业责任设计制定专门的保险单承保。对于保险责任范围，职业责任保险承保的保险责任是各种职业技术人员由于职业上的疏忽、错误或失职行为而造成的损失，包括赔偿金和诉讼费用。

三、保险期间

职业责任保险的保险期限通常为一年。由于职业责任事故从产生到受害方提出索赔，有可能间隔一个相当长的期限，例如一年、两年甚至更长时间，因此职业责任险也需不断续保。

四、责任免除

（1）一般责任免除包括：

1）战争、类似战争行为、叛乱、罢工、暴动或核风险（但核责任险除外）。

2）被保险人的故意行为。

3）被保险人的家属、雇员的人身伤害或财产损失（雇主责任险除外）。

4）被保险人的合同责任，除非该合同责任同时构成法律责任。

5）被保险人所有或由其照管、控制的财产。

（2）特定责任免除包括：

1）因被保险人或从事该业务的前任或其任何雇员或从事该业务的雇员的前任不诚实、欺诈、犯罪或恶意行为所引起的任何索赔。

2）因文件的灭失或损毁引起的任何索赔，但也可加费后扩展责任承保。

3）因被保险人的隐瞒或欺诈行为，以及被保险人在投保或保险有效期内不如实向保险人报告应报告的情况而引起的任何索赔。

4）被保险人被指控有对他人诽谤或恶意中伤行为而引起的索赔，但对特定的职业责任险，也可承保这种赔偿责任。

五、承保方式

1. 期内索赔式

期内索赔式是以索赔为基础的承保方式，保险人仅对在保险有效期内提出的索赔负责，而不管索赔事故是否发生在保险有效期内。采用该承保方式的优点是，可以使保险人确切地把握该保单项下应支付的赔款，即使赔款额当期不能确定，至少可使保险人了解索赔的情况，对应承保的风险作出比较切合实际的估价。但该承保方式存在保险人承担的风险责任大的缺点。为便于控制风险责任，各国保险普遍采用限制条款，规定责任追溯日期，保险人仅对追溯日期开始后发生并在保单有效期内提出的索赔负责。

2. 期内发生式

期内发生式是以事故发生为基础的承保方式，保险人仅对在保险有效期内发生的职业责任事故而引起的损失负责，而不管受害方是否在保险有效期内提出索赔。采用该承保方式的优点是保险人支付的赔款与其保险期限内实际承保的风险责任相适应；其缺点是保险人在该保单项下承保的赔偿责任，往往要拖很长时间才能确定，而且因为货币价值等因素，最终索赔的数额可能大大超过疏忽行为发生时的水平。当然，在此情况下，如果索赔数额超过保单规定的赔偿限额，超过部分应由被保险人自行承担。由于以事故发生为基础的承保方式要经过较长时间才能确定赔偿责任，故国外又称其为长尾巴业务，所以，此种方式在实践中已减少使用。

六、赔偿限额

职业责任保险的保单的赔偿限额一般为累计赔偿限额，而不规定每次事故的赔偿限额，但也有保险人采用每次索赔或每次事故限额，而不规定累计限额。法律诉讼费用一般在赔偿限额以外赔付。但若最终解决的赔偿金额超过限额，法律诉讼费用应按两者的比例分摊。

七、费率

由于职业责任保险的业务性质差异较大，故其费率不同。厘定其费率时一般应考虑如下因素：

（1）职业种类。

（2）工作场所。

（3）工作单位性质（即营利性与非营利性以及国有、集体股份制单位之分）。

（4）业务数量。

（5）被保险人及其雇员的专业技术水平。

（6）被保险人职业责任事故的历史统计资料及索赔记录。

（7）被保险人及其雇员的工作责任心和个人品质。

（8）赔偿限额、免赔额和其他承保条件。

第五节 环境污染责任保险

一、概念

环境污染责任保险，又称场所污染责任保险，是以企业发生污染事故对第三者造成的损害依法应承担的赔偿责任为标的的保险。在中华人民共和国境内从事环境高风险生产经营活动的企业事业单位或其他生产经营者，应当投保环境污染责任保险。

二、保险责任

（1）在保险期间或保险合同载明的追溯期内，被保险人在被保险场所的区域范围内从事保险单载明的业务时，因突发意外事故，导致污染损害，并由此造成第三者的下列损失，由第三者在保险期间内首次向被保险人提出损害赔偿请求，依照中华人民共和国法律（不包括港澳台地区法律）应由被保险人承担的经济赔偿责任，保险人按照保险合同约定负责赔偿：

1）第三者因污染损害遭受的人身伤亡或直接财产损失。

2）第三者根据环境保护相关法律、法规或行政性命令对污染物进行清理发生的合理必要的清理费用。

（2）发生意外事故后，被保险人为了控制污染物的扩散，尽量减少对第三者的损害，或为了抢救第三者的生命、财产所发生的合理必要的施救费用，保险人负责赔偿。

（3）保险事故发生后，被保险人因保险事故而被提起仲裁或者诉讼的，对应由被保险人支付的仲裁或诉讼费用以及事先经保险人书面同意支付的其他必要的、合理的费用，保险人按照保险合同约定也负责赔偿。

三、保险期间

除另有约定外，保险期间为一年，以保险单载明的起讫时间为准。

四、责任免除

（1）下列原因造成的损失、费用和责任，保险人不负责赔偿：

1）投保人、被保险人及其代表的重大过失或故意行为。

2）战争、敌对行动、军事行为、武装冲突、罢工、骚乱、暴动、恐怖活动。

3）核辐射、核爆炸、核污染及其他放射性污染。

4）行政行为或司法行为。

5）地震、火山爆发、海啸、雷击、洪水、暴雨、台风、龙卷风、暴风、雪灾、雹灾、冰凌、泥石流、崖崩、地崩、突发性滑坡、地面突然下陷等自然灾害。

6）在保险合同的追溯日以前就已发生的意外事故或已存在的污染损害。

7）硅、石棉及其制品。

（2）下列损失、费用和责任，保险人不负责赔偿：

1）被保险人或其雇员的人身伤亡及其所有或管理的财产的损失。

2）被保险人应该承担的合同责任，但无合同存在时仍然应由被保险人承担的经济赔偿责任不在此限。

3）罚款、罚金及惩罚性赔偿。

4）精神损害赔偿。

5）间接损失。

6）投保人、被保险人在投保之前已经知道或可以合理预见的索赔情况。

7）被保险人从事业务活动过程中因业务的需要所进行的经常性排污行为所导致的渐进性损失。

8）应当经相关环境监管部门验收而未经验收或验收不合格的场所或机器设备发生事故导致的第三者人身伤亡和财产损失。

9）保险合同中载明的免赔额。

（3）其他不属于保险责任范围内的损失、费用和责任，保险人不负责赔偿。

五、赔偿限额与免赔额

（1）赔偿限额包括每次事故每人赔偿限额、每次事故赔偿限额、每次事故人身伤亡赔偿限额、每次事故财产损失赔偿限额、每次事故第三者清理费用赔偿限额、累计赔偿限额，由投保人与保险人协商确定，并在保险合同中载明。

（2）每次事故免赔额由投保人与保险人在签订保险合同时协商确定，并在保险合同中载明。

六、保险人义务

（1）保险合同成立后，保险人应当及时向投保人签发保险单或其他保险凭证。

（2）保险人认为被保险人提供的有关索赔的证明和资料不完整的，应当及时一次性通知投保人、被保险人补充提供。

（3）保险人收到被保险人的赔偿保险金的请求后，应当及时做出是否属于保险责任的核定；情形复杂的，保险人将在确定是否属于保险责任的基本材料收集齐全后，尽快做出核定。

保险人应当将核定结果通知被保险人；对属于保险责任的，在与被保险人达成赔偿保险金的协议后 10 日内，履行赔偿保险金义务。保险合同对赔偿保险金的期限有约定的，保险人应当按照约定履行赔偿保险金的义务。保险人依照前款的规定作出核定后，对不属于保险责任的，应当自做出核定之日起 3 日内向被保险人发出拒绝赔偿保险金通知书，并说明理由。

（4）保险人自收到赔偿保险金的请求和有关证明、资料之日起 60 日内，对其赔偿保险金的数额不能确定的，应当根据已有证明和资料可以确定的数额先予支付；保险人最终确定赔偿的数额后，应当支付相应的差额。

七、投保人、被保险人义务

（1）订立保险合同，保险人就保险标的或者被保险人的有关情况提出询问的，投保人应当如实告知。

投保人故意或者因重大过失未履行前款规定的如实告知义务，足以影响保险人决定是否同意承保或者提高保险费率的，保险人有权解除保险合同。

前款规定的合同解除权，自保险人知道有解除事由之日起，超过 30 日不行使而消灭。自合同成立之日起超过 2 年的，保险人不得解除合同；发生保险事故的，保险人应当承担赔偿保险金的责任。

投保人故意不履行如实告知义务的，保险人对于合同解除前发生的保险事故，不承担赔偿保险金的责任，并不退还保险费。

投保人因重大过失未履行如实告知义务，对保险事故的发生有严重影响的，保险人对于合同解除前发生的保险事故，不承担赔偿保险金的责任，但应当退还保险费。

保险人在合同订立时已经知道投保人未如实告知的情况的，保险人不得解除合同；发生保险事故的，保险人应当承担赔偿保险金的责任。

（2）合同约定一次性交付保险费或对保险费交付方式、交付时间没有约定的，投保人应在保险责任起始日前一次性交付保险费。投保人未按条款约定交付保险费的，保险人不承担保险责任。

约定以分期付款方式交付保险费的，投保人应按期足额交付各期保险费。投保人未按条款约定交付保险费的，从违约之日起，保险人有权解除合同并追收已经承担保险责任期间的保险费和利息，合同自解除通知送达投保人时解除；在合同解除前发生保险事故的，保险人按照保险事故发生前保险人实际收取的保险费总额与保险事故发生时投保人应当交付保险费的比例承担保险责任。

（3）被保险人应严格遵守环境保护、危险品管理相关的法律、法规、条例的规定，加强管理，采取合理的预防措施，尽力避免或减少责任事故的发生。

保险人可以对被保险人遵守前款约定的情况进行检查，向投保人、被保险人提出消除不安全因素和隐患的书面建议，投保人、被保险人应该认真付诸实施。但前述检查并不构成保险人对被保险人的任何承诺。

投保人、被保险人未按照约定履行上述安全义务的，保险人有权要求增加保险费或者解除合同。

（4）在保险合同有效期内，保险标的的危险程度显著增加的，被保险人应当及时通知保险人，保险人可以根据费率表的规定增加保险费或者解除合同。

被保险人未履行前款约定的通知义务的，因保险标的的危险程度显著增加而发生的保险事故，保险人不承担赔偿保险金的责任。

（5）知道保险事故发生后，被保险人应该：

1）尽力采取必要、合理的措施，防止或减少损失，否则，对因此扩大的损失，保险人不承担赔偿责任。

2）及时通知保险人，并书面说明事故发生的原因、经过和损失情况，法律法规要求的，还应当向有关政府部门报告；故意或者因重大过失未及时通知，致使保险事故的性质、原因、损失程度等难以确定的，保险人对无法确定的部分，不承担赔偿责任，但保险人通过其他途径已经及时知道或者应当及时知道保险事故发生的除外。

3）保护事故现场，允许并且协助保险人进行事故调查；对于拒绝或者妨碍保险人进行事故调查导致无法认定事故原因或核实损失情况的，保险人对无法确定或核实的部分不承担赔偿责任。

4）涉及违法、犯罪的，应立即向公安部门报案，否则，对因此扩大的损失，保险人不承担赔偿责任。

（6）被保险人收到受害人的损害赔偿请求时，应立即通知保险人。未经保险人书面同意，被保险人对受害人做出的任何承诺、拒绝、出价、约定、付款或赔偿，保险人不受其约束。对于被保险人自行承诺或支付的赔偿金额，保险人有权重新核定，不属于保险责任范围或超出应赔偿限额的，保险人不承担赔偿责任。在处理索赔过程中，保险人有权自行处理由其承担最终赔偿责任的任何索赔案件，被保险人有义务向保险人提供其所能提供的资料和协助。

（7）被保险人获悉可能发生诉讼、仲裁时，应立即以书面形式通知保险人；接到法院传票或其他法律文书后，应将其副本及时送交保险人。保险人有权以被保险人的名义处理有关诉讼或仲裁事宜，被保险人应提供有关文件，并给予必要的协助。

对因未及时提供上述通知或必要协助导致扩大的损失，保险人不承担赔偿责任。

（8）被保险人请求赔偿时，应向保险人提供下列证明和资料：

1）保险单正本。

2）被保险人或其代表填具的索赔申请书。

3）受害人向被保险人提出索赔的相关材料。

4）公安、交通管理部门、法院等权威机构出具的事故证明书及相关法律文书。

5）造成受害人人身伤害的，应包括：受害人的病历、诊断证明、医疗费等医疗原始单据以及受害人的人身伤害程度证明。受害人伤残的，应当提供具备相关法律法规要求的伤残鉴定资格的医疗机构出具的伤残程度证明；受害人死亡的，应当提供公安机关或医疗机构出具的死亡证明书。

6）造成受害人财产损失的，应包括：损失、费用清单。

7）被保险人对污染损害进行调查的相关报告、资料、评测等，清理费用的发票单据。

8）被保险人与受害人所签订的赔偿协议书或和解书；经判决或仲裁的，应提供判决文书或仲裁裁决文书。

9）投保人、被保险人所能提供的与确认保险事故的性质、原因、损失程度等有关的其他证明和资料。

被保险人未履行前款约定的索赔材料提供义务，导致保险人无法核实损失情况的，保险人对无法核实部分不承担赔偿责任。

八、赔偿处理

（1）保险人的赔偿以下列方式之一确定的被保险人的赔偿责任为基础：

1）被保险人和向其提出损害赔偿请求的受害人协商并经保险人确认。

2）仲裁机构裁决。

3）人民法院判决。

4）保险人认可的其他方式。

（2）被保险人给第三者造成损害，被保险人未向该第三者赔偿的，保险人不负责向被保险人赔偿保险金。

（3）发生保险责任范围内的损失，保险人按以下方式计算赔偿：

1）对于每次事故造成的损失，保险人在每次事故赔偿限额内计算赔偿，其中对每人的赔偿金额不得超过每次事故每人赔偿限额，对第三者清理费用的赔偿金额不得超过每次事故第三者清理费用赔偿限额，对每次事故多人人身伤亡的赔偿金额不得超过每次事故人身伤亡赔偿限额，对每次事故多人财产损失的赔偿金额不得超过每次事故财产损失赔偿限额，对每次事故承担的法律费用的赔偿金额不超过每次事故赔偿限额的10%，但合同另有约定的除外。对每次事故发生的施救费用，保险人在每次事故赔偿限额之外另行计算，但不得超过每次事故赔偿限额的数额。

2）在依据1）项计算的基础上，保险人在扣除每次事故免赔额后进行赔偿。

（4）发生保险事故时，如果被保险人的损失在有相同保障的其他保险项下也能够获得赔偿，则保险人按照本保险合同的赔偿限额与其他保险合同及本保险合同的赔偿限额总和的比例承担赔偿责任。

其他保险人应承担的赔偿金额，保险人不负责垫付。若被保险人未如实告知导致保险人多支付赔偿金的，保险人有权向被保险人追回多支付的部分。

（5）发生保险责任范围内的损失，应由有关责任方负责赔偿的，保险人自向被保险人赔偿保险金之日起，在赔偿金额范围内代位行使被保险人对有关责任方请求赔偿的权利，被保险人应当向保险人提供必要的文件和所知道的有关情况。

被保险人已经从有关责任方取得赔偿的，保险人赔偿保险金时，可以相应扣减被保险人已从有关责任方取得的赔偿金额。

保险事故发生后，在保险人未赔偿保险金之前，被保险人放弃对有关责任方请求赔偿权利的，保险人不承担赔偿责任；保险人向被保险人赔偿保险金后，被保险人未经保险人同意放弃对有关责任方请求赔偿权利的，该行为无效；由于被保险人故意或者因重大过失致使保险人不能行使代位请求赔偿的权利的，保险人可以扣减或者要求被保险人返还相应的保险金。

（6）保险人履行赔偿义务后，受害人又就同一事故向被保险人提出索赔的，保险人不负赔偿责任。

（7）保险人受理报案、进行现场查勘、核损定价、参与案件诉讼、向被保险人提供建议等行为，均不构成保险人对赔偿责任的承诺。

（8）被保险人向保险人请求赔偿保险金的诉讼时效期间为 2 年，自其知道或者应当知道保险事故发生之日起计算。

九、环境污染责任险扩展条款

（1）附加自然灾害责任保险条款。

（2）附加精神损害赔偿条款。

（3）附加自有场地清污费用条款。

（4）附加盗窃抢劫责任保险条款。

（5）附加错误及遗漏条款。

第十一章

光伏发电设计阶段的保险运用

第一节　建筑工程设计职业责任保险

一、概念

建筑工程设计职业责任保险，是指以建设工程设计人因设计上的疏忽或过失而引发工程质量事故造成损失或费用应承担的经济赔偿责任为保险标的的职业责任保险。在建筑工程设计职业责任保险的保险期限与保险责任范围内，由于工程设计人员的疏忽或过失，造成的工程质量事故，保险公司承担相应损失或费用的经济赔偿责任。

二、保险标的

建筑工程设计职业责任保险以建设工程设计人因设计上的疏忽或过失而引发工程质量事故造成损失或费用应承担的经济赔偿责任为保险标的。

三、保险责任

1. 物质及第三者责任损失

由于设计的疏忽或过失引发的工程质量事故造成的被保险人承担经济赔偿责任的损失，包括建设工程本身的物质损失以及第三者的人身伤亡和财产损失。

2. 事先约定的诉讼费

事先经保险人书面同意的诉讼费用，包括被保险人和委托人（工程的建设人）在法院进行诉讼或抗辩而支出的费用，被保险人向有关责任方进行追偿而产生的诉讼费用等。

3. 必要的合理费用

必要的合理费用包括为了缩小或减少对委托人（工程的建设人）遭受经济损失的赔偿责任所支出的费用。

需要注意的是，第二项诉讼费用与第一项赔偿费用的每次索赔赔偿金额不得超过保险合同明细表中列明的每次索赔赔偿限额。

四、保险期间

除另有约定外，保险期间为一年，以保险单载明的起讫时间为准。

五、责任免除

（1）下列原因造成的损失、费用和责任，保险人不负责赔偿：

1）被保险人及其代表的故意行为。

2）战争、敌对行为、军事行为、武装冲突、罢工、骚乱、暴动、盗窃、抢劫。

3）政府有关当局的行政行为或执法行为。

4）核反应、核辐射和放射性污染。

5）地震、雷击、暴雨、洪水等自然灾害。

6）火灾、爆炸。

（2）下列原因造成的损失、费用和责任，保险人也不负责赔偿：

1）委托人提供的账册、文件或其他资料的损毁、灭失、丢失。

2）他人冒用被保险人或与被保险人签订劳动合同的人员的名义设计的工程。

3）被保险人将工程设计任务转让、委托给其他单位或个人完成的。

4）被保险人承接超过国家规定的资质等级许可范围的工程设计业务。

5）被保险人的注册人员超过国家规定的执业范围执行业务。

6）未按国家规定的建设程序进行工程设计。

7）委托人提供的工程测量图、地质勘察等资料存在错误。

（3）被保险人的下列损失、费用和责任，保险人不负责赔偿：

1）由于设计错误引起的停产、减产等间接经济损失。

2）因被保险人延误交付设计文件所致的任何后果损失。

3）被保险人在该险种单明细表中列明的追溯期起始日之前执行工程设计业务所致的赔偿责任。

4）未与被保险人签订劳动合同的人员签名出具的施工图纸引起的任何索赔。

5）被保险人或其雇员的人身伤亡及其所有或管理的财产的损失。

6）被保险人对委托人的精神损害。

7）罚款、罚金、惩罚性赔款或违约金。

8）因勘察而引起的任何索赔。

9）被保险人与他人签订协议所约定的责任，但依照法律规定应由被保险人承担的不在此列。

10）直接或间接由于计算机问题引起的损失。

11）该险种单明细表或有关条款中规定的应由被保险人自行负担的每次索赔免赔额。

（4）其他不属于保险责任范围的一切损失、费用和责任，保险人不负责赔偿。

六、赔偿限额与免赔额

责任限额包括每次事故责任限额（赔偿限额）、每人人身伤亡责任限额（赔偿限额）、累计责任限额（赔偿限额），由投保人与保险人协商确定，并在保险合同中载明。

每次事故免赔额（率）由投保人与保险人在签订保险合同时协商确定，并在保险合同中载明。

七、保险人义务

（1）订立保险合同时，采用保险人提供的格式条款的，保险人向投保人提供的投保单应当附格式条款，保险人应当向投保人说明保险合同的内容。对保险合同中免除保险人责任的条款，保险人在订立合同时应当在投保单、保险单或者其他保险凭证上做出足以引起投保人注意的提示，并对该条款的内容以书面或者口头形式向投保人做出明确说明；未作提示或者明确说明的，该条款不产生效力。

（2）保险合同成立后，保险人应当及时向投保人签发保险单或其他保险凭证。

（3）保险人按照合同约定，认为被保险人提供的有关索赔的证明和资料不完整的，应当及时一次性通知投保人、被保险人补充提供。

（4）保险人收到被保险人的赔偿保险金的请求后，应当及时做出是否属于保险责任的核定；情形复杂的，应当在 30 日内做出核定，但保险合同另有约定的除外。

保险人应当将核定结果通知被保险人；对属于保险责任的，在与被保险人达成赔偿保险金的协议后 10 日内，履行赔偿保险金义务。保险合同对赔偿保险金的期限有约定的，保险人应当按照约定履行赔偿保险金的义务。保险人依照前款的规定做出核定后，对不属于保险责任的，应当自做出核定之日起 3 日内向被保险人发出拒绝赔偿保险金通知书，并说明理由。

（5）保险人自收到赔偿保险金的请求和有关证明、资料之日起 60 日内，对其赔偿保险金的数额不能确定的，应当根据已有证明和资料可以确定的数额先予支付；保险人最终确定赔偿保险金的数额后，应当支付相应的差额。

（6）保险人对在办理保险业务中知道的投保人、被保险人的商业秘密及个人隐私，负有保密的义务。

八、投保人、被保险人义务

（1）订立保险合同，保险人就保险标的或者被保险人的有关情况提出询问的，投保人应当如实告知。

投保人故意或者因重大过失未履行前款规定的如实告知义务，足以影响保险人决定是否同意承保或者提高保险费率的，保险人有权解除保险合同。

前款规定的合同解除权，自保险人知道有解除事由之日起，超过 30 日不行使而消灭。自合同成立之日起超过 2 年的，保险人不得解除合同；发生保险事故的，保险人应当承担赔偿保险金的责任。

投保人故意不履行如实告知义务的，保险人对于合同解除前发生的保险事故，不承担赔偿保险金的责任，并不退还保险费。

投保人因重大过失未履行如实告知义务，对保险事故的发生有严重影响的，保险人对于合同解除前发生的保险事故，不承担赔偿保险金的责任，但应当退还保险费。

保险人在合同订立时已经知道投保人未如实告知的情况的，保险人不得解除合同；发生保险事故的，保险人应当承担赔偿保险金的责任。

（2）合同约定一次性交付保险费或对保险费交付方式、交付时间没有约定的，投保人应在保险责任起始日前一次性交付保险费。投保人未按条款约定交付保险费的，保险人不承担保险责任。

约定以分期付款方式交付保险费的，投保人应按期足额交付各期保险费。投保人未按条款约定交付保险费的，从违约之日起，保险人有权解除合同并追收已经承担保险责任期间的保险费和利息，合同自解除通知送达投保人时解除；在合同解除前发生保险事故的，保险人按照保险事故发生前保险人实际收取的保险费总额与保险事故发生时投保人应当交付保险费的比例承担保险责任。

（3）被保险人应严格遵守有关法律法规及政府相关部门制定的各项规定，采取合理的预防措施，减少建设工程设计事故和建设工程设计差错的发生。

保险人可以对被保险人遵守前款约定的情况进行检查，向投保人、被保险人提出消除不安全因素和隐患的书面建议，投保人、被保险人应该认真付诸实施。

投保人、被保险人未按照约定履行上述安全义务的，保险人有权要求增加保险费或者解除合同。

（4）在保险合同有效期内，如有设计资质等级变动、工程项目类型占比变动或其他重要事项变更导致保险标的的危险程度显著增加的，被保险人应当及时书面通知保险人，保险人可以按照合同约定增加保险费或者解除保险合同。

被保险人未履行前款约定的通知义务的，因保险标的的危险程度显著增加而发生的保险事故，保险人不承担赔偿保险金的责任。

（5）保险期间届满时，被保险人应如实将在保险期间内已完成设计任务的所有建设工程的《建设工程设计合同》和设计文件副本送交保险人。对未通知保险人的建设工程，一旦发生工程质量事故，保险人不负责赔偿。

（6）知道保险事故发生后，被保险人应该：

1）尽力采取必要、合理的措施，防止或减少损失，否则，对因此扩大的损失，保险人不承担赔偿责任。

2）及时通知保险人，并书面说明事故发生的原因、经过和损失情况；被保险人故意或者因重大过失未及时通知，致使保险事故的性质、原因、损失程度等难以确定的，保险人对无法确定的部分，不承担赔偿责任，但保险人通过其他途径已经及时知道或者应当及时知道保险事故发生的除外。

3）保护事故现场，允许并且协助保险人进行事故调查。对于拒绝或者妨碍保险人进行事故调查导致无法认定事故原因或核实损失情况的，保险人对无法确定或核实的部分不承担赔偿责任。

（7）被保险人收到委托人或第三者提出的损害赔偿请求时，应立即通知保险人。未经保险人书面同意，被保险人对委托人或第三者做出的任何承诺、拒绝、出价、约定、付款或赔偿，保险人不受其约束。对于被保险人自行承诺或支付的赔偿金额，保险人有权重新核定，不属于保险责任范围或超出应赔偿限额的，保险人不承担赔偿责任。在处理索赔过程中，保险人有权自行处理由其承担最终赔偿责任的任何索赔案件，被保险人有义务向保险人提供其所能提供的资料和协助。

（8）被保险人获悉可能发生诉讼、仲裁时，应立即以书面形式通知保险人；接到法院传票或其他法律文书后，应将其副本及时送交保险人。保险人有权以被保险人的名义处理有关诉讼或仲裁事宜，被保险人应提供有关文件，并给予必要的协助。

对因未及时提供上述通知或必要协助引起或扩大的损失，保险人不承担赔偿责任。

（9）被保险人请求赔偿时，应向保险人提供下列证明和资料：

1）保险单正本。

2）《建设工程设计合同》和设计文件正本（并附有设计文件签收证明和设计完成时间证明）、设计变更文件正本、发图单。

3）索赔申请书、证明事故责任人与被保险人存在雇佣关系的证明材料及有关设计人员的资料、劳动合同、事故责任人的执业资格证书。

4）建设工程事故证明或鉴定书、有关部门出具的与保险事故认定有关的证明和材料。

5）涉及财产损失的，应提供财产损失清单、受损财产的损失程度和损失金额的证明材料。

6）涉及医疗费用的，应提供二级以上（含二级）医院或者保险人认可的医疗机构诊断证明及病历、用药清单、医疗费用票据、检查报告。

7）涉及伤残、死亡的，应提供保险人认可的医疗机构或司法鉴定机构出具的伤残程度证明、公安部门或保险人认可的医疗机构出具的死亡证明、销户证明。

8）有关的法律文书（裁定书、裁决书、判决书、调解书等）或赔偿协议、被保险人已支付的赔偿凭证。

9）投保人、被保险人所能提供的与确认保险事故的性质、原因、损失程度等有关的其他证明和资料。

被保险人未履行前款约定的索赔材料提供义务，导致保险人无法核实损失情况的，保险人对无法核实部分不承担赔偿责任。

（10）被保险人在请求赔偿时应当如实向保险人说明与保险合同保险责任有关的其他保险合同的情况。

九、赔偿处理

（1）保险人的赔偿以下列方式之一确定的被保险人的赔偿责任为基础：

1）被保险人和向其提出损害赔偿请求的委托人或第三者协商并经保险人确认。

2）仲裁机构裁决。

3）人民法院判决。

4）保险人认可的其他方式。

（2）被保险人给委托人或第三者造成损害，被保险人未向该委托人或第三者赔偿的，保险人不负责向被保险人赔偿保险金。

（3）发生保险责任范围内的损失，保险人按以下方式计算赔偿：

1）对于每次事故造成的损失，保险人在每次事故责任限额内计算赔偿，其中，对第三者每次事故每人人身伤亡赔偿金额（含医疗费用）不得超过每次事故每人人身伤亡责任限额。

保险人按照国家基本医疗保险的标准核定医疗费用的赔偿金额。

2）在依据第 1）项计算的基础上，保险人在扣除保险合同载明的每次事故免赔额或按免赔率计算的免赔金额后进行赔偿。

3）在保险期间内，保险人对多次事故损失的累计赔偿金总和不得超过累计责任限额。

委托人或第三者对同一建设工程事故多次向被保险人提出的索赔，将归为同一保险事故计算赔偿。

（4）除合同另有约定外，对每次事故法律费用的赔偿金额，保险人在每次事故责任限额以外另行计算，但每次事故赔偿总额不超过每次事故责任限额的 5%。在保险期间内多次发生保险事故的，对法律费用的累计赔偿金额不超过累计责任限额的 10%。

除合同另有约定外，对每次事故施救费用的赔偿金额，保险人在每次事故责任限额以外另行计算，但每次事故赔偿金额不超过每次事故责任限额的 30%。在保险期间内多次发生保险事故的，对施救费用的累计赔偿金额不超过累计责任限额的 30%。

（5）建设工程发生损失后，应由政府建设行政主管部门按照国家有关建设工程质量事故调查处理的规定做出事故证明或事故鉴定书。

（6）发生保险事故时，如果被保险人的损失在有相同保障的其他保险项下也能够获得赔偿，则保险人按照本保险合同的责任限额与其他保险合同及本保险合同的责任限额总和的比例承担赔偿责任。

其他保险人应承担的赔偿金额，保险人不负责垫付。若被保险人未如实告知导致保险人多支付赔偿金的，保险人有权向被保险人追回多支付的部分。

（7）发生保险责任范围内的损失，应由有关责任方负责赔偿的，保险人自向被保险人赔偿保险金之日起，在赔偿金额范围内代位行使被保险人对有关责任方请求赔偿的权利，被保险人应当向保险人提供必要的文件和所知道的有关情况。

被保险人已经从有关责任方取得赔偿的，保险人赔偿保险金时，可以相应扣减被保险人已从有关责任方取得的赔偿金额。

保险事故发生后，在保险人未赔偿保险金之前，被保险人放弃对有关责任方请求赔偿权利的，保险人不承担赔偿责任；保险人向被保险人赔偿保险金后，被保险人未经保险人同意放弃对有关责任方请求赔偿权利的，该行为无效；由于被保险人故意或者因重大过失致使保险人不能行使代位请求赔偿的权利的，保险人可以扣减或者要求被保险人返还相应的保险金。

（8）被保险人向保险人请求赔偿保险金的诉讼时效期间为 2 年，自其知道或者应当知道保险事故发生之日起计算。

第二节　合同保证保险

一、概念

合同保证保险，是指承保因被保证人不履行各种合同义务而造成权利人的经济损失的一种保证保险。其最初主要是为了适应建筑工程投资人要求承包人如期完工而兴办起来的，最普遍的业务是建筑工程承包合同的保证保险。合同保证保险包括以下几种：

1. 建筑保证保险

建筑保证保险是承保因建筑误期所致各种损失的保险。根据建设工程的不同阶段，可分为以下四种：

（1）投标保证保险是承保工程所有人（权利人）因中标人不继续签订承包合同而遭受损失的保险。

（2）履约合同保证保险是承保工程所有人（权利人）因承包人不能按时、按质、按量交付工程而遭受损失的保险。

（3）预付款保证保险是承保工程所有人（权利人）因承包人不能履行合同而受到的预付款损失的保险。

（4）维修保证保险是承保工程所有人（权利人）因承包人不履行合同所规定的维修义务而受到损失的保险。

一般而言，被保险人既可按阶段投保上述险种，也可投保综合性的建筑保证保险。

2. 完工保证保险

完工保证保险是承保借款建筑人因未按期完工和到期不归还借款而造成有关权利人损失的保险。在投保完工保证保险的情况下，可由保险人负赔偿责任。

3. 供给保证保险

供给保证保险是承保供给方因违反合同规定的供给义务而使需求方遭受损失的保险。如制造厂商与某加工厂商订立合同，由制造厂商按期提供一定数量的半成品给加工厂商，一旦制造厂商违反供给义务而使加工厂商遭受损失，若投保了供给保证保险，则由保险人负赔偿责任。

二、承保条件

由于合同保证保险风险较大，保险人在承保该类业务时，一般要求具备下列条件：

（1）投资项目已经核实，工程施工力量、设备材料等已落实可靠。

（2）严格审查承包人的信誉、经营承包能力和财务状况，并要求工程所有人提供投保工程的合同副本、往来银行名称及账号等资料。

（3）要求承包人提供反担保或签订偿还协议书。

（4）工程项目本身已投了工程保险。在承保前，保险人应对工程各方面情况进行调查研究，在可靠的前提下才能承保。在工程施工期间，保险人一般要经常了解工程进度及存在的问题，并在可能存在问题的情况下提出建议，督促有关当事人采取措施，确保工程如期完工。

三、保险责任

合同保证保险根据工程承包合同的内容来确定保险责任，一般仅以承包人对工程所有人承担的经济责任为限。

1. 投标保证

根据《中华人民共和国招标投标法》及《中华人民共和国招标投标法实施条例》的

规定，在保险期间内，投保人在向被保险人招标建设工程投标的过程中，因下列情形之一给被保险人造成经济损失的，被保险人可向保险人提出索赔，保险人依据保险合同的约定，在投标保证保险责任范围和投标保证保险金额内扣除保险合同约定的免赔金额后，负责向被保险人赔偿。

（1）投标截止后投保人未经被保险人同意或者违反《建设工程招标文件》撤销投标文件。

（2）投保人与其他投标人相互串通投标。

（3）投保人存在弄虚作假行为。

（4）中标后未按《建设工程招标文件》的要求签署《建设工程施工合同》。

（5）《建设工程招标文件》规定的其他有关投标实质性违约情形。

给被保险人造成经济损失的，被保险人可向保险人提出索赔，保险人依据保险合同的约定，在投标保证保险责任范围和保险金额内对被保险人的上述损失承担赔偿责任。

2. 履约保证

根据《中华人民共和国合同法》和有关法律、法规，以及《建设工程招标文件》《建设工程施工合同》，在保险期间内，投保人在《建设工程施工合同》的履约过程中，因下列情形之一给被保险人造成经济损失的，被保险人可向保险人提出索赔，保险人依据保险合同的约定，在履约保证保险责任范围和履约保证保险金额内扣除保险合同约定的免赔金额后，负责向被保险人赔偿。

（1）投保人违反《建设工程施工合同》约定进行转包或违法分包的。

（2）投保人违反《建设工程施工合同》约定采购和使用不合格的材料和工程设备的。

（3）投保人原因导致工程质量不符合《建设工程施工合同》要求的。

（4）投保人违反《建设工程施工合同》中有关材料与设备专用要求的约定，未经被保险人批准，私自将已按照《建设工程施工合同》约定进入施工现场的材料或设备撤离施工现场的。

（5）因投保人原因未能按《建设工程施工合同》施工进度计划及时完成《建设工程施工合同》约定工作，造成工期延误的。

（6）投保人违反《建设工程施工合同》中关于人员管理义务的规定的。

（7）投保人违反《建设工程施工合同》中关于安全管理规章制度的规定的。

（8）投保人无正当理由明确表示或者无正当理由以其行为表明不履行《建设工程施工合同》主要义务的。

（9）投保人未能按照《建设工程施工合同》约定履行其他有关履约实质性主要义务的。

给被保险人造成经济损失的，被保险人可向保险人提出索赔，保险人依据保险合同的约定，在履约保证保险责任范围和保险金额内对被保险人的上述损失承担赔偿责任。

3. 支付保证

在保险期间内，投保人在《建设工程施工合同》的履约过程中，因下列情形之一导致供应商、分包人或者职工根据相关法律、人力资源和社会保障局有关文书和其他有效法律文书（法院判决或仲裁机构裁决）要求被保险人直接予以支付，且被保险人依法应承担相应的支付责任时，被保险人可向保险人提出索赔，保险人依据保险合同的约定，在支付保证保险责任范围和支付保证保险金额内扣除保险合同约定的免赔金额后，负责向被保险人赔偿。

（1）投保人未及时支付供应商或分包人材料款、工程款、劳务款等费用。

（2）投保人未及时支付职工工资。此处职工是指依据《中华人民共和国劳动法》《中华人民共和国劳动合同法》与投保人建立劳动关系的人员，劳务派遣人员除外。

导致上述供应商、分包人或者职工根据相关法律、人力资源和社会保障局有关文书和其他有关法律文书（法院或仲裁机构裁决）要求被保险人直接予以支付时，被保险人可向保险人提出索赔，保险人依据保险合同的约定，在支付保证保险责任范围和保险金额内对被保险人的上述损失承担赔偿责任。

四、保险金额

保险金额以投保人与被保险人签订的《建设工程施工合同》以及《建设工程招标文件》的有关要求为基础，通过投保人与保险人协商确定总保险金额和投标保证、履约保证、支付保证的分项保险金额，并在保险合同中载明。总保险金额为各分项保险金额之和。

五、保险期间

以《建设工程招标文件》《建设工程施工合同》为基础，以保险单载明的起讫日期为准。

保险合同保险期间届满或提前终止，被保险人应立即将保险合同原件退还保险人，被保险人未履行此义务，保险合同仍在保险期间届满或提前终止之日失效。

六、责任免除

（1）出现下列任一情形时，保险人不承担赔偿保险金的责任：

1）投保人与被保险人订立的《建设工程施工合同》或交易基础不成立、不生效、无效、被撤销、被解除的。

2）被保险人明知或应该知道投保人违反《建设工程施工合同》约定或法律法规的规定进行转包或违法分包的。

3）投保人或其雇员与被保险人或其雇员采用欺诈、恶意串通、贿赂或变相贿赂等手段串通投标、订立《建设工程施工合同》的。

4）投保人或其雇员与被保险人或其雇员恶意串通违反《建设工程施工合同》的约定，损害保险人利益的。

5）被保险人未履行《建设工程招标文件》或《建设工程施工合同》条款规定义务的。

6）投保人与被保险人变更《建设工程施工合同》、被保险人变更《建设工程招标文件》，未经保险人书面同意或确认，损害保险人利益的。

（2）下列原因造成的损失、费用和责任，保险人不负责赔偿：

1）战争、敌对行动、军事行为、武装冲突、罢工、骚乱、暴动、恐怖活动或恐怖袭击。

2）核辐射、核爆炸、核污染及其他放射性污染。

3）大气污染、土地污染、水污染及其他各种污染。

4）政府征用、行政行为或司法行为。

5）洪水、台风、地震、海啸等自然灾害及次生灾害。

（3）下列损失、费用和责任，保险人不负责赔偿：

1）被保险人根据《建设工程施工合同》《建设工程招标文件》应该承担的责任，以及为收集证据、确认、证明投保人违反《建设工程施工合同》《建设工程招标文件》约定，并因此造成损失所产生的任何费用。

2）被保险人与投保人就《建设工程施工合同》《建设工程招标文件》产生纠纷所致的任何法律费用，包括但不限于诉讼或仲裁费、财产保全或证据保全费、强制执行费、评估费、拍卖费、鉴定费、律师费、差旅费、调查取证费等。

3）因不可抗力导致《建设工程施工合同》无法履行，由投保人和被保险人商定或确定的利益分配、费用承担、损失分担等，以及因此产生的一切损失。

4）《工程材料供应合同》中供应价超过实际供应时点当地政府相关主管部门指导价（若无指导价，则参考一般市场价）的部分。

5）《工程材料供应合同》中约定的相关违约金、滞纳金、利息等。

6）按保险合同中载明的免赔率（额）计算的免赔额。

7）被保险人以外的第三人的任何损失。

8）各类间接损失，包括但不限于由于延期竣工或延期交付建筑物导致被保险人对于建筑物使用的经济损失或被第三方索赔等。

9）被保险人未按照《建设工程施工合同》的约定履行，提前超额支付的工程进度款。

10）罚款、罚金及惩罚性赔偿。

11）精神损害赔偿。

12）不可归责于投保人的情形。

13）其他不属于该险种责任范围内的损失、费用和责任。

七、保险人义务

（1）订立保险合同时，采用保险人提供的格式条款的，保险人向投保人提供的投保单应当附格式条款，保险人应当向投保人说明保险合同的内容。对保险合同中免除保险人责任的条款，保险人在订立保险合同时应当在投保单、保险单或者其他保险凭证上做出足以引起投保人注意的提示，并对该条款的内容以书面或者口头形式向投保人做出明确说明；未作提示或者明确说明的，该条款不产生效力。

（2）保险合同成立后，保险人应当及时向投保人签发保险单或其他保险凭证。

（3）保险人按照保险合同的约定，认为被保险人提供的有关索赔的证明和资料不完整的，应当及时一次性通知投保人、被保险人补充提供。

（4）保险人收到被保险人的赔偿保险金的请求后，应当及时做出是否属于保险责任的核定；情形复杂的，应当在 30 日内做出核定，但保险合同另有约定的除外。

保险人应当将核定结果通知被保险人；对属于保险责任的，在与被保险人达成赔偿保险金的协议后 10 日内，履行赔偿保险金义务。保险合同对赔偿保险金的期限有约定的，保险人应当按照约定履行赔偿保险金的义务。保险人依照前款约定作出核定后，对不属于保险责任的，应当自做出核定之日起 3 日内向被保险人发出拒绝赔偿保险金通知书，并说明理由。

（5）保险人自收到赔偿保险金的请求和有关证明、资料之日起 60 日内，对其赔偿保险金的数额不能确定的，应当根据已有证明和资料可以确定的数额先予支付；保险人最终确定赔偿的数额后，应当支付相应的差额。

八、投保人、被保险人义务

（1）订立保险合同，保险人就投保风险的有关情况以及投保人、被保险人的有关情况提出询问的，投保人应当如实告知。

（2）除保险合同另有约定外，投保人应当在保险合同成立时一次性交清保险合同约定的全部保险费，并按保险单的约定向保险人缴纳保证金，同时投保人有义务应保险人的要求提供反担保。投保人未按约定交付保险费和保证金，以及提供必要的反担保的，对于保险费和保证金交付前发生的保险事故，保险人不承担赔偿责任。

（3）发生保险事故且保险人赔偿后，保险人有权在投保人缴纳的保证金中先行扣除，同时对不足清偿保险人赔款的部分，保险人有权根据保险合同约定继续向投保人或者担保人进行追偿。

（4）申请投保时，投保人应如实填写投保单，提供保险人要求的必要证明资料，并接受保险人对其资质进行审查。

（5）投保人有义务配合保险人实施核查。在保险人核查期间，投保人必须配合保险人或由保险人雇佣的审计人员或其他独立方对其提出的信息和文件进行准确的核查。

（6）被保险人有义务配合保险人对建设工程款项的资金流向实施核查。被保险人应根据保险人提出的合理的风险控制建议进行整改，如果被保险人未按保险人提出的合理的风险控制建议整改，由此造成的损失，保险人不承担赔偿责任。

（7）在保险期间内，被保险人应及时检查并协助保险人了解《建设工程招标文件》《建设工程施工合同》的执行情况，被保险人如发现投保人存在违约风险，或有任何其他可能导致保险合同风险显著增加的情况，被保险人应采取措施降低或消除上述风险，并应按照保险合同约定及时通知保险人。

（8）投保人发生违约，被保险人应及时做好记录，并及时书面通知保险人。

（9）知道保险事故发生后：

1）被保险人应该尽力采取必要、合理的措施，防止或减少损失，否则，对因此扩大的损失，保险人不负责赔偿。

2）投保人、被保险人应及时通知保险人，并书面说明事故发生的原因、经过、损失情况和处理情况；故意或者因重大过失未及时通知，致使保险事故的性质、原因、损失程度等难以确定的，保险人对无法确定的部分，不承担赔偿责任，但保险人通过其他途径已经及时知道或者应当及时知道保险事故发生的除外；对涉及违法、犯罪的，投保人或被保险人应立即向公安机关报案。

3）被保险人应完整保留与投保人在《建设工程施工合同》订立及履行过程中形成的与《建设工程施工合同》有关的文件（中标通知书、投标函及其附录、专用合同条款及其附件、通用合同条款、技术标准和要求、图纸、已标价工程量清单或预算书、其他合同文件等），保留与施工监理人、设计人、项目经理往来的资料、签证、信函等资料，允许并且协助保险人对事故进行调查。

（10）根据保险合同规定的情形，保险期间届满后若建设工程项目未竣工，投保人未向保险人申请延长保险期间或未与保险人签订新的保险合同，投保人、被保险人应主动向保险人就已完成的工程量进行书面确认，并将已完工部分的相关资料进行独立完整保管。若投保人和被保险人未对已经完成的工程量进行确认或未对已完工部分的相关资料进行独立完整保管，导致保险责任范围、性质、原因无法确定的，保险人对难以确定的部分，不承担赔偿责任。

（11）被保险人提出索赔申请时，应向保险人提供下列书面证明和资料：

1）索赔申请书。

2）保险单正本。

3）《建设工程施工合同》副本。

4）与《建设工程施工合同》有关的所有文件。

5）与建设工程施工进展、质量、缺陷有关的证明文件。

6）投保人、被保险人所能提供的与确认保险事故的性质、原因、损失程度等有关的其他证明和资料。

7）保险人合理要求的有效的、作为请求赔偿依据的其他证明材料。

被保险人未履行前款约定的索赔材料提供义务，导致保险人无法核实损失情况的，保险人对无法核实的部分不承担赔偿责任。

九、赔偿处理

（1）被保险人向保险人提出索赔申请前，应按《建设工程施工合同》的约定向投保人或其担保人（如有）启动诉讼或仲裁索赔程序，产生的费用由被保险人承担，保险人根据司法机关（或仲裁机构）认定的被保险人损失金额在保险单列明的总保险金额和分项保险金额内负责赔偿。但保险人和投保人、被保险人达成赔偿协议的除外。

（2）发生保险责任范围内的损失，保险人依照保险合同的约定，在保险单载明的保险金额内，对被保险人的保险损失扣除免赔金额后予以赔偿。计算公式如下：

$$\text{赔偿金额}=\text{保险损失金额}\times(1-\text{免赔率}) \quad (11-1)$$

或

$$\text{赔偿金额}=\text{保险损失金额}-\text{免赔额} \quad (11-2)$$

其中，保险损失金额等于实际损失扣除被保险人已向投保人或其担保人（如有）索赔所得价款。

（3）被保险人向投保人或其担保人（如有）索赔所得价款应当抵消保险人赔偿责任。

（4）发生保险事故时，如果被保险人的损失在有相同保障的其他保险合同或类似合同项下也能够获得赔偿，则保险人按照本保险合同的保险金额与其他保险合同或类似合同及本保险合同的保险金额总和的比例承担赔偿责任。

（5）应由其他保险人或担保人承担的赔偿金额，保险人不负责垫付。若被保险人未如实告知导致保险人多支付的赔偿金额，保险人有权向被保险人追回多支付的部分。

（6）发生保险责任范围内的损失，保险人自向被保险人赔偿保险金之日起，在赔偿金额范围内代位行使被保险人对投保人或其担保人（如有）请求赔偿的权利，被保险人应当向保险人提供必要的文件和所知道的有关情况，积极协助保险人向投保人或其担保人（如有）进行追偿。

（7）被保险人已经从投保人或其担保人（如有）处取得赔偿的，保险人赔偿保险金时，应相应扣减被保险人已从投保人或其担保人（如有）处取得的赔偿金额。

（8）保险事故发生后，在保险人未赔偿保险金之前，被保险人放弃对投保人或其担保人（如有）请求赔偿权利的，保险人不承担赔偿责任；保险人向被保险人赔偿保险金后，被保险人未经保险人同意放弃对投保人或其担保人（如有）请求赔偿权利的，该行为无效；由于被保险人故意或者因重大过失致使保险人不能行使代位请求赔偿的权利的，保险人可以扣减或者要求被保险人返还相应的保险金。

第十二章

光伏发电建设阶段的保险运用

第一节　建筑、安装工程一切险

工程建设过程中可能遇到各种风险，复杂多样的潜在风险因素决定了其转移各类损失及赔偿风险的需求。因此，为工程建设提供专门保障的工程保险在工程损失转移方面发挥着极其重要的作用。随着保险市场的不断发展，已初步形成了为工程建设提供的较为全面的保险保障险种体系。

一、概念

建筑工程一切险、安装工程一切险都属于工程保险，是对各种建筑或安装工程项目提供全面保险保障的险种，既对建筑或安装期间工程本身、施工设施和各种大型机器设备等项目所遭受的损失提供保险保障，也对因工程造成的第三者人身伤亡、疾病或财产损失依法承担赔偿责任。

具体至光伏发电项目，安装工程一切险承保光伏发电项目在建造过程中因自然灾害或意外事故而引起的损失。该险种主要预防在建设期可能出现的极端气象灾害对在建光伏电场及临时堆场的设施、设备造成的损坏。

二、保险责任

（一）保障工程范围

1. 设备及安装工程

（1）发电设备及安装工程：光伏组件（多组电池片、接线盒、玻璃盖板和框架）。

（2）升压变电站设备及安装工程：光伏防雷系统、并网逆变器（主变压器通常使用油浸式变压器）、配电装置设备系统、变电站用电系统、无功补偿系统、电力电缆及母线。

（3）控制保护设备及安装工程：监控系统、跟踪系统、直流系统、通信系统、远程自动控制及电量计量系统，陆上集控中心。

（4）其他设备及安装工程：采暖通风及空调系统、照明系统、消防及给排水系统、安全监测设备、功率预测系统设备、数据收集系统、气象设备。

2. 建筑工程

（1）发电工程：光伏发电支架基础建设工程、围栏建筑工程。

（2）变电站工程：变压配电站工程、电缆沟建设工程。

（3）房屋建筑工程：生产建筑工程、室外工程。

3. 其他工程

包括环境保护工程、水土保持工程、劳动安全与工业卫生工程、安全监测工程等。

（二）保障责任

建筑（安装）工程一切险的保障责任由两大部分组成，分别是工程项下的物质损失和第三者赔偿责任。

1. 物质损失

物质损失部分的保障责任是指在保险期间内，保险合同明细表中分项列明的保险财产在列明的工地范围内，因遭受保险合同责任免除以外的自然灾害和意外事故所造成的物质损坏或灭失，保险公司按照保险合同的规定予以赔偿。此外，对于保险合同列明的因发生上述损失所产生的有关费用，保险公司也负责赔偿，例如为防止或减少保险标的的损失所支付的必要的、合理的费用等。

其中，自然灾害是指地震、海啸、雷击、暴雨、洪水、暴风、龙卷风、冰雹、台风、飓风、沙尘暴、暴雪、冰凌、突发性滑坡、崩塌、泥石流、地面突然下陷下沉及其他人力不可抗拒的破坏力强大的自然现象。

意外事故是指不可预料的以及被保险人无法控制并造成物质损失或人身伤亡的突发性事件，包括火灾和爆炸。

2. 第三者赔偿责任部分

第三者赔偿责任部分是指在保险期间内，因发生与保险合同所承保工程直接相关的意外事故引起工地内及邻近区域的第三者人身伤亡、疾病或财产损失，依法应由被保险人承担的经济赔偿责任，保险人按照保险合同约定负责赔偿。

另外，保险事故发生后，被保险人因保险事故而被提起仲裁或者诉讼的，对应由被保险人支付的仲裁或诉讼费用以及其他必要的、合理的费用，经保险人书面同意，保险人也按照保险合同约定负责赔偿。

三、责任免除

1. 物质损失项下的责任免除

该部分的责任免除主要是对物质损失保险责任的限定，即发生下述情况的损失，保险公司不负责赔偿：

（1）由于设计错误引起的损失和费用，即对存在设计错误的标的的损失和由其造成的其他标的的损失均不负责赔偿；安装工程一切险中因设计错误、铸造或原材料缺陷或工艺不善引起的保险财产本身的损失以及为换置、修理或矫正这些缺点错误所支付的费用不予赔偿。

（2）由于自然磨损、内在或潜在缺陷、物质本身变化、自燃、自热、氧化、锈蚀、渗漏、鼠咬、虫蛀、大气（气候或气温）变化、正常水位变化或其他渐变原因造成的保险财产自身的损失和费用。

（3）建筑工程一切险中对因原材料缺陷或工艺不善引起的保险财产本身的损失以

及为换置、修理或矫正这些缺点错误所支付的费用不予赔偿：安装工程一切险中对由于超负荷、超电压、碰线、电弧、漏电、短路、大气放电及其他电气原因造成电气设备或电气用具本身的损失不予赔偿。

（4）由于非外力引起的机械或电气装置的本身损失，或施工用机具、设备、机械装置失灵造成的本身损失。

（5）维修保养或正常检修的费用。

（6）档案、文件、账簿、票据、现金、各种有价证券、图表资料及包装物料的损失。

（7）盘点时发现的短缺。

（8）领有公共运输行驶执照的，或已由其他保险予以保障的车辆、船舶和飞机的损失。

（9）除非另有约定，在保险工程开始以前已经存在或形成的位于工地范围内或其周围的属于被保险人的财产的损失。

（10）除非另有约定，在保险合同保险期间终止以前，保险财产中已由工程所有人签发完工验收证书或验收合格或实际占有或使用或接收部分的损失。

2. 第三者赔偿责任项下的责任免除

该部分的责任免除主要是对第三者责任部分的保险责任的限定，即发生下述情况引发的第三者赔偿责任，保险公司不负责赔偿：

（1）由于震动、移动或减弱支撑而造成的任何财产、土地、建筑物的损失及由此造成的任何人身伤害和物质损失。

（2）领有公共运输行驶执照的车辆、船舶、航空器造成的事故。

（3）保险合同物质损失项下或本应在该项下予以负责的损失及各种费用。

（4）工程所有人、承包人或其他关系方或其所雇用的在工地现场从事与工程有关工作的职员、工人及上述人员的家庭成员的人身伤亡或疾病。

（5）工程所有人、承包人或其他关系方或其所雇用的职员、工人所有的或由上述人员所照管、控制的财产发生的损失。

（6）被保险人应该承担的合同责任，但无合同存在时仍然应由被保险人承担的法律责任不在此限。

3. 通用的责任免除

该部分的除外责任通用于对物质损失和第三者责任部分的保险责任的限定，即发生下述情况引发的物质损失和第三者赔偿责任，保险公司均不负责赔偿：

（1）战争、类似战争行为、敌对行为、武装冲突、恐怖活动、谋反、政变。

（2）行政行为或司法行为。

（3）罢工、暴动、民众骚乱。

（4）被保险人及其代表的故意行为或重大过失行为。

（5）核裂变、核聚变、核武器、核材料、核辐射、核爆炸、核污染及其他放射性污染。

（6）大气污染、土地污染、水污染及其他各种污染。

（7）工程部分停工或全部停工引起的任何损失、费用和责任。

（8）罚金、延误、丧失合同及其他后果损失。

（9）保险合同中载明的免赔额或按保险合同中载明的免赔率计算的免赔额。

四、被保险人与投保人

1. 被保险人

凡在工程施工期间对工程承担风险责任的有关各方，即具有保险利益的各方均可作为该险种的被保险人。建筑（安装）工程一切险的被保险人包括以下几方：

（1）业主。项目公司名称（有限公司）及其股东单位、母公司所有现存或今后可能组建或收购的附属、合资、子公司，包括与业主有利益关系的合伙人、联营人。

（2）承包商/供应商。所有指定的各级施工和采购、营运和维护承包商、分包商、技术许可商；所有供应商、次供应商、卖主，与工程项目有关的并在工地上活动、有利益关系的其他提供货物或服务的人，他们现存的或将来会组建的分支机构。

（3）其他方。与业主签订和项目有关的协议、合同的设计师、咨询工程师、融资方、顾问、技术顾问、项目经理、任何个人或公司（包括但不限于供应商、卖主和制造商），但仅限于他们在工程现场的活动；保单保障以上被保险人各自的权利和利益，以各自利益为限。

2. 投保人

建筑（安装）工程一切险的投保人负责办理保险投保手续、代表自己和其他被保险人交纳保险费，且将其他被保险人利益包括在内，并在保险单上清楚地列明。可根据建筑（安装）工程承包方式的不同来灵活选择投保人。

（1）全部承包方式。业主将工程全部承包给某一施工单位。该施工单位作为承包商负责设计、供料、施工等全部工程环节，最后将完工的工程交给业主。在这种承包方式中，由于承包商承担了工程的主要风险责任，可以由承包商作为投保人。

（2）部分承包方式。业主负责设计并提供部分建筑材料，承包商负责施工并提供部分建筑材料，双方都负责承担部分风险责任，可以由业主或承包商任何一方作为投保人。

（3）分段承包方式。业主将一项工程分成几个阶段或几部分，分别由几个承包商承保。承包商之间相互独立，没有合同关系。在这种情况下，一般由业主作为投保人。

（4）承包商只提供劳务的承包方式。在这种方式下，由业主负责设计、提供建筑材料和工程技术指导，承包商只提供施工劳务，对工程本身不承担风险责任，这时应由业主作为投保人。

综上所述，在保险的实务操作中，对于全部承包方式，应由承包商负责投保整个工程，通常同时把有关利益方列于共同被保险人。而对于非全部承包方式，如部分承包、分段承包和只提供劳务承包等方式，由业主投保。这样安排更有利于保障业主及其他被保险人的保险权益，避免各承包商分别投保可能带来的重复投保或漏保现象，甚至影响整体统一投保的索赔效力。也正因如此，国际采用业主安排工程项目的保险正成为一种发展趋势。

五、保险期间

建筑（安装）工程一切险的保险期限一般包括建筑安装期限、试车期限（需扩展）和保证期限（需扩展）。

普通财产保险的保险期限一般为 12 个月，但建筑（安装）工程一切险不一样，原则上是根据工期加以确定，并在保单明细表中予以列明，而保险人实际承担保险责任的时间应根据具体情况确定。但在任何情况下，建筑安装期保险期限的起始/终止不得早于/迟于保险单明细表中列明的建筑安装期保险期限。

（1）对于保险责任的开始时间，可由以下三个时间点确定：

1）被保险人的施工队伍进入工地，工程破土动工。

2）用于保险工程的材料、设备运抵工地，由承运人交付给被保险人。

3）由投保人与保险人商定的保险单生效日。

如果保险单载明日期晚于开工日期时，以保险单为准。如果开工日期晚于保险单载明的开始生效日期时，以开工日为准。

（2）对于保险责任的终止时间，可由以下三个时间点确定：

1）业主或指定的代表签发工程完工证书或工程验收合格日。

2）业主实际占有、使用或接收工程项目日。

3）投保人与保险人约定的保险期限终止日。

保险期限终止后，若投保工程仍未完工，被保险人应在保险单终止日之前向保险人提出书面申请，保险人出具批单对原约定的保险期限予以展延后，该保险方可继续有效。

（3）试车期的确定。试车期是对于试车期和考核期的统称，主要针对安装工程，它是指机器设备在安装完毕后、投入生产性使用前，为了保证正式运行的可靠性、准确性及工作指标所进行的试运转期间。

保险合同中试车期的期限一般是紧临在建筑安装期之后的一个明确的期限，该期限应根据安装工程项目的具体情况而定，但一般不超过 3 个月。

（4）保证期的确定。保证期是指根据工程合同规定，承包商对于所承建的工程项目在工程验收并交付使用之后的预定期限内，如果建筑物或机器设备存在缺陷，甚至造成损失的，承包商对这些缺陷和损失应承担修复或赔偿责任。

工程保险保证期的起点是一个相对不确定的时间点，它一般仅仅是规定一个期限，如 12 个月或 24 个月的保证期。保证期的开始时间一般是以工程所有人对部分或全部工程签发完工验收证书或验收合格，或工程所有人实际占有或使用或接收该部分或全部工程时起算，以先发生者为准。

工程保险保证期是根据工程合同中的有关规定确定的，并受保险单明细表列明的保证期保险期限的限制，即工程合同规定的保证期超过保险单明细表列明的保证期保险期限的，以保险单的规定为准。如果工程合同中规定的保证期低于保险单的规定的，以工程合同的规定为准。

六、保险金额

保险人在保险合同中对于保险金额的确定是根据保险标的的不同而不同，可分为物质损失部分的保险金额、第三者责任部分的赔偿限额和费用损失部分的赔偿限额。

1. 物质损失部分的保险金额

建筑（安装）工程一切险的保险金额为保险建筑工程完工时的总价值，包括原材料费用、设备费用、建造费、安装费、运输费、保险费、关税、其他税项和费用，以及由工程所有人提供的原材料和设备的费用。

建筑（安装）工程总价值根据工程的承包方式的不同有两种主要形式：

（1）工程承包人以总承包的方式承包工程，即“交钥匙”工程，这种工程项目的总价值即以工程总承包价确定。

（2）工程承包人负责工程项目的主要部分，但工程的部分原材料和设备由业主提供，这种工程项目的总价值则由工程承包价与业主提供的原材料和设备的价值之和确定。

在保险工程造价中包括的各项费用因涨价或升值原因而超出原保险工程造价时，投保人必须尽快书面形式通知保险人，保险人据此调整保险金额。

2. 第三者责任部分的赔偿限额

第三者责任赔偿限额常用的确定方式有以下几种：

（1）每次事故赔偿限额，其中，对人身伤亡和财产损失再制定分项限额。

（2）累计赔偿限额，即约定保险期间保险人应承担的最高的赔偿限额。

在工程保险实务中，可以使用上述任意一种方式，或者使用两者结合的方式，这要根据投保人的要求而定，并在保险单明细表中明确载明。

七、被保险工程地点

工程所在地场地，包括但不限于永久工程所在地及为实施施工的专用施工土地、材料预制构件基地、存储仓库、其他临时工程、临时建筑、临时设施所在地，以及所有场地之间的往返运输途中。

八、赔偿处理

（1）保险事故发生时，被保险人对保险标的不具有保险利益的，不得向保险人请求赔偿保险金。

（2）保险标的遭受损失后，如果有残余价值，应由双方协商处理。

（3）若协商残值归被保险人所有，应在赔偿金额中扣减残值。

（4）保险事故发生时，如果存在重复保险，保险人按照保险合同的相应保险金额与其他保险合同及保险合同相应保险金额总和的比例承担赔偿责任。

（5）其他保险人应承担的赔偿金额，保险人不负责垫付。若被保险人未如实告知导致保险人多支付赔偿金的，保险人有权向被保险人追回多支付的部分。

（6）发生保险责任范围内的损失，应由有关责任方负责赔偿的，保险人自向被保险人赔偿保险金之日起，在赔偿金额范围内代位行使被保险人对有关责任方请求赔偿的权利，被保险人应当向保险人提供必要的文件和所知道的有关情况。

（7）被保险人已经从有关责任方取得赔偿的，保险人赔偿保险金时，可以相应扣减被保险人已从有关责任方取得的赔偿金额。

（8）保险事故发生后，在保险人未赔偿保险金之前，被保险人放弃对有关责任方请求赔偿权利的，保险人不承担赔偿责任；保险人向被保险人赔偿保险金后，被保险人未经保险人同意放弃对有关责任方请求赔偿权利的，该行为无效；由于被保险人故意或者因重大过失致使保险人不能行使代位请求赔偿的权利的，保险人可以扣减或者要求返还相应的保险金。

九、常见附加条款

（一）物质损失部分的附加条款

1. 清除残骸费用扩展条款

保险人负责赔偿被保险人因保险合同承保的风险造成保险财产损失而发生的清除、拆除及支撑受损财产的费用，但不得超过保险合同明细表中列明的赔偿限额。

2. 专业费用特别条款

保险人负责赔偿被保险人因保险合同项下承保风险造成被保险工程损失后，在重置过程中发生的必要的设计师、检验师及工程咨询人费用，但被保险人为了准备索赔，或估损所发生的任何费用除外。上述赔偿费用应以损失当时适用的有关行业管理部门制订的收费标准为准，但不得超过保险合同明细表中列明的赔偿限额。

3. 特别费用扩展条款

鉴于被保险人已缴付了附加的保险费，保险合同扩展承保下列特别费用，即：加班费、夜班费、节假日加班费以及快运费（不包括空运费）。但该特别费用须与保险合同项下予以赔偿的保险财产的损失有关。且本条款项下特别费用的最高赔偿金额在保险期间内不超过合同约定限额。若保险财产的保额不足，本条款项下特别费用的赔偿金额按比例减少。

4. 空运费扩展条款

鉴于被保险人已缴付了附加的保险费，保险合同扩展承保空运费。但该空运费须与保险合同项下予以赔偿的保险财产的损失有关。且本条款项下的空运费的最高赔偿金额在保险期间内不得超过合同约定限额。若保险财产的保额不足，本条款项下空运费的赔偿金额按比例减少。

5. 工程图纸、文件特别条款

保险人负责赔偿被保险人因保险合同项下承保风险造成工程图纸及文件的损失而产生的重新绘制、重新制作的费用。

6. 设计师风险扩展条款

鉴于被保险人已缴付了附加的保险费，保险合同扩展承保被保险财产因设计错误或原材料缺陷或工艺不善原因引起意外事故并导致其他保险财产的损失而发生的重置、修理及矫正费用，但由于上述原因导致的保险财产本身的损失除外。

7. 扩展责任保证期扩展条款

鉴于被保险人已缴付了附加的保险费，保险合同扩展承保合同约定的保证期内因被保险的承包人为履行工程合同在进行维修保养的过程中所造成的保险工程的损失，以及在完工证书签出前的建筑或安装期内由于施工原因导致保证期内发生的保险工程的损失。

8. 罢工、暴乱及民众骚动扩展条款

鉴于被保险人已缴付了附加的保险费，保险合同扩展承保由于罢工、暴乱及民众骚动引起的损失。

9. 运输险、工程险责任分摊条款

（1）一旦原材料及设备运抵工地，被保险人应立即检验其运输途中可能发生的损失，若裸装货物损失明显，被保险人应在运输险保险合同下提出索赔。

（2）若包装的货物未立即开箱，需放置一段时间，则被保险人应观察检验外包装是否有货损迹象。若货损迹象明显，被保险人应在运输险保险合同下提出索赔。

（3）若货物外包装无货损迹象，并且货物仍处于包装状态，直至货物开箱时才发现损失，该损失将视作发生在运输期间，除非从损失的性质上有明显的证据表明损失确系发生在运输保险终止后。

（4）若无明显证据确定损失的发生时间，则该损失将由运输保险及保险各分摊50%。

10. 公共当局条款

经双方同意，因保险事故造成保险标的损失，在重建或修复时，由于必须执行公共当局的有关法律、法令、法规产生的额外费用，保险人按照保险合同的约定负责赔偿。

11. 自动恢复保额特别条款

在保险人对保险财产的损失予以赔偿后，原保险金额自动恢复。但被保险人应按日比例补交自损失发生之日起至保险终止之日止恢复保险金额部分的保险费。否则，本条款无效。

12. 工程完工部分扩展条款

鉴于被保险人已缴付了附加的保险费，保险合同扩展承保保险合同明细表中物质损失项下被保险财产在保险期间内施工过程中造成已交付使用的部分的损失。

13. 电气设备损坏条款

保险合同扩展承保电气设备在安装和调试等过程中因超负荷、超电压、碰线、电弧、漏电、短路、大气放电及其他电气原因造成电气设备或电气用具本身的损失。

14. 埋管查漏费用特别条款

保险人在保险合同项下负责赔偿被保险人下列项目：

（1）流体静力试验后的查漏费用（包括特殊设备的租用费、运输费和操作费）。

（2）为查寻及修补漏点而产生的必要的土方工程费用。

15. 内陆运输扩展条款

鉴于被保险人已缴付了附加的保险费，保险人负责赔偿被保险人的保险财产在中华人民共和国境内供货地点到保险合同中列明的工地除水运和空运以外的内陆运输途中因自然灾害或意外事故引起的损失。但被保险财产在运输时必须有合格的包装及装载。如被保险人为被保险财产办理了相关货物运输保险，则该损失应优先在货物运输保险项下索赔。

16. 赔偿基础条款

保险合同第一部分的赔偿应根据保险合同的条款和条件，赔付被保险人修理、重置或更换受损财产（包括额外营运测试、试运行，或额外可靠性测试或此保障范围内的损失所需要的额外性能测试的费用）所需的全部费用。

17. 滑坡责任特别条款

保险人负责赔偿由于危岩、孤石、岩体裂隙、雨水浸润、挖掘或爆破引起的局部山体滑坡所造成的损失和被保险人清除滑坡土石方的费用，其中清理土石方费用列入明细表保险项目中的清理残骸费用中计算。

18. 安装试车条款

保险合同扩展承保本工程项目中安装工程部分在安装试车过程中因超负荷、超电压、碰线、电弧、漏电、短路、大气放电等电气或机械故障原因而造成保险标的本身及其他被保险财产的损失。

19. 地下炸弹特别条款

保险合同总除外责任中“战争、类似战争行为、敌对行为、恐怖行动、谋杀、政变”不适用于工程开工前就已在地下或水下埋藏的炸弹、地雷、鱼雷、弹药及其他军火引起的损失。

（二）第三者责任部分的附加条款

1. 急救费用条款

保险合同扩展被保险人因保险合同明细表中列明的施工场地及其邻近区域内发生意外事故造成第三者人身伤亡时应支付的合理急救和救护车的费用。

2. 意外污染责任特别条款

保险人对被保险人在设计和施工中采取了必要的安全防范措施的前提下造成环境污染而导致损失及清理费用，承担赔偿责任及第三者人身伤亡及/或财产损失。在本条款中，安全防范意味着在保险期内的任何时候，被保险人对可能造成污染的物品采取了符合国家安全要求的保管措施。

3. 交叉责任扩展条款

鉴于被保险人已缴付了附加的保险费，保险合同第三者责任项下的保障范围将适用于保险合同明细表列明的所有被保险人，就如同每一被保险人均持有一份独立的保险合同。

4. 工地访问条款

工程访问者、参观者、检查者，或参加奠基、揭幕典礼或类似典礼的，或任何其他没有直接参与工程建造的（含技术顾问等），但经工程所有人以及工程总承包商同意在保险合同列明工地范围内活动的人员，皆属于保险合同“第三者责任险”所指的第三者范畴。

5. 震动、移动或减弱支撑特别条款

鉴于被保险人已缴付了附加的保险费，保险合同第三者责任项下扩展承保由于震动、移动或减弱支撑而造成的第三者财产损失和人身伤亡责任，赔偿限额为总保险金额的 5%。

6. 地上建筑开裂责任条款

因被保险工程施工而造成的第三方建筑物的开裂，依法应负赔偿责任而受到索赔时，保险人对被保险人所负第三者建筑物的开裂赔偿责任为修复至其基本恢复受损前状态的费用为准。

7. 地下电缆、管道及设施特别条款

保险人负责赔偿被保险人对原有的地下电缆、管道或其他地下设施造成的损失。

8. 契约责任扩展条款

保险人负责赔偿被保险人因契约责任而应承担的，对任何第三者人身伤亡及财产损失赔偿责任，但不得超过保险单第三者责任项下规定的赔偿限额。被保险人必须将有关契约向保险人申报，并得到保险人的书面认可。

（三）物质损失和第三者责任部分的附加条款

1. 错误与遗漏条款

经双方同意，投保人、被保险人因过失而延迟、错误或遗漏向保险人告知或通知保险标的所占用的场地或价值的变更、保险标的危险程度增加或其他重要事项，被保险人在保险合同项下的权益不受影响。但投保人、被保险人一旦发现其延迟、错误或遗漏，应立即通知保险人上述事项，并支付从风险增加之日起至保险期间届满之日止期间可能的额外保险费，否则保险人不承担保险责任。

2. 预付赔款条款

当发生保险事故后，保险责任明确但又未及时结案的，保险人按被保险人要求预先支付赔款于被保险人，其比例为已确认损失赔偿金额的 50%。待最终结案之后，按实际赔偿总数，多退少补。

3. 共同被保险人条款

所有组成共同被保险人的各方当事人在保险合同下的权益应被认为如同各方当事人拥有独立保险合同下的权利一样，每一被保险人在保险合同下的正当权益不因其他被保险人的欺诈、错误告知、隐瞒或违反保险合同条件等违法或过错行为而受损害。但保险人对所有共同被保险人所承担的全部赔偿责任不超过保险合同中列明的保险金额或赔偿限额，以及批单或扩展条款中规定的分项限额。

4. 建筑、安装期限延长条款

如被保险工程不能按期完工，延期在 3 个月以内的，保险合同的保险期间自动随工期延长，保险人不加收保险费，对于延期在 3 个月以上的部分时间，被保险人缴纳保险合同项下按日比例计算的保险费，保险期间可以继续延长。但对于延长期超过 12 个月以上部分，双方可以协商新的承保条件另行承保。

5. 指定公估人条款

经双方同意，当发生保险责任范围内的损失，需聘请公估人时，应从合同约定的公估人中选取提供保险公估服务，公估费用由保险人承担。

6. 不失效条款

经双方同意，在投保人、被保险人完全不知情的情况下，保险合同不因保险标的所占用场地或价值的变更、保险标的危险程度的增加或其他重要事项的变化而失效。但投保人、被保险人一旦知道该情况，应立即通知保险人，并支付从风险增加之日起至保险期间届满之日止期间可能的额外保险费，否则保险人不承担保险责任。

7. 场外装配扩展条款

保险合同扩展承保保险财产在场外、临近现场区域装配、修理期间因保险合同承保风险发生导致的物质损失和损坏。

8. 制造商风险扩展条款

因设计错误、铸造或原材料缺陷或工艺不善原因造成保险财产的损失，保险人负责赔偿。

9. 时间调整条款

保险合同项下被保险财产因在连续 72 小时内遭受暴风雨、台风、洪水或地震所致损失应视为一单独事件，并因此构成一次意外事故而扣除规定的免赔额。被保险人可自行决定 72 小时期限的起始时间，但若在连续数个 72 小时期限时间内发生损失，任何两个或两个以上 72 小时期限不得重叠。

10. 停工损失扩展条款

保险合同扩展承保被保险工程全部或部分停工期间发生保险合同项下的保险责任范围内的事故导致的损失。但仅限于连续停工不超过 3 个月的工程部分。

11. 恶意破坏扩展条款

保险人负责赔偿由于第三者恶意破坏行为造成的被保险财产的损失。发生本附加条款项下的损失后，被保险人应立即向公安机关报案。

12. 地下/水下文物责任扩展特别条款

保单负责被保险人如在施工过程中遭遇地下/水下文物，应承担的文物管理部门要求的维护、照管等费用，并相应顺延保险建设期。

13. 被保险人控制财产扩展条款

保单物质损失部分项下扩展承保工地内现有财产或被保险人所有、照看、照管或控制的工地内财产由于保险合同项下承保的风险所造成的损失或损坏。

14. 试车期电力意外中断条款

保险合同扩展承保试车期间因任何外来原因导致的电力意外中断造成保险财产直接的物质损失或损坏。

15. 前期工程扩展条款

保单明细表中所载的被保财产包括保单开始前就已经完工或已开始的临时和永久工程，该工程的价值已经包含在保险金额中。但是保单不承保在保单生效前被保险人已知的或应当知道的损失。

16. 增值条款

如本项目发生全损或推定全损事故，保险人同意按照发生事故时的项目重置价以及各分项费用赔偿限额合计赔偿，其重置价及各项费用不受保险金额及扩展条款限额的限制，但合计赔偿金额不超过保险金额的120%。

17. 灭火费用条款

保单保险范围扩展至涵盖所有的消防费用，例如补充消防用具的费用以及由于此类消防用具的损失或损坏所发生的费用，且凡保险人涉及此类费用的责任均应仅限于在保单范围内或项目地点灾情紧迫的情况下，在项目地点或项目地点附近实施救火，或者扑救马上威胁到被保险财产火灾期间所引起的必要且合理的费用。

18. 其他利益条款

如果任一被保险人和其他方签订合同，根据此协议被保险人被要求保障其他方在被保险财产中的权益，保险人应认为此利益自动存在，无须得到保险人出具批单以表示同意。

19. 施救费用条款

保单负责赔偿被保险财产由于恶劣天气及其他承保风险所直接造成的物质损坏或即将导致物质损失的情况下，被保险人及其服务商、代理人可能进行施救或进行防御、保护、恢复被保险标的（包括但不限于支撑受损工程、封堵、排水、临时加固、打捞等）的费用。此外，为了降低保单项下的损失可能发生的合理费用也可以获得赔偿。

20. 索赔准备费用条款

保单扩展承保由被保险人为索赔准备、谈判和结算该保单下的赔偿费用而支付的任何合理的专业费用和由被保险人必须引发的保单下的其他一些合理的索赔准备、谈判和结算费用，而且该费用不能在其他地方收回。

21. 检测、重新测试、试验条款

若保单项下承保的被保险财产损失风险造成保险财产损失而导致需要进行任何检测、查漏、重新测试、试验或需对修理过程中或修理、修复后发生损失的财产进行重新测试和试验，保险人将负责承担这些测试和/或重新试验的费用。

22. 电缆检查费用条款

保险人在保险单项下负责赔偿被保险人下列项目：

（1）电缆发生保险事故后的检查费用（包括特殊设备的租用费、运输费和操作费）。

（2）为查寻及修补而产生必要的工程费用。

23. 车辆装卸责任条款

承保被保险人因其拥有或租赁的车辆在保单承保的地址内进行与工程建设有关的装卸过程中发生意外事故造成第三者人身伤亡或财产损失时应负的赔偿责任。

24. 养殖类特别条款

保单扩展承保被保险人在本工程施工期间对养殖类生物造成损失或损坏而应负的赔偿责任。

25. 社会活动责任条款

保险合同扩展承保，在保险期间内，被保险人及其代表在保险合同所涉地点举行活动时（包括但不限于论证会、招标会、答疑会、开工典礼、竣工仪式等），因发生与业务有关的意外事故导致人身伤害或财产损失时，被保险人应负的赔偿责任。

第二节 货物运输保险

一、概念

货物运输保险是以各种运输物作为保险标的，承保在运输过程中可能遭受的自然灾害或意外事故造成的损失，由保险人承担赔偿责任的保险，属于财产保险的一种。

光伏发电运输险是以运输途中的光伏组件及其框架作为保险标的，保险人对由自然灾害和意外事故造成的货物损失负责赔偿责任的保险。光伏发电组件易碎，运输过程中可能会发生刮擦、折损等风险需要采用保险的方式予以转嫁。运输险一般由设备运输单位直接购买。

二、主要险种

根据不同标准，可将货物运输保险分为不同种类。按照运输工具和运输方式不同，可以分为陆上运输险、水上运输险、航空运输险、邮包险、联运险；按照适用范围不同，可分为国内货物运输险和海洋货物运输险两大类。

（一）国内货物运输保险

国内货物运输保险是保险人承保货物在国内运输过程中，因自然灾害、意外事故造成的损失。国内货物运输保险分为水路货物运输保险、铁路货物运输保险、公路货物运输保险和航空运输保险，以及国内沿海货物舱面特约保险。

1. 国内水路货物运输保险

该险种承保国内江、河、湖泊和沿海经水路运输的货物，但蔬菜、水果、活牲畜、禽鱼类和其他动物不属于保险保障范围之内。该险种分为基本险和综合险。基本险承保货物在运输过程中因遭受自然灾害和意外事故造成的损失，综合险除承保基本险责任外还负责包装破裂、破碎、渗漏、盗窃和雨淋等风险。

该险种的保险价值为货物的实际价值，按货物的实际价值或货物的实际价值加运杂费确定。保险金额由投保人参照保险价值自行确定。

2. 国内铁路货物运输保险

承保保险标的为国内经铁路运输的货物，可分为基本险和综合险两种。基本险承保货物在运输过程中因遭受自然灾害和意外事故造成的损失，并承保在发生保险责任时，因施救和保护货物而造成货物的损失及所支付的直接合理的费用。综合险不但承保基本险责任外还负责包装破裂、破碎、渗漏、盗窃、提货不着和雨淋等造成的损失。

3. 国内公路货物运输保险

该险种承保经国内公路运输的货物。保险责任包括自然灾害和意外事故，还综合承保雨淋、破碎、渗漏，同时在发生保险事故时，因纷乱造成货物的散失以及因施救或保护货物所支付的直接合理的费用也属于保险赔偿范围。

4. 国内航空货物运输保险

该险种承保经国内航空运输的货物当发生自然灾害和意外事故时遭受的损失，还综合承保雨淋、破碎、渗漏、盗窃和提货不着等风险。

5. 国内沿海货物运输舱面特约保险

保障存放在舱面的货物被抛弃或者风浪冲击落水的风险。

（二）海洋货物运输保险

1. 平安险

平安险的保险责任包括：

（1）被保险货物在运输途中由于恶劣气候、雷电、海啸、地震、洪水这五类自然灾害造成整批货物的全部损失或推定全损，保险人负责赔偿。此外，其他的自然灾害造成被保险货物的损失保险人不负责赔偿。

（2）运输工具遭受搁浅、触礁、沉没、互撞、与流冰或其他物体碰撞以及失火、爆炸意外事故造成货物的全部或部分损失，保险人均负责赔偿。

（3）运输工具已经发生搁浅、触礁、沉没、焚毁意外事故的情况下，货物在此前后又在海上遭遇恶劣气候、雷电、海啸等自然灾害所造成被保险货物的部分损失，保险人负责赔偿。

（4）在装卸或转运被保险人货物时，由于一件或数件整件货物落海造成保险货物的全部或部分损失，保险人负责赔偿。

（5）被保险人对遭受承保责任内危险的货物采取抢救、防止或减少货损的措施而支付的合理费用，保险人负责赔偿，但以不超过该批被救货物的保险金额为限。

（6）运输工具遭遇海难后，在避难港由于卸货所引起的损失以及在中途港、避难港由于卸货、存仓以及运送货物所产生的特别费用，保险人负责赔偿。

（7）保险人只负责赔偿共同海损的牺牲和分摊部分的损失，而不是全部。当共同海损经审核成立时，被保险货物本身因共损造成的损失，保险人可先行赔付而不由被保险人向其他共损利益方索取分摊。保险人赔付共同海损内的损失以后，有权从船方、运输方等其他利益方摊回共损理算数额，但仅以已经赔付的数额为限。

（8）当运输契约订有“船舶互撞责任”条款时，则被保险人依据该条款规定应偿付给船方的分摊费用，保险人负责赔偿。但在不足额保险的情况下，保险人则按承保比例赔偿上述费用。

2. 水渍险

水渍险的责任范围大于平安险，它不但承保平安险的全部损失责任，还负责赔偿被保险货物由于恶劣气候、雷电、海啸、地震、洪水等五种自然灾害所造成的部分损失。

3. 一切险

一切险的责任范围并非是一切风险造成被保险货物损失保险人都负责赔偿，而是在平安险、水渍险责任范围基础上进一步扩展承保被保险货物在运输途中由于外来原因造成的损失。

外来风险并非一切风险，它是指由于自然灾害和意外事故以外的其他外来原因造成的风险，但不包括货物的自然损耗和本质缺陷，它不是必然发生的。如被保险货物的自然属性、内在缺陷引起的自然损耗，就不是外来原因致损，而属于必然损失。另外，外来风险也不是对一切外来因素引起的危险所致的损失，保险人都负责赔偿。因为，内因都是受到外因的影响才起变化的，如自燃现象就是由于物体本身受到外界气候、温度等因素的影响后发生的。

该险种外来原因包括以下 11 种附加险包含的责任范围：附加盗窃险、提货不着险、淡水雨淋险、短量险、混杂玷污险、渗漏险、碰损破碎险、串味险、受潮受热险、钩损锈损险、包装破裂险。另外，还有交货不到险、进口关税险、舱面货物险、拒收险、黄曲霉素险、出口货物到香港（包括九龙在内）或澳门存仓火险等险种扩展的责任。

第三节　施工人员意外保险

施工人员在施工期间面临以下风险：

（1）人员触电风险。施工生活区配备 220V 交流电，各种生活用电电器、电源插座、线缆在绝缘防护破损或不正确使用的条件下，潜在人员触电风险，造成人员伤亡事故。

（2）人员跌倒、滑倒风险。光伏发电施工生活区人员在居住期间，有可能因为疏忽大意，或在冬季因为走道结冰等各种因素导致，人员跌倒、滑倒，造成人员伤害。

（3）火灾风险。因为人员在生活区吸烟或因电器老化等原因，生活区极有可能发生火灾事故。由于生活区人员密集，各种可燃物及易燃物多，一旦发生火灾事故，将导致严重后果，甚至发生人员群死群伤，船舶损毁的重大事故。

（4）食物中毒风险。光伏发电施工作业期间，作业区居住人数多，人员密集，如果对食品卫生控制不严，将导致多人食物中毒的重大事故。

施工人员在常规作业期间存在以下风险：一是高处作业风险，在起重吊装操作作业过程中从高处坠落造成伤残、死亡；二是高处落物风险，在起吊作业过程中，另外其他高处作业也可能发生高处落物风险，造成人员伤害；三是高处坠落风险，人员在高处作业过程中，发生高处坠落。

施工人员在项目建设阶段存在以上诸多风险，所以需要人身意外伤害保险予以保障，从根本上保护员工权益，减轻企业负担，增强整体的抗风险能力。

一、概念

人身意外伤害保险是指在保险合同有效期内，被保险人由于外来的、突发的、非本意的、非疾病的客观事件（即意外事故）造成身体的伤害，并以此为直接原因致使被保险人死亡或残疾时，由保险人按合同约定向被保险人或受益人给付死亡保险金、残疾保险金或医疗保险金的一种保险。

建筑施工人员团体意外伤害保险的被保险人是年龄在 16～65 周岁、身体健康、能正常工作或正常劳动、在建筑工程施工现场从事管理和作业并与施工企业建立劳动关系的人员。

二、保险责任

在保险期间内，被保险人从事建筑施工及与建筑施工相关的工作，或在施工现场或施工期限内指定的生活区域内因遭受意外伤害，并因该意外伤害导致身故、残疾或烧伤的，保险人依照约定给付保险金。

三、责任免除

（1）因下列原因造成被保险人身故、伤残或医疗费用支出的，保险人不承担给付保险：

1）投保人的故意行为。

2）被保险人自致伤害或自杀，但被保险人自杀时为无民事行为能力人的除外。

3）因被保险人挑衅或故意行为而导致的打斗、被袭击或被谋杀。

4）被保险人妊娠、流产、分娩、疾病、药物过敏、中暑、猝死。

5）被保险人接受整容手术及其他内、外科手术。

6）被保险人未遵医嘱，私自服用、涂用、注射药物。

7）核爆炸、核辐射或核污染。

8）恐怖袭击。

9）被保险人犯罪或拒捕。

10）被保险人从事高风险运动或参加职业或半职业体育运动。

11）被保险人未取得对应的特种作业证书进行特种作业操作。特种作业的相关定义以《特种作业人员安全技术培训考核管理办法》为准。

（2）被保险人在下列期间遭受伤害导致身故、伤残或医疗费用支出的，保险人也不承担给付保险金责任：

1）战争、军事行动、暴动或武装叛乱期间。

2）被保险人醉酒或毒品、管制药物的影响期间。

3）被保险人酒后驾车、无有效驾驶证驾驶或驾驶无有效行驶证的机动车期间。

（3）下列费用，保险人不负给付保险金责任：

1）保险单签发地社会医疗保险或其他公费医疗管理部门规定的自费项目和药品费用。

2）因椎间盘膨出和突出造成被保险人支出的医疗费用。

3）营养费、康复费、辅助器具费、整容费、美容费、修复手术费、牙齿整形费、牙齿修复费、镶牙费、护理费、交通费、伙食费、误工费、丧葬费。

发生上述第（1）、（2）条情形，被保险人身故的，保险人对该被保险人保险责任终止，并对投保人按日计算退还未满期净保费。

四、投保人与被保险人

1. 投保人

（1）投保人应当在保险合同成立时交清保险费，保险费交付前发生的保险事故，保险人不承担保险金给付责任。

（2）订立保险合同，保险人就保险标的或者被保险人的有关情况提出询问的，投保人应当如实告知。投保人故意或者因重大过失未履行前款规定的义务，足以影响保险人决定是否同意承保或者提高保险费率的，保险人有权解除本合同。

（3）投保人故意不履行如实告知义务的，保险人对于合同解除前发生的保险事故，不承担给付保险金责任，并不退还保险费。投保人因重大过失未履行如实告知义务，对保险事故的发生有严重影响的，保险人对于合同解除前发生的保险事故，不承担给付保险金责任，但应当退还保险费。

（4）投保人住所或通信地址变更时，应及时以书面形式通知保险人。投保人未通知的，保险人按本保险合同所载的最后住所或通信地址发送的有关通知，均视为已发送给投保人。

（5）在保险期间内，投保人因其人员变动，需增加、减少被保险人时，应以书面形式向保险人提出申请。保险人同意后出具批单，并在本保险合同中批注。

2. 被保险人

（1）被保险人变更职业或工种时，投保人或被保险人应在 10 日内以书面形式通知保险人。

（2）被保险人所变更的职业或工种依照保险人职业分类在拒保范围内的，保险人在接到通知后有权解除保险合同并按照接到通知之日退还原职业或工种所对应的未满期净保险费。被保险人所变更的职业或工种依照保险人职业分类仍可承保的或在拒保范围内但保险人认定可以继续承保的，保险人按照接到通知之日计算并退还原职业或工种所对应的未满期净保险费，投保人补交按照保险人接到通知之日计算的新职业或工种所对应的未满期净保险费。

（3）被保险人所变更的职业或工种，依照保险人职业分类其危险性增加，且未依本条约定通知保险人而发生保险事故的，保险人按其原交保险费比新职业或工种所对应的保险费率计算并给付保险金。被保险人所变更的职业或工种依照保险人职业分类在拒保范围内，保险人不承担给付保险金的责任。

（4）被保险人人数增加时，保险人在审核同意后，于收到申请之日的次日零时开始承担保险责任，并按约定增收未满期保险费。

（5）被保险人人数减少时，保险人在审核同意后，于收到申请之日的次日零时起，对减少的被保险人终止保险责任（如减少的被保险人属于已离职的，保险人对其所负的保险责任自其离职之日起终止），并按约定退还未满期净保险费，但减少的被保险人本人或其保险金申请人已领取过任何保险金的，保险人不退还未满期净保险费。减少后的被保险人人数不足其在职人员 75%或人数低于 5 人时，保险人有权解除本保险合同，并按约定退还未满期净保险费。

投保人、被保险人或者受益人知道保险事故发生后，应当及时通知保险人。故意或者因重大过失未及时通知，致使保险事故的性质、原因、损失程度等难以确定的，保险人对无法确定的部分，不承担给付保险金责任，但保险人通过其他途径已经及时知道或者应当及时知道保险事故发生的除外。

五、保险期间

建筑施工人员团体人身意外伤害保险的保险期限为 1 年或根据施工项目期限的长

短来确定。投保人选择按照施工建筑面积或按工程合同造价的一定比例计收保险费方式的，保险期间为自施工工程项目被批准正式开工并且投保人已缴付保险费的次日（或约定起保日）零时起至施工合同规定的工程竣工之日 24 时止。提前竣工的，保险责任自行终止。工程因故延长工期或停工的投保人应书面通知保险人，经保险人审核确认后，办理保险期间顺延手续，保险人自收到书面申请的次日零时起中止承担保险责任。该工程项目重新开工的，投保人应以书面形式通知保险人，保险人自收到该书面申请并审核同意的次日零时起开始继续承担保险责任。保险人累计承担保险责任的期间长度不得超过保险合同载明的保险期间长度。

若保险期间届满工程未竣工需延长工期，延期不超过 1 年的，投保人可在保险期间届满前向保险人申请顺延保险合同保险期间，经保险人书面审核同意后，保险人继续承担保险责任；延期超过 1 年的，投保人需在保险期间届满前办理续保手续，并交纳相应保险费。

六、保险费

建筑施工人员团体人身意外伤害保险的保险费有三种方式计收，并由双方选定一种，在保险单中载明。

1. 按人数计收

保险费按被保险人人数计收的，按式（12－1）交纳保险费：

$$保险费=每人保险金额\times基准年费率\times保险年份数\times 被保险人人数\times人数优惠系数\times施工资质系数 \tag{12-1}$$

保险期限届满后需办理续保手续的，仍按式（12－1）计算。

2. 按工程总造价计收

（1）保险费按建筑工程项目总造价计收的，按式（12－2）交纳保险费：

$$保险费=项目总造价\times基准保险费率\times（每一被保险人保险金额/10\,000）\times施工资质系数 \tag{12-2}$$

（2）保险期限届满后需办理续保手续的，按式（12－3）计算保险费：

$$保险费=项目总造价\times基准保险费率\times（每一被保险人保险金额/10\,000）\times（施工未完工期限/合同施工期限）\times施工资质系数 \tag{12-3}$$

3. 按建筑施工总面积计收

（1）保险费按建筑施工总面积计收，按式（12－4）交纳保险费：

$$保险费=建筑施工总面积（m^2）\times每平方米保险费\times（每一被保险人保险金额/10\,000）\times施工资质系数 \tag{12-4}$$

（2）保险期限届满后需办理续保手续的，按式（12－5）计算保险费：

$$保险费=建筑施工总面积（m^2）\times每平方米保费\times（每一被保险人保险金额/10\,000）\times（施工未完工期限/合同施工期限）\times施工资质系数 \tag{12-5}$$

七、保险金支付方式

当意外伤害事故发生时，意外伤害保险金的给付主要有两种情况：死亡保险金给付和残疾保险金给付。死亡保险金按照合同中约定的金额（通常为保险金额，有时也按保险金额的一定比例）给付；残疾保险金按照保险金额与残疾程度百分比的乘积来给付。如果意外伤害保险合同中附加了意外伤害医疗保险，则保险人将按照合同的约定，对被保险人因意外伤害造成的医疗费用支出进行补偿。

第四节　施 工 机 具 保 险

光伏发电项目在建设期涉及各种施工机具。首先，在起重、打桩作业过程中，存在吊物坠落，起重机、打桩锤设备故障，索具损坏、断裂、连接错误而引起的作业风险；其次，在逆变器房等的施工过程中，需要借助挖掘机进行地基的挖掘，存在由于地面不平造成的机器侧翻；另外，在铺缆作业时，存在铺设端头密封帽水中密封不满足要求，渗水导致电缆绝缘损坏、老化的风险，以上风险的发生很大可能会影响作业进度，进而造成损失，需要保险予以风险分摊。

一、概念

施工机具设备是指配置在施工场地，作为施工用的机具设备，如吊车、叉车、压路机、搅拌机等。建筑工程的施工机具一般为承包人所有，不包括在承包工程合同价格之内，应列入施工机具设备项目下投保。

施工机具保险是承保施工机具在保单明细表中列明的建筑期或安装期间和施工场地内，由于列明的自然灾害和意外事故造成的损失的一类工程保险险种。

二、保险责任

施工机具由于以下原因造成的损失，保险公司可按照保险合同约定予以赔偿。

1. 列明的自然灾害

施工机具保险将以下人力不可抗拒的破坏力强大的自然现象导致的损失列为保险责任，主要包括：雷击、洪水、暴风、龙卷风、暴雨、地震、海啸、地面突然塌陷、突发性滑坡、崖崩、泥石流、雪灾、雹灾。

2. 列明的意外事故

施工机具保险同样将以下不可预料及被保险人无法控制并造成损失的突发性事件也纳入保险保障范围，包括：火灾、爆炸；空中运行物体的坠落；升降机、行车、吊车、脚手架的倒塌；碰撞、倾覆；操作人员的疏忽、过失。

三、责任免除

（1）出现下列任一情形时，保险人不负责赔偿：

1）不具有国家相关部门颁发的合法有效的操作资格证书的人员使用保险标的，或盗用、伪造、涂改、转借作业人员证件使用保险标的。

2）操作人员饮酒、吸毒或服用国家管制的精神药品或麻醉药品的。

3）操作人员未经被保险人同意或允许而操作保险标的的。

4）被保险人或其代表、保险标的的承租方或保险标的操作人员利用保险标的从事违法活动的。

5）保险标的未按照有关规定参加检验或检测不合格，被保险人伪造检验报告、检测结果或超期未检仍使用的。

（2）下列原因造成的损失、费用，保险人不负责赔偿：

1）被保险人或其代表、保险标的承租方或保险标的的操作人员的故意行为、重大过失行为、违反工程机械设备的操作规程行为或违反施工作业的安全规程行为。

2）战争、敌对行动、军事行为、武装冲突、罢工、骚乱、暴动、恐怖活动；行政行为或司法行为。

3）核辐射、核爆炸、核污染及其他放射性污染。

4）大气污染、土地污染、水污染及其他各种污染，但因保险合同责任范围内的事故造成的污染不在此限。

5）地震、海啸，以及由此引起的次生灾害。

6）碰撞；任何原因引起的保险标的倾覆。

7）盗窃、抢劫、抢夺。

8）自燃；人工直接供油、烘焙。

（3）下列损失、费用，保险人也不负责赔偿：

1）保险标的在保险单载明的使用区域外遭受的损失和费用。

2）保险标的在被拖带或吊装、吊卸、拖运（自保险标的在起运地装上首个运输工具时起至在目的地卸离最后一个运输工具时止的整个期间）过程中遭受的损失和费用；保险标的在竞赛、检测、修理、养护、被扣押、征用、没收期间遭受的损失；保险标的在改装期间及改装后遭受的损失。

3）因遭受保险事故而引起的各种间接损失。

4）吊升、举升的物体以及其他操作方式中被操作对象造成保险标的的自身损失。

5）发动机进水后导致的发动机损坏。

6）保险标的在未发生倾覆或洪水事故的情况下而陷入水中（或泥中）遭受的损失；保险标的在地下或隧洞作业过程中遭受的损失。

7）保险标的由于自身重量或因施工工地土质疏松导致保险标的陷入土地内造成的一切损失；作业中车体失去重心造成保险标的的损失。

8）保险标的造成的第三者损失。

9）与外部高压线、高压电缆接触造成保险标的的损失。

10）保险标的自身缺陷、保管不善导致的损毁；保险标的的氧化、腐蚀、锈损、自然磨损、自然损耗。

11）需经常更换的工具或配件，如打击锤、钻头、皮带、绳索、金属线、橡胶轮胎等的单独损坏；倒车镜单独损坏、车灯单独损坏、玻璃单独破碎、车身表面油漆单独划伤、车轮（包括轮胎及轮毂）单独损坏。

12）市场价格变动造成的贬值、修理后因价值降低引起的损失。

13）根据法律或契约规定应由供货方、制造人、安装人或修理人负责的损失和费用。

14）保险合同约定的应由被保险人自行承担的免赔额。

四、保险标的

单位所有的经国家有关部门检测合格、依法登记、具备有效运行证的工程机械设备或者个人所有的具有生产厂家出具的合格证的工程机械设备可作为保险标的，由其所有者或其他经济利害义务关系者向保险人投保该险种。

五、投保人与被保险人

1. 投保人

（1）保险人就保险标的或者被保险人的有关情况提出询问的，投保人应当如实告知。投保人故意或者因重大过失未履行前款规定的如实告知义务，足以影响保险人决定是否同意承保或者提高保险费率的，保险人有权解除保险合同。

（2）投保人故意不履行如实告知义务的，保险人对于合同解除前发生的保险事故，不承担赔偿保险金的责任，并不退还保险费。投保人因重大过失未履行如实告知义务，对保险事故的发生有严重影响的，保险人对于合同解除前发生的保险事故，不承担赔偿保险金的责任，但应当退还保险费。

（3）投保人应在保险合同成立时交清保险费。保险费未按约定及时足额交付前发生的保险事故，保险人不承担赔偿责任。

2. 被保险人

（1）被保险人应当遵守国家有关消防、安全、生产操作、劳动保护等方面规定，加强管理，采取合理的预防措施，尽力避免或减少责任事故的发生，维护保险标的的安全。

（2）保险人可以对被保险人遵守前款约定的情况进行检查，向投保人、被保险人提出消除不安全因素和隐患的书面建议，投保人、被保险人应该认真付诸实施。投保人、被保险人未按照约定履行其对保险标的的安全应尽责任的，保险人有权要求增加保险费或者解除合同。

（3）保险标的转让的，被保险人或者受让人应当及时通知保险人。因保险标的转让导致危险程度显著增加的，保险人自收到前款规定的通知之日起 30 日内，可以增加保险费或者解除合同。被保险人、受让人未履行本条规定的通知义务的，因转让导致保险标的危险程度显著增加而发生的保险事故，保险人不承担赔偿保险金的责任。

（4）在合同有效期内，保险标的的危险程度显著增加的，被保险人应当及时通知保险人，保险人可以增加保险费或者解除合同。被保险人未履行前款约定的通知义务的，因保险标的的危险程度显著增加而发生的保险事故，保险人不承担赔偿保险金的责任。

（5）知道保险事故发生后，被保险人应该：

1）尽力采取必要、合理的措施，防止或减少损失，否则，对因此扩大的损失，保险人不承担赔偿责任。

2）24 小时内通知保险人，并书面说明事故发生的原因、经过和损失情况；故意或者因重大过失未及时通知，致使保险事故的性质、原因、损失程度等难以确定的，保险人对无法确定的部分，不承担赔偿保险金的责任，但保险人通过其他途径已经及时知道或者应当及时知道保险事故发生的除外。

3）保护事故现场，允许并且协助保险人进行事故调查。

（6）被保险人请求赔偿时，应向保险人提供下列证明和资料：

1）保险单正本、索赔申请、财产损失清单、技术鉴定证明、事故报告书以及必要的账簿、单据和有关部门的证明。

2）投保人、被保险人所能提供的与确认保险事故的性质、原因、损失程度等有关的其他证明和资料。

被保险人未履行前款约定的索赔材料提供义务，导致保险人无法核实损失情况的，保险人对无法核实的部分不承担赔偿责任。

（7）发生本保险单第三者责任项下的索赔时：

1）未经保险人书面同意，被保险人或其代表对索赔方不得做出任何责任承诺或拒绝、出价、约定、付款或赔偿。在必要时，保险人有权以被保险人的名义接办对任何诉讼的抗辩或索赔的处理。

2）保险人有权以被保险人的名义，为保险人的利益自付费用向任何责任方提出索赔的要求。未经保险人书面同意，被保险人不得接受责任方就有关损失作出的付款或赔偿安排或放弃对责任方的索赔权利，否则，由此引起的后果将由被保险人承担。

3）在诉讼或处理索赔过程中，保险人有权自行处理任何诉讼或解决任何索赔案件，被保险人有义务向保险人提供一切所需的资料和协助。

六、保险金额

建筑、安装施工机器、设备应以该机器、设备的重置价作为保险金额，该重置价是指重置同厂牌、同型号、同性能、同负载的或相类似的新机器、新设备所需的费用。

在保险实务操作中，投保该险种的建筑安装施工机器、设备必须在清单上列明名称、型号、类别、金额。但是，由于在工地使用的施工机具数量较大，而且是根据施工进度情况不断变化的，为了能够实时获得保险的保障，在投保时，投保人和保险人双方可按照保险期限内最大可能投入量约定的保险金额，保险人依据此保险金额预收保险费。在保险期限内被保险人根据施工机具实际投入情况向保险人定期申报，保险人在保险期限结束后根据被保险人申报的情况调整保险费，多退少补。

七、赔偿处理

（1）保险事故发生时，被保险人对保险标的不具有保险利益的，不得向保险人请求赔偿保险金。

（2）保险标的发生保险责任范围内的损失，保险人有权选择下列方式赔偿：

1）货币赔偿：保险人以支付保险金的方式赔偿。

2）实物赔偿：保险人以实物替换受损标的，该实物应具有保险标的出险前同等的类型、结构、状态和性能，或更好的状态、性能。

3）实际修复：保险人自行或委托他人修理修复受损标的。

（3）保险标的遭受损失后，如果有残余价值，应由双方协商处理。如折归被保险人，由双方协商确定其价值，并在保险赔款中扣除。

（4）保险标的发生保险责任范围内的损失，保险人按以下方式计算赔偿：

1）全部损失。全部损失是指发生保险事故后，保险标的实际全损已不可避免，或者为避免发生实际全损所需支付的费用超过保险标的的实际价值。

赔偿金额等于出险时保险标的的实际价值，但最高不超过该项受损财产的保险金额。

2）部分损失。保险金额等于或高于出险时的重置价值时，按实际损失计算赔偿；保险金额低于出险时的重置价值时，按保险金额与出险时的重置价值的比例乘以实际损失计算赔偿，最高不超过保险金额。

3）任何属于成对或成套的项目，若发生损失，保险人的赔偿责任不超过该受损项目在所属整对或整套项目的保险金额中所占的比例。

4）若保险合同所列标的不止一项时，应分项按照本条约定处理。

（5）保险标的的保险金额大于或等于其出险时的重置价值时，被保险人为防止或减少保险标的的损失所支付的必要的、合理的费用，在保险标的损失赔偿金额之外另行计算，最高不超过被施救保险标的的保险价值。

保险标的的保险金额小于其出险时的重置价值时，上述费用按被施救标的的保险金额与其出险时的重置价值的比例在保险标的损失赔偿金额之外另行计算，最高不超过被施救保险标的的保险金额。

被施救的财产中，含有保险合同未承保财产的，按被施救保险标的的保险价值与全部被施救财产价值的比例分摊施救费用。

（6）保险合同双方在保险合同中约定了免赔额的，每次事故赔偿金额为根据保险合同约定计算的金额扣除每次事故免赔额后的金额。

保险合同双方在保险合同中约定了免赔率的，每次事故赔偿金额为根据保险合同约定计算的金额扣除该金额与免赔率乘积后的金额。

第五节　安全生产责任保险

一、概念

安全生产责任保险，是生产经营单位在发生生产安全事故以后对死亡、伤残者履行赔偿责任的保险，对维护社会安定和谐具有重要作用。安全生产责任保险相较于雇主责任保险，保障人群不仅包括工作人员，还包括第三者人员的人身伤害赔偿，并且还承担财产损失赔偿。

对于高危行业分布广泛、伤亡事故时有发生的地区，发展安全生产责任保险，用责任保险等经济手段加强和改善安全生产管理，是强化安全事故风险管理的重要措施，有利于增强安全生产意识，防范事故发生，促进地区安全生产形势稳定好转。

二、保险责任

1. 主险责任

在保险期间内，被保险人的工作人员在中华人民共和国境内因下列情形导致伤残或死亡，依照中华人民共和国法律应由被保险人承担的经济赔偿责任，保险人按照合同约定负责赔偿：

（1）工作时间在工作场所内，因工作原因受到安全生产事故伤害。

（2）工作时间前后在工作场所内，从事与履行其工作职责有关的预备性或者收尾性工作受到安全生产事故伤害。

（3）在工作时间和工作场所内，因履行工作职责受到暴力等意外伤害。

（4）因工外出期间，由于工作原因受到伤害或者发生事故下落不明。

（5）在上下班途中，受到交通及意外事故伤害。

（6）在工作时间和工作岗位，突发疾病死亡或者在 48 小时之内经抢救无效死亡。

（7）根据法律、行政法规规定应当认定为安全生产事故的其他情形。

2. 附加第三者责任

在保险期间内，被保险人合法聘用的工作人员在被保险人的工作场所内，受雇从事保险单明细表所载明的被保险人的业务过程中，发生安全生产事故，造成第三者死亡，依法应由被保险人承担的经济赔偿责任，保险人按照附加险合同和主险合同的约定负责赔偿。

3. 附加施救及事故善后处理费用保险责任

在保险期间内，被保险人的工作人员因保险事故所致的伤残或死亡，被保险人因采取必要、合理的施救及事故善后处理措施而支出的下列费用，保险人按照附加险合同和主险合同的约定也负责赔偿：

（1）现场施救费用。

（2）参与事故处理人员的加班费、住宿费、交通费、餐费以及生活补助费。

4. 附加施救及事故善后处理费用保险责任

在保险期间内，被保险人的工作人员因保险事故所致的伤残或死亡，依照中华人民共和国法律应由被保险人承担的医疗费用，保险人按照本附加险合同和主险合同的约定负责赔偿。

三、责任免除

（1）出现下列任一情形时，保险人不负责赔偿：

1）被保险人被政府有关部门或安全生产监督管理部门责令停产整顿期间擅自从事生产发生的事故，或被政府有关部门关闭后擅自恢复生产发生的事故。

2）被保险人从事与保险合同载明的经营范围不符的任何活动发生的事故。

3）被保险人违法违规经营的。

（2）下列原因造成的损失、费用和责任，保险人不负责赔偿：

1）投保人、被保险人及其代表的故意行为或重大过失。

2）战争、敌对行动、军事行为、武装冲突、罢工、骚乱、暴动、恐怖袭击。

3）核辐射、核爆炸、核污染及其他放射性污染。

4）大气污染、土地污染、水污染及其他各种污染。

5）行政行为或司法行为。

6）地震、火山爆发、海啸、雷击、洪水、暴雨、台风、龙卷风、暴风、雪灾、雹灾、冰凌、泥石流、崖崩、地崩、突发性滑坡、地面突然下陷等自然灾害。

7）各种交通事故，但不包括场内机动车辆事故。

8）各种职业病、疾病、中暑、猝死等非意外事故。

9）其他不符合《生产安全事故报告和调查处理条例》（国务院令第 493 号）管辖的生产安全事故。

（3）下列损失、费用和责任，保险人不负责赔偿：

1）被保险人应该承担的合同责任，但无合同存在时仍应由被保险人承担的经济赔偿责任不在此限。

2）罚款、罚金及惩罚性赔偿。

3）精神损害赔偿。

4）间接损失。

5）投保人、被保险人在投保之前已经知道或可以合理预见的索赔情况。

6）未经有关监管部门验收或验收不合格的固定场所或设备发生火灾、爆炸、坍塌、泄漏、中毒、拥挤踩踏、坠落等意外事故造成的人身伤亡。

7）任何医疗费用支出。

8）财产损失。

9）保险合同中载明的免赔额。

（4）其他不属于保险责任范围内的损失、费用和责任，保险人不负责赔偿。

四、赔偿限额与保险费

赔偿限额包括人身伤害累计赔偿限额、医疗费用累计赔偿限额、第三者责任累计赔偿限额、附加施救及事故善后处理费用累计赔偿限额。

保险费根据被保险人营业性质及参保人数对应所选择不同的赔偿限额计收。

五、投保人与被保险人

1. 投保人

（1）订立保险合同，保险人就保险标的或者被保险人的有关情况提出询问的，投保人应当如实告知。投保人故意或者因重大过失未履行前款规定的如实告知义务，足以影响保险人决定是否同意承保或者提高保险费率的，保险人有权解除保险合同。

（2）规定的合同解除权，自保险人知道有解除事由之日起，超过 30 日不行使而消灭。自合同成立之日起超过 2 年的，保险人不得解除合同；发生保险事故的，保险人应当承担赔偿保险金的责任。

（3）投保人故意不履行如实告知义务的，保险人对于合同解除前发生的保险事故，不承担赔偿保险金的责任，并不退还保险费。投保人因重大过失未履行如实告知义务，对保险事故的发生有严重影响的，保险人对于合同解除前发生的保险事故，不承担赔偿保险金的责任，但应当退还保险费。保险人在合同订立时已经知道投保人未如实告知的情况的，保险人不得解除合同；发生保险事故的，保险人应当承担赔偿保险金的责任。

（4）投保人应按照合同的约定交付保险费。

1）合同约定一次性交付保险费或对保险费交付方式、交付时间没有约定的，投保人应在保险责任起始日前一次性交付保险费。投保人未按本款约定交付保险费的，保险人不承担保险责任。

2）约定以分期付款方式交付保险费的，投保人应按期足额交付各期保险费。投保人未按本款约定交付保险费的，从违约之日起，保险人有权解除合同并追收已经承担保险责任期间的保险费和利息，合同自解除通知送达投保人时解除；在合同解除前发生保险事故的，保险人按照保险事故发生前保险人实际收取的保险费总额与保险事故发生时投保人应当交付保险费的比例承担保险责任。

（5）投保人以列明雇员名单的方式投保的，在投保时应将其雇员名单提交保险人，在保险期间内，被保险人的雇员名单发生变动的，被保险人应在新增人员报到之日起五日内、离职人员离职后通知保险人并办理批改手续。保险人将出具批单增减保险费。未及时通知保险人办理批改手续的，更改或新增的雇员发生的保险事故，保险人不承担赔偿责任。

2. 被保险人

（1）被保险人应严格遵守国家有关的法律法规，加强安全管理和安全教育培训，增强危险源的辨识和管理，及时排查安全隐患，采取合理的预防措施，尽力避免或减少责任事故的发生。保险人可以对被保险人遵守前款约定的情况进行检查，向投保人、被保险人提出消除不安全因素和隐患的书面建议，投保人、被保险人应该认真付诸实施。投保人、被保险人未按照约定履行上述安全义务的，保险人有权要求增加保险费或者解除合同。

（2）在保险合同有效期内，保险标的的危险程度显著增加的，被保险人应当及时通知保险人，保险人可以根据费率表的规定增加保险费或者解除合同。被保险人未履行前款约定的通知义务的，因保险标的的危险程度显著增加而发生的保险事故，保险人不承担赔偿保险金的责任。

（3）知道保险事故发生后，被保险人应该：

1）尽力采取必要、合理的措施，防止或减少损失，否则，对因此扩大的损失，保险人不承担赔偿责任。

2）立即向事故发生地县级以上人民政府安全生产监督管理部门和负有安全生产监督管理职责的有关部门报告，同时及时通知保险人，并书面说明事故发生的原因、经过和损失情况；故意或者因重大过失未及时通知，致使保险事故的性质、原因、损失程度等难以确定的，保险人对无法确定的部分，不承担赔偿责任，但保险人通过其他途径已经及时知道或者应当及时知道保险事故发生的除外。

3）保护事故现场，允许并且协助保险人进行事故调查；对于拒绝或者妨碍保险人进行事故调查导致无法认定事故原因或核实损失情况的，保险人对无法确定或核实的部分不承担赔偿责任。

4）涉及违法、犯罪的，应立即向公安部门报案，否则，对因此扩大的损失，保险人不承担赔偿责任。

（4）被保险人收到受害人的损害赔偿请求时，应立即通知保险人。未经保险人书面同意，被保险人对受害人做出的任何承诺、拒绝、出价、约定、付款或赔偿，保险人不受其约束。对于被保险人自行承诺或支付的赔偿金额，保险人有权重新核定，不属于保险责任范围或超出应赔偿限额的，保险人不承担赔偿责任。在处理索赔过程中，保险人有权自行处理由其承担最终赔偿责任的任何索赔案件，被保险人有义务向保险人提供其所能提供的资料和协助。

（5）被保险人获悉可能发生诉讼、仲裁时，应立即以书面形式通知保险人；接到法院传票或其他法律文书后，应将其副本及时送交保险人。保险人有权以被保险人的名义处理有关诉讼或仲裁事宜，被保险人应提供有关文件，并给予必要的协助。对因未及时提供上述通知或必要协助导致扩大的损失，保险人不承担赔偿责任。

（6）被保险人请求赔偿时，应向保险人提供下列证明和资料：

1）保险单正本。

2）被保险人或其代表填具的索赔申请书。

3）雇员或第三者向被保险人提出索赔的资料。

4）县级以上安全生产监督管理部门出具的事故证明。

5）伤亡人员名单。

6）受害人伤残的，应当提供具备相关法律法规要求的伤残鉴定资格的医疗机构出具的伤残程度证明；受害人死亡的，公安机关或医疗机构出具的死亡证明书。

7）被保险人与受害人所签订的赔偿协议书或和解书；经判决或仲裁的，应提供判决文书或仲裁裁决文书。

8）投保人、被保险人所能提供的与确认保险事故的性质、原因、损失程度等有关的其他证明和资料。

（7）被保险人未履行前款约定的索赔材料提供义务，导致保险人无法核实损失情况的，保险人对无法核实部分不承担赔偿责任。

六、赔偿处理

（1）保险人的赔偿以下列方式之一确定的被保险人的赔偿责任为基础：

1）被保险人和向其提出损害赔偿请求的受害人协商并经保险人确认。

2）仲裁机构裁决。

3）人民法院判决。

4）保险人认可的其他方式。

（2）被保险人给第三者造成损害，被保险人未向该第三者赔偿的，保险人不得向被保险人赔偿保险金。

（3）发生保险责任范围内的生产安全事故，造成被保险人雇员人身伤亡的，对被保险人依法应承担的经济赔偿责任，保险人在保险单约定的赔偿限额内，依下列方式进行赔偿：

1）死亡赔偿金。按照工伤死亡赔偿标准确定，最高以保险单约定的每人人身伤亡赔偿限额为限。

2）残疾赔偿金。根据国家标准《劳动能力鉴定　职工工伤与职业病致残等级》（GB/T 16180—2014），按照工伤伤残赔偿标准确定残疾赔偿金，最高以保险单约定的每人人身伤亡赔偿限额为限。

3）被保险人不得就其单个雇员因同一保险事故同时申请伤残赔偿金和死亡赔偿金。

（4）发生保险责任范围内的生产安全事故，造成第三者人身伤亡的，对被保险人依法应承担的死亡赔偿金或残疾赔偿金，保险人在保险单约定的每人人身伤亡赔偿限额内负责赔偿。

（5）保险人根据不同情况，按照以下两种方式支付赔款：

1）被保险人已经支付赔款给雇员或第三者的，保险人对依法应由被保险人承担的赔偿责任进行赔偿。

2）被保险人及其代表在生产安全事故发生后逃逸的，或者在生产安全事故发生后，未在规定时间内主动承担赔偿责任，支付抢险、救灾及善后处理费用的，雇员或第三者可以直接向保险人提出索赔，保险人按本合同的约定将赔款支付给雇员或第三者。

第六节　合同履约保证保险

合同履约保证保险，是指保证保险人应工程合同一方（投标人、委托人、承包方、施工方）的要求向另一方（权利人、受益人、业主、招标人）做出书面承诺，保证如果被保证人无法完成其与权利人签订的合同中规定应由被保证人履行的义务，则由保证保险人代为履约或做出其他形式的补偿。

具体到工程建设阶段的合同履约保证保险是指，在保险期间内，投保人因自身原因未按照与被保险人签订的建设工程施工合同履行相关义务，导致工程竣工延误或工程质量不符合建设工程施工合同要求，给被保险人造成直接经济损失的，视为保险事故发生。保险人按照保险合同的约定，向被保险人承担赔偿责任。

第七节　施工质量保证保险

一、概念

施工质量保证保险，是保险公司向工程项目发包人提供的保证工程项目施工承包人在缺陷责任期内履行工程质量缺陷修复义务的保险。作为工程质量保证金的替代形式，工程质量保证保险以承包人在缺陷责任期内对建设工程出现的缺陷履行维修义务为保险标的，因此也叫作保修保证保险。工程在缺陷责任期内，若发现工程质量与法律法规、标准规范或合同规定不符，而承包方由于自身原因不履行施工质量缺陷修复义务时，则由保险公司负责进行赔偿或维修以承担代偿责任。当然，保险公司赔偿或维修后，可依据质量责任依法向承包商进行追偿。

光伏发电建设期参建单位较多，工艺复杂，监管困难，某些施工工艺会在后期某个时间点或者在某种诱因下集中爆发。例如，光伏组件的制作工艺、质量不过关，后期可能会造成电池板隐裂、放电，导致爆炸、起火；变压器由于安装缺陷，后期可能会发生过载、短路、过电压等电气故障，需要施工承包人对缺陷进行修复，所以需要相应的施工质量保证保险的保障。

二、保险责任

在保险期间内，投保人未按照与被保险人签订的建设工程施工合同有关约定履行建设工程质量缺陷维修义务，给被保险人造成直接经济损失的，视为保险事故发生。保险人依据保险合同的约定，向被保险人承担赔偿责任。

三、责任免除

（1）下列原因造成的损失、费用和责任，保险人不负责赔偿：

1）战争、敌对行动、军事行为、武装冲突、罢工、骚乱、暴动、恐怖活动、谋反、政变。

2）核辐射、核爆炸、核污染及其他放射性污染。

3）大气污染、土地污染、水污染及其他各种污染。

4）洪水、地震、海啸及其他人力不可抗拒的自然灾害。

5）空中运行物体坠落，及火灾、爆炸等意外事故。

6）行政行为或司法行为。

7）被保险人及其代表的故意或犯罪行为。

（2）存在下列情况之一的，保险人不负责赔偿：

1）投保人与被保险人签订的建设工程施工合同或交易基础不成立、不生效、无效、被撤销或在保险事故发生前被解除的。

2）投保人或其雇员与被保险人或其雇员采用欺诈、串通、贿赂等手段订立建设工程施工合同，或恶意串通违反建设工程施工合同约定的。

3）投保人与被保险人变更建设工程施工合同，未经保险人书面同意确认的。

4）非投保人原因造成建设工程质量缺陷的。

5）被保险人明知或应该知道投保人违反建设工程施工合同约定或法律法规的规定进行转包或违法分包的。

6）被保险人或第三方在保险合同生效后未经保险人同意擅自改动工程项目结构、附属设施或设备位置的。

（3）下列损失、费用和责任，保险人不负责赔偿：

1）建设工程施工合同中有关质量缺陷维修约定以外的任何损失和费用。

2）投保人与被保险人因建设工程质量缺陷维修责任以外的纠纷所致的任何损失或费用。

3）被保险人为收集、确认、证明投保人违反建设工程质量缺陷维修约定导致其损失所产生的法律费用及其他相关费用，以及诉讼、仲裁、执行阶段所发生的任何法律费用。

4）因建设工程设计错误、缺陷或设计变更导致的损失。

5）建设工程施工合同中约定的或未在建设工程施工合同中约定的材料、人工价格超过实际发生时当地政府相关主管部门指导价（若无指导价，则参考一般市场价）的部分。

6）建筑设施在维护、维修、改建、安装及其他工程施工过程中发生意外事故导致的损失。

7）自然磨损、折旧、物质本身变化或其他渐变原因造成的损失和费用。

8）未在保险单中载明的建筑设施附属及配套设施的损失，如景观设施、绿化工程、公共照明设施等。

9）保险事故发生后，对建筑设施进行修复过程中，因功能改变或性能提高等原因产生的额外费用。

10）被保险人的任何间接损失以及被保险人以外的第三方的任何损失。

11）违约金、滞纳金、罚款、罚金及惩罚性赔偿。

12）保险合同中载明的免赔额或按保险合同中载明的免赔率计算的金额，两者以高者为准。

四、保险金额

保险金额以投保人与被保险人签订的建设工程施工合同的有关要求为基础，通过投保人与保险人协商确定，并在保险合同中载明。保险人在保险期间内对被保险人的累计赔偿金额以保险金额为限。

五、投保人与被保险人

1. 投保人

（1）投保人应履行如实告知义务，若故意或者因重大过失未履行如实告知义务，足以影响保险人决定是否同意承保或者提高保险费率的，保险人有权解除合同。

（2）投保人投保时应向保险人提供以下资料：

1）投保人基础资料、资质证明材料及近三年财务报表。

2）《建设工程招标文件》《中标通知书》、投保人与被保险人签订的《建设工程施工合同》及其备案证明等。

3）被保险人相关信息材料文件。

4）保险人要求提供的其他相关材料。

（3）投保人开展与投保项目相关的业务，应遵守相关法律及行政法规。若存在有关规定的，应取得主管部门的审批、认定资格，并接受保险人对其资质进行审查。

（4）投保人有义务配合保险人实施核查。在保险人核查期间，投保人必须配合保险人或由保险人雇佣的审计人员或其他独立方对其提出的信息和文件进行准确的核查。

（5）投保人应当在保险责任起始日前一次性交清全部保险费。投保人未按约定交纳保险费，保险合同不生效。保险合同约定投保人有义务交纳保证金或提供反担保的，投保人应于保险责任起始日前履行相关义务。

（6）投保人发生违约，被保险人应及时做好记录，并及时书面通知保险人。

2. 被保险人

（1）当发生保险事故时：

1）被保险人应该尽力采取必要、合理的措施，防止或减少损失，否则，对因此扩大的损失，保险人不负责赔偿。

2）投保人、被保险人应及时通知保险人，并书面说明事故发生的原因、经过、损失情况和处理情况。

3）对涉及违法、犯罪的，投保人或被保险人应立即向公安机关报案。

4）被保险人应完整保留与投保人在《建设工程施工合同》订立及履行过程中形成的与《建设工程施工合同》有关的文件（中标通知书、投标书及其附录、专用合同条款、通用合同条款、技术标准和要求、图纸、已标价工程量清单或预算书、会议纪要、其他合同文件等），保留施工监理人、设计人、项目经理往来资料、签证、信函等资料，允许并且协助保险人对事故进行调查。

（2）发生保险事故后，被保险人向保险人申请赔偿时，应提供下列证明和材料：

1）索赔申请书。

2）保险单正本。

3）《建设工程招标文件》《建设工程施工合同》副本及有关的所有文件。

4）仲裁机构出具的裁决书或司法机关出具的裁定书、判决书等（适用于仲裁或诉讼确定损失的方式）。

5）与建设工程施工进展、质量、缺陷有关的证明文件，包括但不限于：《中标通知书》、投标书及其附录，合同协议书、通用合同条款、专用合同条款及附件，技术规范、技术标准和要求，图纸，已标价工程量清单或预算书，其他合同文件；施工监理人、设计人、项目经理往来资料、签证、信函。

6）保险人要求投保人、被保险人所能提供的与确认保险事故的性质、原因、损失程度等有关的其他证明和资料。被保险人未履行第二十四条的索赔材料提供义务，导致保险人无法核实损失情况的，保险人对无法核实的部分不承担赔偿责任。

六、保险期间

保险期间与建设工程施工合同中约定的缺陷责任期一致，最长不超过两年，并在保险单中载明。缺陷责任期从工程通过竣工验收之日起计。由于投保人原因导致工程无法按规定期限进行竣工验收的，缺陷责任期从实际通过竣工验收之日起计。由于被保险人原因导致工程无法按规定期限进行竣工验收的，在投保人提交竣工验收报告 90 天后，工程自动进入缺陷责任期。

七、赔偿处理

（1）被保险人向保险人提出索赔申请前，应按建设工程施工合同的约定向投保人或其担保人（如有）启动索赔程序，产生的费用由被保险人承担。被保险人向投保人或其担保人（如有）索赔所得价款应用于抵消保险人赔偿责任。

（2）保险人的赔偿以下列方式之一确定的被保险人损失为基础：

1）投保人、被保险人之间协商并经保险人确认。

2）仲裁机构裁决。

3）人民法院判决。

4）保险人认可的其他方式。

（3）被保险人发生保险责任范围内的损失，保险人按式（12－6）计算赔偿金额：

$$\text{赔偿金额}=\text{保险损失}\times(1-\text{免赔率})\text{或赔偿金额}=\text{保险损失}-\text{免赔额} \tag{12-6}$$

第八节 投标保证保险

一、概念

投标保证保险，是保险公司对投标人投标行为的一种保证担保方式。保险公司保证中标人和业主签约，履行投标文件中的承诺。若中标人因故放弃中标或不履行投标文件承诺，则由保险公司赔偿招标人损失。保险公司赔偿后，可向投标人进行追偿。投标人购买投标保证保险后，等同于缴纳投标保证金。

光伏发电项目在建设期间许多涉及一些建筑工程需要进行招标，投标保证保险，是保险公司针对光伏发电项目招标的具体建筑工程项目向招标人提供保证投标人履行投标阶段（至订立合同为止）法定义务的保险。当投保人未能按照投标文件要求规范履行投标义务，而导致招标人无法按时签订工程合同时，由保险公司按照保险合同对招标人的损失承担赔偿责任。

二、保险责任

在投标保证金保证保险的保险期间内，投保人在向被保险人投标的过程中，因保证责任情形而给被保险人造成经济损失的，被保险人可向保险人提出索赔，保险人将依据保险合同的约定，在投标保证保险责任范围和保险金额内对被保险人的上述损失承担赔偿责任。

三、责任免除

（1）下列原因造成的损失、费用和责任，保险人不负责赔偿：

1）战争、敌对行为、恐怖行为、军事行动、武装冲突、罢工、暴动、民众骚乱、恐怖活动或恐怖袭击。

2）核爆炸、核子辐射和放射性污染。

3）洪水、台风、地震、海啸及其他人力不可抗拒的自然灾害。

4）行政行为或司法行为。

5）被保险人及其代表的故意或犯罪行为。

（2）存在下列情况之一的，保险人不负责赔偿：

1）投保人在投标文件递交截止时间前撤回招标文件的。

2）投保人中标后因不可抗力原因未与招标人订立合同或缴纳履约保证金的。

3）投保人或其雇员与被保险人或其雇员采用欺诈、贿赂等非法手段串通招投标的。

4）被保险人的招标文件被依法认定无效或被撤销的。

5）被保险人未履行招标文件规定义务或在提交投标文件截止时间后变更招标文件的。

（3）对下列损失、费用和责任，保险人不负责赔偿：

1）被保险人的间接损失。

2）被保险人根据招标文件应该承担的责任，以及为收集、确认、证明投保人违反招标文件造成损失所产生的任何费用。

3）罚款、罚金及惩罚性赔偿。

（4）保险单载明的免赔额以及按保险单载明的免赔率计算的金额，保险人不负责赔偿。

四、保险金额与免赔额

保险合同的保险金额为保险人承担赔偿责任的最高金额，根据招标文件中投保人应交纳的投标保证金金额确定，并在保险单中载明。

五、投保人与被保险人

1. 投保人

（1）投保人应履行如实告知义务，如实履行保险人就有关情况提出的询问，如实填写投保单。

（2）投保人应在保险责任起始日前一次性交清全部保险费。

（3）在保险合同有效期内，如投保人履约能力发生重大变化，履约风险显著增加的，投保人应采取措施降低或消除上述风险，并应按照本保险合同约定及时通知保险人。保险人可以按照保险合同约定增加保险费或者解除保险合同。

（4）若在投保时有相关约定，投保人应及时向保险人进行与投保合同有关的业务信息申报，包括但不限于招标项目进展情况等信息。

（5）投保人在投保时应向保险人提供以下资料：

1）投保人营业执照、税务登记证、组织机构代码证复印件。

2）投保人上年度经审计的财务报告及前 3 个月的资产负债表、损益表、现金流量表。

3）招标文件。

4）投保人的投标文件。

5）投保人既往同类招标项目的履约记录。

6）保险人要求的其他资料。

2. 被保险人

发生保险事故，投保人或被保险人应当及时通知保险人。发生保险事故后，被保险人应向保险人提供下列证明和资料：

（1）保险单正本。

（2）索赔申请书。

（3）招标文件。

（4）投保人递交的投标文件。

（5）保险事故发生的证明文件。

（6）司法机关出具的裁定书、裁决书或判决书等（适用于仲裁或诉讼确定损失的方式）。

（7）投保人、被保险人所能提供的与确定保险事故的性质、原因、损失程度等有关的其他证明和资料。

六、保险期间

保险合同的保险期间由投保人与保险人协商约定，具体起期日和终止日以保险单上载明的日期为准，最长不超过一年。

七、赔偿处理

（1）保险人的赔偿以下列方式之一确定的被保险人损失为基础：

1）投保人、被保险人协商并经保险人确认。

2）仲裁机构裁决。

3）人民法院判决。

4）保险人认可的其他方式。

（2）发生保险责任范围内的损失，保险人依照本保险合同的约定，在保险金额范围内扣除免赔额后予以赔偿。

（3）被保险人取得保险赔偿金的同时，应将其对投保人的权益以及根据相关合同拥有的权益转让给保险人，保险人有权向投保人进行追偿。被保险人应当向保险人提供必要的文件及协助。

第九节 农民工工资支付履约保证保险

一、概念

农民工工资支付履约保证保险，是由保险公司向工程项目所在地建设行政主管部门提供的，保证工程项目所在地的施工承包人按规定支付建筑务工人员工资的保险。光伏发电相关项目在建设过程中，涉及一定的流动性劳动力，即农民工。这时就需要引进保险机制，解决由于资金结转问题而导致的拖欠农民工工资的问题。

二、保险责任

在保险期间内，发生下列情形之一，导致投保人未按照与被保险人签订的劳动合同约定向被保险人履行全部或部分工资支付义务，依据劳动和社会保障管理部门或建筑行业管理部门的调查认定结论，给被保险人造成工资收入损失的，保险人按照本保险合同的约定承担赔偿责任。赔偿金额以保险金额为限。

（1）投保人被人民法院宣告破产进入清算程序的。

（2）投保人因流动资金不足，无法支付应付工资的。

（3）投保人的法定代表人或主要负责人或项目负责人死亡或失踪的。

（4）投保人未按工程分包合同约定与工程承包（分包）企业结清工程款，致使工程承包（分包）企业拖欠被保险人工资，依法应由投保人先行垫付的。

（5）投保人将被保险人工资发放给劳务公司或不具备用工主体资格的组织或个人，造成工资未支付至被保险人的。

（6）其他投保人未支付被保险人工资情形的。

三、责任免除

（1）下列原因造成的损失、费用和责任，保险人不负责赔偿：

1）战争、敌对行动、军事行为、武装冲突、罢工、骚乱、暴动、恐怖袭击或恐怖活动。

2）核辐射、核爆炸、核污染及其他放射性污染。

3）行政行为或者司法行为。

4）自然灾害。

5）投保人及其代表的犯罪行为；被保险人的故意、重大过失或犯罪行为。

6）被保险人未按劳动合同的约定提供劳务。

7）投保人与被保险人签订的劳动合同被依法认定无效或被撤销。

8）投保人、被保险人采用欺诈、串通等恶意手段订立劳动合同。

9）投保人、被保险人就劳动合同、劳务关系或工资支付事项、金额等存在纠纷。

（2）下列损失、费用和责任，保险人不负责赔偿：

1）被保险人的人身伤亡或有形财产损失。

2）被保险人的社会保险、住房公积金、福利费用。

3）精神损害赔偿。

4）违约金、滞纳金、赔偿金、罚款、罚金及惩罚性赔偿。

5）各项间接损失。

6）保险单载明的免赔额或按本保险合同载明的免赔率计算的免赔额。

四、保险金额与免赔率

保险合同的保险金额以投保人依法应缴纳的工资保证金金额为基础，由投保人与保险人协商确定，并在保险单中载明。保险人在保险期间内对被保险人的累计赔偿金额以保险金额为限。该险种保险合同一般实行绝对免赔，免赔额（率）由投保人与保险人协商确定并在保险单中载明。同时约定了免赔额和免赔率的，免赔金额以免赔额和按照免赔率计算的金额二者高者为准。

五、投保人与被保险人

1. 投保人

（1）投保人应履行如实告知义务，如实回答保险人就合同涉及的保险事宜以及其他有关情况提出的询问，并如实填写投保单。

（2）投保人应当在保险责任起始日前一次交清全部保险费。对于资信较弱、承保风险较高的投保人，保险人有权要求其提供必要的反担保。投保人未按约定交付保险费，对于保险费交付前发生的保险事故，保险人不承担赔偿责任。

（3）投保人投保时应向保险人提供以下资料：

1）营业执照、税务登记证、组织机构代码证。

2）工程施工资质证书、中标通知书、建设工程施工合同及其备案证明。

3）劳动合同签订情况及证明，被保险人花名册，各工种人数等。

4）工资预算，工资支付标准、期限、形式等资料。

5）保险人要求提供的其他相关材料。

（4）投保人应严格遵守《国务院办公厅关于全面治理拖欠农民工工资问题的意见》以及国家及政府有关部门制定的其他相关法律、法规及规定，加强管理，采取合理的预防措施，尽力避免或减少责任事故的发生；定期向劳动和社会保障管理部门或建筑行业管理部门报送招工及工资支付情况。保险人有权向劳动和社会保障管理部门或建筑行业管理部门获取投保人定期报送的招工及工资支付情况。

（5）在保险合同有效期内，如投保人履约能力发生重大变化，履约风险显著增加的，投保人应采取措施降低或消除上述风险，并应及时向劳动和社会保障管理部门或建筑行业管理部门报告情况。同时，应按照本保险合同约定及时通知保险人，保险人可以按照合同约定增加保险费或者解除合同。

2. 被保险人

（1）发生本保险责任范围内的事故，被保险人应当及时通知保险人。被保险人应及时通过向劳动和社会保障管理部门或建筑行业管理部门报告情况，并申请劳动和社会保障管理部门或建筑行业管理部门出具投保人拒绝或拖欠支付工资的调查认定结论；涉及违法、犯罪的，应立即向公安机关报案。未经劳动和社会保障管理部门或者建筑行业管理部门调查认定的，保险人不承担赔偿责任。

（2）发生保险责任范围内的损失，保险人自向被保险人赔偿保险金之日起，在赔偿金额范围内代位行使被保险人对投保人请求赔偿的权利。同时，保险人有权请求劳动和社会保障管理部门或建筑行业管理部门采取必要的行政措施，对投保人及其法定代表人或主要负责人或项目负责人做出相应处罚，并协助保险人向投保人进行追偿。

（3）发生保险事故后，被保险人向保险人请求赔偿时，应提交以下单证：

1）索赔申请书。

2）保险单正本。

3）损失证明。

4）劳动和社会保障管理部门或建筑行业管理部门的调查认定结论。

5）保险人要求投保人、被保险人提供的与确定保险事故的性质、原因、损失程度等有关的其他证明和资料。

六、保险期间

保险合同的保险期间根据被保险人参与建设的工程施工合同期限确定，最长不超过一年，且在任何情况下，保险期间的起始或终止不得超出保险单载明的生效日或终止日。保险人对每一被保险人的责任期限，以投保人与该被保险人签订的劳动合同期限为准，且不得超过本保险合同的生效日或终止日。

七、赔偿处理

（1）被保险人向保险人提出索赔申请时，应当提供劳动和社会保障管理部门或建筑行业管理部门出具的投保人拒绝或拖欠支付工资的书面调查认定结论。该调查认定结论是保险人履行赔偿责任的前提条件。保险人依据调查认定结论中载明的应付工资额，在保险金额内，按照保险合同的约定承担赔偿责任。

（2）发生保险责任范围内的损失，保险人在保险金额内，按被保险人实际损失扣除保险单载明的免赔额（率）后的金额进行赔偿。

（3）保险人赔偿后，有权处置投保人提供的反担保（如有），以清偿保险赔款。对不足以清偿保险赔款的部分，保险人有权在赔偿金额范围内继续向投保人或其担保人（如有）进行追偿。

（4）被保险人向保险人请求赔偿的诉讼时效期间为 2 年，自其知道或应当知道保险事故发生之日起计算。

第十三章

光伏发电运行及维护阶段的保险运用

第一节 财产一切险

一、概念

财产一切险是承保财产因自然灾害或意外事故以及由于突然不可预料的事故造成的损失，除保险条款规定的责任外，保险人均负责赔偿。财产保险由火险和承保地震、洪水等人力不可抗拒的自然灾害和意外事故等的火险附加险综合形成，但偷窃、疏忽、他人的恶意行为等风险除外。财产一切险则承保了人力不可抗拒的风险和人为的风险，除保险条款列明的责任外都予负责。

光伏发电运行及维护阶段的财产一切险，承保光伏组件在运行及维护阶段因雷击、台风、海啸等自然灾害或火灾、爆炸等意外事故造成保险标的直接物质损坏或灭失的风险。光伏组件所处的环境、光伏组件的基础型式、光伏组件的可靠性、免赔额等都是确定保险费率的因素。

二、保险标的

一般情况下，属于光伏发电财产一切险保险标的财产有：光伏发电系统，包括光伏组件、油浸式变压器、发电机、电气设备、光伏防雷系统、光伏支架、控制系统以及其他必要设备；输变电系统，包括断路器、输电线路、变电站；建筑物及其附属设施、场区道路、维修车间、仓库；物料、仓储品；在预置、安装、调试、维护过程中使用的临时结构；其他财产。

若未经合同双方特别约定，金银、珠宝、钻石、玉器、首饰、古币、古玩、古书、古画；矿井（坑）内的设备和物资；便携式通信装置、便携式计算机设备、便携式照相摄像器材以及其他便携式装置、设备；驳船、供应船或水运工具；尚未交付使用或验收的工程等，均不属于光伏发电一切险险标的。

此外，土地、矿藏、水资源及其他自然资源；矿井、矿坑；货币、票证、有价证券以及有现金价值的磁卡、集成电路（IC）卡等卡类；文件、账册、图表、技术资料、计算机软件、计算机数据资料等无法鉴定价值的；枪支弹药、违章建筑、危险建筑、非法占用的财产；航空器、领取公共行驶执照的机动车辆；动物、植物、农作物；存放于露天或简易建筑物内的财产以及简易建筑等财产，也不属于光伏发电财产一切险保险标的。

三、保险责任

在保险期间内，由于下列原因造成保险标的的损失，保险人按照保险合同的约定负责赔偿：

1. 自然灾害

自然灾害是指因自然力发生的、人力不可抗拒的破坏力强大的自然现象，包括但不限于龙卷风、雷击、暴雨、暴雪、冰凌、冰雪、冰雹、冻雨。

2. 非机械或电气意外事故

非机械或电气意外事故是指除机械或电气意外事故之外的不可预料的且被保险人无法控制的突发性事件，包括但不限于火灾、爆炸、飞行物体坠落。

3. 机械或电气意外事故

机械或电气意外事故是因下列原因造成的不可预料的且被保险人无法控制的突发性事件：设计、制造或安装错误、铸造和原材料缺陷；经考核合格的操作人员的疏忽或过失行为；超负荷、超电压、碰线、电弧、漏电、短路、大气放电、感应电及其他电气原因；离心力引起的断裂。

保险标的发生制造商产品质量保证条款规定范围内的机械或电气意外事故，被保险人应根据相应条款规定向其索赔，但制造商拒绝承担责任或被保险人尽力索赔未果的，保险人在保险合同所载明的责任范围内进行赔偿。

4. 其他赔偿

除保险合同中“责任免除”部分以外的其他原因导致的损失。保险人按照保险合同的约定负责赔偿。保险事故发生后，被保险人为防止或减少保险标的的损失所支付的必要的、合理的费用，保险人按照保险合同的约定也负责赔偿。

四、责任免除

（1）下列原因造成的任何损失、费用，保险人不负责赔偿：

1）战争、类似战争行为、敌对行动、军事行动、武装冲突、罢工、骚乱、暴动政变、谋反、恐怖活动、恶意破坏。

2）行政行为或司法行为。

3）投保人、被保险人及其代表的故意或重大过失行为。

4）核辐射、核裂变、核聚变、核污染及其他放射性污染。

5）大气污染、土地污染、水污染及其他非放射性污染，但因保险事故造成的非放射性污染不在此。

6）自然磨损、内在或潜在缺陷、物质本身变化、氧化、钙蚀、鼠咬、虫蛀、鸟啄、大气（气候或气温）变化、正常水位变化或其他渐变原因。

7）泄漏、外溢。

8）未经保险人认可的对机器设备的改造或改装，以及对建筑物的扩建、改建、维修、装修。

9）地震、海啸及其次生灾害，台风、沙尘暴。

10）盗抢、抢劫等原因造成的任何损失、费用，保险人不负责赔偿。

（2）下列损失、费用，保险人也不负责赔偿：

1）保险标的运行必然引起的后果。

2）贬值、丧失市场价值或使用价值、停产、停业等各种间接损失。

3）保险标的存在的原材料缺陷及设计、制造或安装缺陷，以及为矫正上述缺陷而发生的费用，但因上述缺陷造成机器设备发生突发的、不可预料的意外事故而导致的机器设备自身的损失不在此限。

4）保险合同开始前被保险人已经知道或应该知道的缺陷造成的。

5）易损易耗品的损失，但因保险合同责任范围内的事故导致的易损易耗品的损失不在此限。

6）盘点时发现的短缺、损失或损坏。

7）对保险标的进行维修保养过程中发现的任何损坏或损失。

8）保险标的在安装过程中的调整、试车及试运行期间或对保险标的进行非常规试验所引起的损失。

9）公共设施（包括但不限于气、水、电）供应中断造成的损失和费用。

10）罚款、罚金及惩罚性赔偿。

11）保险合同中载明的免赔额或按保险合同中载明的免赔率计算的免赔额。

五、保险价值、保险金额与免赔额

保险标的的保险价值为出险时的重置价值。但对于以下几种情况，保险标的的保险价值以出险时的市场价值计算：

（1）被保险人没有合理的原因和理由而推迟、延误重置工作。

（2）被保险人没有对受损保险标的进行重置。

（3）发生损失时，若存在重复保险且其他保险合同没有按重置价值承保。

其中，重置价值是指在相同地点使用同类或同质材料对受损保险标的进行替换或重建（简称“重置”），以使其达到全新状态而发生的费用，但不包括被保险人进行的任何变更、性能增加或改进所产生的额外费用，也不包括因在相同地点或使用同类或同质物料进行重置受到法律的限制或禁止而增加的额外费用。

保险金额由投保人参照保险价值自行确定，并在保险合同中载明。每次事故免赔额（率）由投保人与保险人在订立保险合同时协商确定，并在保险合同中载明。

六、保险期间

一般而言，财产一切险的保险期间为一年，具体以保险单载明的起讫时间为准。

七、投保人、被保险人义务

除一般保险合同都有的投保人、被保险人义务外，针对光伏发电财产一切险，被保险人应当遵守国家有关消防、安全、生产操作等方面的相关法律、法规及规定，加强管理，采取合理的预防措施，尽力避免或减少责任事故的发生，维护保险标的的安全。被保险人应当聘用技术及技能合格的工人和技术人员，根据制造商提供的使用说明书中的要求对光伏发电系统等设备进行日常维护及保养，确保设备正常运转。

八、赔偿处理

保险标的发生保险责任范围内的损失，保险人有权选择：货币赔偿（保险人以支付保险金的方式赔偿）；实物赔偿（保险人以实物替换受损标的，该实物应具有保险标的出险前同等的类型、结构状态和性能）；实际修复（保险人自行或委托他人修理受损标的）等方式赔偿。对保险标的在修复或替换过程中，被保险人进行的任何变更、性能增加或改进所产生的额外费用，保险人不负责赔偿。

保险标的发生保险责任范围内的损失，保险人按以下方式计算赔偿：保险金额等于或高于保险价值时，按实际损失计算赔偿，最高不超过保险价值；保险金额低于保险价值时，按保险金额与保险价值的比例乘以实际损失计算赔偿，最高不超过保险金额；若保险合同所列标的不止一项时，应分项按照约定计算赔偿。

保险标的的保险金额大于或等于其保险价值时，被保险人为防止或减少保险标的的损失所支付的必要的、合理的费用，在保险标的损失赔偿金额之外另行计算，最高不超过被施救保险标的的保险价值。保险标的的保险金额小于其保险价值时，上述费用按被施救保险标的的保险金额与其保险价值的比例在保险标的损失赔偿金额之外另行计算，最高不超过被施救保险标的的保险金额。被施救的财产中，含有保险合同未承保财产的，按被施救保险标的的保险价值与全部被施救财产价值的比例分摊施救费用。

每次事故保险人的赔偿金额为约定计算的金额扣除每次事故免赔额后的金额，或者为约定计算的金额扣除该金额与免赔率乘积后的金额。

保险标的在连续 72 小时内遭受暴雨、洪水或其他连续发生的自然灾害所致损失视为次单独事件，在计算赔偿时视为一次保险事故，并扣减一个相应的免赔额。被保险人可自行决定 72 小时的起始时间，但若在连续数个 72 小时时间内发生损失，任何两个或两个以上 72 小时期限不得重叠。

保险事故发生时，如果存在重复保险，保险人按照保险合同的相应保险金额与其他保险合同及保险合同相应保险金额总和的比例承担赔偿责任。其他保险人应承担的赔偿金额，保险人不负责垫付。若被保险人未如实告知导致保险人多支付赔偿金的，保险人有权向被保险人追回多支付的部分。

由于设计错误、铸造或原材料缺陷、工艺不善等原因中同一原因造成相同类型或型号的机器设备的损失或损坏，保险人对每次事故扣除保险合同约定的免赔额后，按下列比例赔偿：第一次事故，100%；第二次事故，75%；第三次事故，50%；第四次事故，

25%；第五次事故，0%。

第二节 机器损坏保险

一、概念

机器损坏保险，是以光伏发电组件等机器设备为保险标的，以设备损坏为赔偿前提，以机器设备的重置价值为承保基础，承担被保险机器在保险期限内工作、闲置或检修保养时，因除外责任之外的突然的、不可预料的意外事故造成的物质损失或灭失的一种保险。机器损坏保险是在传统财产保险的基础上发展而来的，就保险责任而言，二者存在互补性，机器损坏保险业务中，用于防损的费用比用于赔款的费用更多。

因为机器损坏保险还可以作为财产一切险的附加险来承保，如果一台机器同时投保了财产一切险和机器损坏保险，可以获得相对完善的保障，所以光伏发电项目的机器损坏保险和财产一切险一般会同时进行招投标。

二、保险标的

机器损坏保险承保各类安装完毕并已转入运行的光伏发电机器设备。与火灾保险相比，机器损坏险承保的风险主要是保险标的本身固有的风险，即机器内部本身以及操作不当的损失。

三、保险责任

（1）机器损坏保险中，保险公司对下列原因引起的意外事故造成的物质损坏或灭失负赔偿责任：

1）设计、制造或安装错误、铸造和原材料缺陷。

2）工人、技术人员操作失误、缺乏经验、技术不善、疏忽、过失、恶意行为。

3）离心力引起的断裂。

4）超负荷、超电压、碰线、电弧、漏电、短路、大气放电、感应电及其他电气原因。

5）责任免除规定以外的其他原因。

（2）在光伏发电的运行及维护阶段，机器损坏保险的主要保险责任范围为：

1）发电光伏设备设计不当。

2）材料、材质或尺度的缺陷。

3）制造、装配或安装的缺陷。

4）操作不良、疏忽或操作失误。

5）物理性爆炸、电气短路、电弧或因离心作用所造成的撕裂等。

四、责任免除

机器损坏保险对于下列原因造成的损失、费用，保险人不负责赔偿：

（1）被保险人及其代表的故意行为或重大过失。

（2）被保险人及其代表已经知道或应该知道的保险机器及其附属设备在保险开始前已经存在的缺点或缺陷。

（3）战争、类似战争行为、敌对行为、武装冲突、恐怖活动、谋反、政变、罢工、暴动、民众骚乱。

（4）政府命令或任何公共当局没收、征用、销毁或毁坏。

（5）核裂变、核聚变、核武器、核材料、核辐射及放射性污染。

（6）机器设备运行必然引起的后果，如自然磨损、氧化、腐蚀、锈蚀、孔蚀、锅垢等物理性变化或化学反应。

（7）由于公共设施部门的限制性供应及故意行为或非意外事故引起的停电、停气、停水。

（8）火灾、爆炸。

（9）地震、海啸及其次生灾害。

（10）雷击、飓风、台风、龙卷风、暴风、暴雨、洪水、冰雹、地崩、山崩、雪崩、火山爆发、地面下陷下沉及其他自然灾害。

（11）飞机坠毁、飞机部件或飞机物体坠落。

（12）机动车碰撞。

（13）水箱、水管爆裂。

（14）事故发生后引起的各种间接损失或费用。

（15）各种传送带、缆绳、金属线、链条、轮胎、可调换或替代的钻头、钻杆、刀具、印刷滚筒、套筒、活动管道、玻璃、磁、陶及钢筛、网筛、毛毡制品、一切操作中的媒介物（如润滑油、燃料、催化剂等）及其他各种易损易耗品。

（16）根据法律或契约应由供货方、制造人、安装人或修理人负责的损失或费用。

（17）保险机器设备在修复或重置过程中发生的任何变更、性能增加或改进所产生的额外费用。

（18）保险合同中载明的免赔额或按保险合同中载明的免赔率计算的免赔额等损失或费用。

五、投保人与被保险人

1. 投保人

（1）订立保险合同，保险人就保险标的或者被保险人的有关情况提出询问的，投保人应当如实告知，并如实填写投保单。

（2）投保人故意或者因重大过失未履行前款规定的如实告知义务，足以影响保险人决定是否同意承保或者提高保险费率的，保险人有权解除合同。投保人故意不履行如实告知义务的，保险人对于合同解除前发生的保险事故，不承担赔偿责任，并不退还保险费。投保人因重大过失未履行如实告知义务，对保险事故的发生有严重影响的，保险人对于合同解除前发生的保险事故，不承担赔偿责任，但应当退还保险费。

（3）除另有约定外，投保人应在保险合同成立时交清保险费。保险费交清前发生的保险事故，保险人不承担赔偿责任。

2. 被保险人

（1）被保险人应当遵守国家有关消防、安全、生产操作、劳动保护等方面的相关法律、法规及规定，加强管理，采取合理的预防措施，尽力避免或减少责任事故的发生，维护保险标的的安全。保险人可以对被保险人遵守前款约定的情况进行检查，向投保人、被保险人提出消除不安全因素和隐患的书面建议，投保人、被保险人应该认真付诸实施。被保险人未按照约定履行其对保险标的的安全应尽责任的，保险人有权要求增加保险费或者解除合同。

（2）保险标的转让的，被保险人或者受让人应当及时通知保险人。因保险标的转让导致危险程度显著增加的，保险人自收到前款规定的通知之日起30日内，可以按照合同约定增加保险费或者解除合同。保险人解除合同的，应当将已收取的保险费，按照合同约定扣除自保险责任开始之日起至合同解除之日止应收的部分后，退还投保人。

（3）被保险人、受让人未履行规定的通知义务的，因转让导致保险标的危险程度显著增加而发生的保险事故，保险人不承担赔偿责任。

（4）在合同有效期内，如保险标的占用与使用性质、保险标的地址及其他可能导致保险标的危险程度显著增加的，或其他足以影响保险人决定是否继续承保或是否增加保险费的保险合同重要事项变更，被保险人应及时书面通知保险人，保险人有权要求增加保险费或者解除合同。

（5）被保险人未履行约定的通知义务的，因保险标的的危险程度显著增加而发生的保险事故，保险人不承担赔偿责任。

（6）知道保险事故发生后，被保险人应该：

1）尽力采取必要、合理的措施，防止或减少损失，否则，对因此扩大的损失，保险人不承担赔偿责任。

2）立即通知保险人，并书面说明事故发生的原因、经过和损失情况；故意或者因重大过失未及时通知，致使保险事故的性质、原因、损失程度等难以确定的，保险人对无法确定的部分，不承担赔偿责任，但保险人通过其他途径已经及时知道或者应当及时知道保险事故发生的除外。

3）保护事故现场，允许并且协助保险人进行事故调查；对于拒绝或者妨碍保险人进行事故调查导致无法确定事故原因或核实损失情况的，保险人对无法核实的部分不承担赔偿责任。

（7）被保险人请求赔偿时，应向保险人提供下列证明和资料：

1）保险单正本、索赔申请、财产损失清单、技术鉴定证明、事故报告书、救护费用发票、必要的账簿、单据和有关部门的证明。

2）投保人、被保险人所能提供的与确认保险事故的性质、原因、损失程度等有关的其他证明和资料。

投保人、被保险人未履行前款约定的单证提供义务，导致保险人无法核实损失情况的，保险人对无法核实的部分不承担赔偿责任。

六、保险金额与免赔额（率）

机器损坏保险常根据保险机器新的重置价值承保，即重新换置同一厂牌或相类似的型号、规格、性能的新机器设备的价格，包括出厂价格、运保费、税款、可能支付关税以及安装费用等。

在机器损坏保险中，对于保险机器的损失赔偿，还规定有免赔额，这一免赔额多为每次事故的免赔额。根据风险的不同，免赔额可以在保险金额的1%～15%范围内浮动。由投保人与保险人在订立保险合同时协商确定，并在保险合同中载明。

七、费率与停工退费规定

同火灾保险相比，机器损坏保险的损失率和费率都相当高。机器损坏保险的费率由机器的类型、用途、以往损失记录以及其他因素，如被保险人的管理水平、技术水平、经验、安全措施和产品的可靠性及用途等共同确定。如果机器损坏保险承保的发电机或柴油机等设备连续停工超过3个月，则停工期间的保费按一定比例退还。

第三节　营业中断保险

一、概念

营业中断保险又称利润损失保险，或间接损失保险，是对物质财产遭受火灾责任范围内的损毁后，被保险人在一段时间内因停产、停业或经营受影响而损失的预期利润及必要的费用支出提供补偿的保险。营业中断保险是财产一切险或机器损坏保险的附加险，被保险人具备有效的财产一切险或机器损坏保险保单是营业中断保险的必要条件。

光伏发电的营业中断保险，承保在运行及维护阶段由于各种已承保的自然灾害或意外事故对电场设备造成损毁导致电场经营损失的风险。营业中断保险一般与财产一切险或机器损坏保险一同承保。

二、保险责任

在保险期间内，被保险人因物质损失保险合同主险条款所承保的风险造成营业所使用的物质财产遭受损失（简称“物质保险损失”），导致被保险人营业受到干扰或中断，由此产生的赔偿期间内的毛利润损失，保险人按照保险合同的约定负责赔偿。

保险合同所称赔偿期间是指自物质保险损失发生之日起，被保险人的营业结果因该物质保险损失而受到影响的期间，但该期间最长不得超过保险合同约定的最大赔偿期。

保险合同所称毛利润是指按照下述公式计算的金额：

$$\text{毛利润}=\text{营业利润}+\text{约定的维持费用} \tag{13-1}$$

$$\text{毛利润}=\text{约定的维持费用}-\text{营业亏损}\times\text{约定的维持费用}/\text{全部的维持费用} \tag{13-2}$$

除另有约定外，上述公式所用的会计措辞的含义与被保险人会计账表中的含义一致。保险合同所称维持费用是指被保险人为维持正常的营业活动而发生的、不随被保险人营业收入的减少而成正比例减少的成本或费用。约定的维持费用由投保人自行确定，经保险人确认后在保险合同中载明。

发生合同约定的保险事故后，被保险人申请赔偿时，按照保险人的要求提供有关账表、账表审计结果或其他证据所付给被保险人聘请的注册会计师的合理的、必要的费用（简称“审计费用”），保险人在保险合同约定的赔偿限额内也负责赔偿。

三、责任免除

保险人不负责赔偿下列损失：

（1）投保人、被保险人的故意或重大过失行为产生或扩大的任何损失。

（2）由于物质损失保险合同主险条款责任范围以外的原因产生或扩大的损失。

（3）由于政府对受损财产的修建或修复的限制而产生或扩大的损失。

（4）恐怖主义活动产生或扩大的损失。

（5）保险合同载明的免赔额或保险合同约定的免赔期内的损失。

四、赔偿期

赔偿期是企业在保险有效期内遭受保险责任范围内的损失后，从企业利润损失开始形成到企业恢复正常的生产经营所需要的具体时间，即企业财产受损后为恢复生产或营业达到原有水平所需的一段时期，通常按照一个固定的时间长度来确定，或者以月为单位，或者以年为单位。保险人只赔偿被保险人在赔偿期内遭受的损失。

营业中断的赔偿期与直接损失的保险期限是两个不同的概念。由于营业中断保险属于财产保险的附加险，因此间接损失的赔偿期的起点必须在标准火灾保险单或企业财产保险单列明的保险期限之内，终点可以超出标准火灾保险单或企业财产保险单列明的保险期限之外。因此，在承保营业中断保险时，必须根据标准火灾保险单或企业财产保险单列明的保险标的发生最大限度的损失时，所需要的恢复或重置到损失发生前的状态的最长时间内，由保险人和投保人确定合理的赔偿期限。

五、保险金额

营业中断保险的保险金额通常由毛利润、工人工资、审计师费用或利息损失构成。

生产费用在直接损失发生后将暂时不再支出，在营业中断保险中没有保险利益，是计算营业中断保险的保险金额时必须扣除的部分，而固定费用则是在直接损失发生后为了企业的存在所必须支出的维持费用，在营业中断保险中具有保险利益，是计算营业中断保险的保险金额时必须考虑的部分。

为准确计算赔偿期的营业中断保险的保险金额，还必须先计算企业上一个会计年度的毛利润，用上年度的毛利润作为基础计算赔偿期可能形成的预期年毛利润。毛利润是净利润与固定费用（维持费用）之和，或营业额与生产费用之差。如果预计企业的经营状况将在上一年度的基础上进一步提高，同时考虑到通货膨胀的因素，企业的毛利润水平所体现的实际货币量将比上一年度增加，所以，按照上一个会计年度的损益表计算出来的预期年毛利润就可以作为保险公司承保营业中断保险时确定保险金额的依据。当然，预期年毛利润只是营业中断保险的保险标的最高可能实现的保险价值，投保人可以在预期年毛利润内确定营业中断保险的保险金额。如果间接损失的保险金额超过预期毛利润，超过的部分为超额保险，保险公司不承担这部分超出预期毛利润的保险金额的损失。

在实际工作中，营业中断保险的保险金额与赔偿期存在着密切联系。一般来说，赔偿期在 12 个月或 12 个月以内时，保险金额可以根据按照上一个会计年度的损益表计算出来的预期年毛利润直接进行计算。如果赔偿期超过 12 个月，保险金额就必须在按照上一个会计年度的损益表计算出来的预期年毛利润的基础上增加一定的保险金额。

在确定营业中断保险的保险金额时，还可以将工资部分从固定费用中扣除，单独承保，单独计算保险金额。

六、保险费与保险费率

由于营业中断保险是附属于财产保险单的附加或特约责任，因此，营业中断保险的保险费率通常以承保的基础保单的基本费率为基础，再根据赔偿期的长短乘以规定的百分比。而且财产保险单附加或特约的保险责任越多，针对财产的直接损失所确定的总保险费率也就越高，利润损失的保险费率水平也就越高。因此，在确定营业中断保险的保险金额后，根据赔偿期的不同，将保险金额乘以财产保险单的总保险费率，便可得营业中断保险的保险费。

七、赔偿金额与免赔额

（一）赔偿金额的计算

由于营业中断保险的保险标的实际上是企业毛利润的损失，因此，其理赔计算主要围绕着毛利润损失的计算，即因营业收入减少而减少的毛利润、因营业费用增加而减少的毛利润、因压缩固定开支而减少的毛利润损失。

1. 营业额或销售额减少所形成的毛利润损失

企业发生财产的直接损失后，营业额或销售额会出现下降的局面，其最坏的结果是营业额或销售额为零。如果企业在损失发生后，还能够有一定的营业额或销售额，则这种在赔偿期实现的营业额或销售额与按照上一个会计年度的营业额或销售额计算出来的预期营业额或销售额之间的差额所形成的毛利润损失则是需要保险人根据保险合同予以赔偿的。其计算公式如下：

$$\text{营业额减少所形成的毛利润损失} = (\text{预期营业额} - \text{赔偿期实现的营业额}) \times (\text{上年度毛利润}/\text{上年度营业额}) \times 100\% \qquad (13-3)$$

上列公式中，预期营业额为赔偿期应该实现的标准营业额加上生产发展或通货膨胀因素后所形成，即：

$$\text{预期营业额} = \text{赔偿期应该实现的标准营业额} \times (1 + X\%) \qquad (13-4)$$

这里的 $X\%$ 就是由于生产发展或通货膨胀因素所增加的营业额比率，而公式中的（上年度毛利润/上年度营业额）×100%则为预期毛利润率。需要注意的是，这个毛利润率并非反映上一个会计年度的毛利润水平，而是根据预期毛利润确定的预测赔偿期毛利润水平的一个指标。

2. 营业费用增加所形成的毛利润损失

企业发生财产的直接损失后，被保险人为了恢复生产或解决临时性营业或销售的需要，可能需要发生因临时租用营业用房或其他与减少企业间接损失有关的费用开支，由于这部分费用是企业为了减少营业中断所造成的损失而形成的支出，保险人可以将其视为被保险人毛利润的损失，承担损失赔偿的责任。但这项费用以不超过其在赔偿期挽回的营业额所形成的利润为限。这是利润损失保险中的经济限度。其公式为：

$$\text{经济限度} \leqslant \text{因增加营业费用开支而产生的营业额} \times \text{反映上年度毛利润水平的毛利润率} \tag{13-5}$$

3. 压缩固定费用开支所形成的毛利润损失减少

在实际工作中，企业发生损失后，作为固定费用的水电费的支出由于生产的暂时中断往往出现减少的情况。因此，在计算营业中断保险的赔款时，可以扣减由于生产的中断实际减少的水电费用的支出部分。

4. 营业中断保险的赔偿金额计算公式

根据上面的分析，在实际处理营业中断保险的赔偿金额计算过程中，必须考虑三个最基本的因素，即营业额减少所造成的毛利润损失、营业费用增加所造成的毛利润损失和固定费用实际开支少于确定保险金额时的数额而出现的毛利润实际损失减少的情况。同时，与企业财产保险的理赔处理方式相同，如果营业中断保险的保险金额大于或等于预计的赔偿期毛利润，保险公司可按实际损失的毛利润计算；如果营业中断保险的保险金额小于预计的赔偿期毛利润，则可采取比例赔偿方式。因此，其计算公式如下：

$$\begin{aligned}\text{营业中断保险赔偿金额} = (&\text{营业额减少所造成的毛利润损失} + \\ &\text{营业费用增加所造成的毛利润损失} - \\ &\text{压缩固定费用支出所减少的毛利润损失}) \times \\ &\text{保险金额/预计的赔偿期毛利润}\end{aligned} \tag{13-6}$$

（二）营业中断保险的免赔额

营业中断保险的免赔额计算方式有：按货币量计算和按时间计算。前者是保险业务中最普遍采用的规定损失金额的方式，后者是规定间接损失形成后的定天数为免赔时间。在营业中断保险中，无论采用何种免赔额的计算方式，均可选择绝对免赔额和相对免赔额的处理方式。

八、营业中断保险的特别附加条款

营业中断保险还可根据被保险人要求在增加支付保险费的基础上扩展以下责任范围：

（1）通道堵塞条款。该条款主要承保被保险财产的进口通道因附近其他建筑物受毁而堵塞，使原料或人员无法正常进入而造成被保险人停产所形成的利润损失。

（2）遗失债权证明文件条款，又称遗失欠款账册损失条款。该条款主要承保被保险人因营业中断保险责任范围内的风险造成债权证明文件（如账册资料）的灭失而无法正常地从债务人那里追回欠债所形成的损失。

（3）恢复保险金额条款。在保险期间发生间接损失、造成部分损失，在获得保险公司赔偿后，保险金额会因赔款而被冲减，被保险人可支付适当的保险费，补足保险金额。

（4）调整保险费条款。在保险合同有效期内，由于企业生产经营或市场变化等原因，导致毛利润少于保险金额，被保险人可根据审计师的证明，要求保险公司按比例退还保险费的差额，并冲减营业中断保险的保险金额。

（5）包括全部营业额条款，即在赔偿期限以内，如果为获得营业收入，被保险人或其代表在营业处所之外的地点提供服务所得到的或应得到的收入金额，在计算赔偿期限的营业额时应当包括在内。

（6）未保险的维持费用条款，即如果被保险人未投保维持费用或仅投保几项维持费用，则在损失赔偿中，增加的营业费用中可赔付的金额应按毛利润与毛利润加上未保险的维持费用的比例计算。

第四节　太阳能辐射指数保险

一、概念

太阳能辐射指数保险，保障承保的太阳能电站因投保地点在保险期间内的太阳辐射不足导致上网电量减少，保险人按照保险合同的约定承担赔偿责任。上网电量损失以太阳辐射发电指数低于触发点的差额来计算。

二、保险标的

被保险人在投保地理区域内的所有太阳能发电机组保险期间的总发电量。

三、保险责任

被保险人在保险期间内因指定地理区域累计太阳光照不足，承保年度太阳能发电指数值低于指定的触发点，而导致被保险人实际发电量低于触发点对应的理论发电量，保险人按保单规定承担赔偿责任。发电量的减少以太阳能发电指数来衡量。

四、责任免除

（1）下列原因造成的损失、费用，保险人不负责赔偿：

1）投保人、被保险人及其代表的故意或重大过失行为。

2）行政行为或司法行为。

3）战争、类似战争行为、敌对行动、军事行动、武装冲突、罢工、骚乱、暴动、政变、谋反、恐怖活动。

4）地震、海啸及其次生灾害。

5）核、核辐射、核裂变、核聚变、核污染及其他放射性污染。

6）大气污染、土地污染、水污染及其他非放射性污染。

（2）下列损失、费用，保险人也不负责赔偿：

1）本保险合同中载明的免赔额或按本保险合同中载明的免赔率计算的免赔额。

2）因太阳能电池板功率衰减造成的发电量损失。

3）因电网调度的原因造成的发电量损失。

4）任何原因导致公共供电、供水、供气及其他能源供应中断造成的损失和费用。

5）被保险人及其雇员的操作不当、技术缺陷造成被操作的机械或电气设备的损失。

6）因自然灾害及意外事故对所保财产造成的损失。

7）因设备故障或正常的维修和检查工作等原因造成的发电量损失。

8）因电站运营商的不恰当处理，包括运维不当等原因造成的发电量损失。

9）因被保险财产未经电站运营商授权的修改等原因造成的发电量损失。

10）因环境改变所导致的永久阴影等原因造成的发电量损失。

11）因电力计数器（电表）的故障。

12）保险标的遭受保险事故引起的各种间接损失。

13）其他因太阳光照以外的原因导致的发电量损失。

（3）其他不属于本保险合同责任范围的损失和费用，保险人不负责赔偿。

五、保险价值、赔偿限额与免赔额（率）

保险价值根据被保险人发电业务收入，由保险人与被保险人协商确定。

赔偿限额由保险人与被保险人协商确定，并在保险单中载明。赔偿限额不得超过保险价值，超过保险价值的，超过部分无效，保险人应当退还相应的保险费。

免赔额（率）由投保人与保险人在订立保险合同时协商确定，并在保险单中载明。

六、保险费与保险期限

保险费根据投保地理区域的历史太阳光照量波动特点，以及保险人和被保险人商定的免赔额（率）和赔偿限额等确定，具体保费金额依据保险单为准。

保险期限由保险人与投保人协商确定，具体起止日期依据保险单为准。

七、赔偿处理

（一）赔偿金额

1. 赔偿金额的计算

损失金额根据太阳能发电指数模拟损失计算确定。赔偿金额计算规则是：当太阳能发电指数年实际值大于约定的触发点时，赔付金额为0。当太阳能发电指数年实际值小于约定的触发点时，则赔付金额等于以下二者中较小者，赔付金额不能超过赔偿限额：

（触发点对应的理论发电量－太阳能发电指数年实际值对应的理论发电量）×电费价格×（1－免赔率）

（触发点对应的理论发电量－当年实际发电量）×电费价格×（1－免赔率）

保险人的赔偿金额为损失金额扣除免赔额后的金额，或者为损失金额扣除该金额与免赔率乘积后的金额。

2. 赔偿条件

在保单有效期间内，若被保险人尚有其他保险范围涉及发电量损失（保单中所规定的）的生效保单，则无论该保险是否有效或可收到赔款，保险人按照本保险合同的相应保险金额与其他保险合同及本保险合同相应保险金额总和的比例承担赔偿责任。其他保险人应承担的赔偿金额，本保险人不负责垫付。若被保险人未如实告知导致保险人多支付赔偿金的，保险人有权向被保险人追回多支付的部分。

3. 保险人的代位追偿

发生保险责任范围内的损失，应由有关责任方负责赔偿的，保险人自向被保险人赔偿保险金之日起，在赔偿金额范围内代位行使被保险人对有关责任方请求赔偿的权利，被保险人应当向保险人提供必要的文件和所知道的有关情况。

保险事故发生后，在保险人未赔偿保险金之前，被保险人放弃对有关责任方请求赔偿权利的，保险人不承担赔偿责任；保险人向被保险人赔偿保险金后，被保险人未经保险人同意放弃对有关责任方请求赔偿权利的，该行为无效；由于被保险人故意或者因重大过失致使保险人不能行使代位请求赔偿的权利的，保险人可以扣减或者要求返还相应的保险金。

（二）赔偿时效

被保险人向保险人请求赔偿保险金的诉讼时效期间为 2 年，自其知道或者应当知道保险事故发生之日起计算。

第五节　光伏组件长期质量与功率保证保险

一、概念

光伏组件长期质量与功率保证保险承保光伏组件企业生产、销售的产品，因原材料缺陷或制造缺陷、工艺不善等原因，导致产品质量或发电功率未达到其书面质量保证承诺而引发光伏电站项目的投资人等权益人的索赔，由保险公司负责赔偿。

二、保险责任

1. 产品质量保证保险

被保险人在保险单载明的期间内生产、销售并投保的产品，由于下列原因之一，导致产品的最终使用人在保险期间内并且在保险单载明的免责期届满后，首次向被保险人提出赔偿请求，被保险人根据其向产品的最终使用人提供的书面产品质量保证，保险人在保险单载明的赔偿限额内予以赔偿：

（1）原材料缺陷。

（2）制造缺陷，公益不善。

2. 产品功率保证保险

被保险人在保险单载明的期间内生产、销售并投保的产品，由于下列原因之一，导致产品的最终使用人在保险期间内并且在保险单载明的免责期届满后，首次向被保险人提出赔偿请求，被保险人根据其向产品的最终使用人提供的书面产郃质量保证对于峰值功率异常衰减低于保险单载明的标称功率的产品本身应当承担的修理、更换、退货或提供替代产品的责任，保险人在保险单载明的赔偿限额内予以赔偿：

（1）原材料缺陷。

（2）制造缺陷、工艺不善。

三、责任免除

（1）保险人对下列原因造成的损失和费用不负责赔偿：

1）投保人、被保险人及其代表的故意或犯罪行为。

2）投保人、被保险人或产品的最终使用人的欺诈行为。

3）战争、军事行为、恐怖事件、罢工、骚乱、盗窃抢劫。

4）政府有关当局的没收、征用。

5）核反应、核辐射、放射性或其他任何形式的污染。

6）地震、雷击、火灾、爆炸、暴雨、洪水、台风、地陷等自然史害和意外事故。

7）产品的不当包装、运输、仓储、安装、拆螂、测试或其他未按产品说明或用户手册进行的使用或操作。

8）产品的自然消耗、磨损、腐蚀、氧化。

9）产品召回。

10）运输或仓储过程中外来原因。

11）产品设计缺陷。

12）阴影遮盖或污染或因沙、泥土、苔藓或生锈，以及其他因化学反应等。

13）产品在外观上的瑕疵，包括但不限于抓痕、刮痕、笔迹、锈迹、蚯蚓纹、隐裂。

14）产品功率测试差异导致的损失，包括但不限于测试误差、测试方法分歧、测试设备校准值不精确。

（2）保险人对下列产品导致的损失和费用不负责赔偿：

1）产品的最终使用人认可并接受的有质量问题的产品。

2）保单生效时，投保人已知或检测出的不符合产品手册中约定的性能指标的产品。

3）出厂时未经检验，或经检验不合格仍允许出厂，以及无法确定生产日期或销售日期的产品。

4）被保险人停业、关闭、解散、注销或破产以后生产或销售的产品。

5）不符合保险合同中载明的仓储时间规定、生产标准等要求的产品。

6）非被保险人或非被保险人授权的人员开封、修理、改动后的产品。

7）序列号、铭牌被篡改、擦除或难以识别的产品。

8）拆年后再安装的产品。

9）安装在车辆、船舶、航空器等移动物体上的产品。

10）被保险人已知、应知或有理由怀疑具有任何瑕疵或缺陷的产品。

11）免责期内发生损失的产品。

12）承保区域范围以外的产品。

（3）保险人对下列损失和费用不负责赔偿：

1）任何原因导致产品之外的财产损失、人身伤亡或广告侵权。

2）关联企业之间的相互索赔。

3）罚款、惩罚性赔款。

4）因保险事故造成的一切间接损失，包括但不限于产品的最终使用人运营中断的损失。

5）任何不属于被保险人书面产品质量保证范围内的损失。

6）被保险人未经保险人书面同意承诺免费维修的费用。

7）产品的日常维护费用和因未及时合理进行日常维护和修理导致增加的损失和费用。

8）任何通过其他的诉讼、质保、保险、维护或其他合同可能解决的损失及费用。

9）任何更改、改进产品性能产生的费用。

10）纠正产品缺陷以避免潜在损失而产生的费用。

11）因被保险人向保险人备案的书面产品质量保证之外的任何明示或默示保证承担的损失和费用。

12）因产品以外的设备或系统导致的损失和费用。

（4）本保险单载明的免赔额以及按本保险单载明的免赔率计算的免赔额，两者以高者为准，保险人不负责赔偿。

四、赔偿限额与免赔额（率）

1. 赔偿限额

除另有约定外，赔偿限额包括每次事故赔偿限额、年度赔偿限额、累计赔偿限额，由投保人与保险人协商确定，并在保险单载明。每块光伏组件产品的每次事故最大赔偿额＝销售价格×（1－出险时已历保单年数/总保单年数）。

除另有约定外，被保险人在保险单载明的期间内签订的每一销售合同下每次提出索赔的损失视为一次事故；同时提出索赔的损失涉及多个销售合同的，每一销售合同下的损失单独视为一次事故；损失仅涉及单个销售合同，但分多个时间点提出索赔的，每个时间点提出索赔的损失视为一次事故。

2. 免赔额（率）

本保险合同实行每次事故绝对免赔额（率），免赔额（率）由投保人与保险人在签订保险合同时协商确定，并在保险单载明；同时约定了免赔额和免赔率的，免赔金额以免赔额和按照免赔率计算的金额二者间的高者为准。

五、保险费与保险期限

保险费与缴费方式由投保人与保险人协商确定，并在保险合同中予以载明。

保险合同的保险期间以保险合同载明的起止时间为准，最长不超过 30 年。

六、赔偿处理

1. 索赔的提出

产品的最终使用人认为产品存在质量问题的，经被保险人（必要时须经过保险人）鉴定确认后由被保险人向保险人提出索赔。

2. 赔偿的认定

被保险人的产品发生保险责任范围内的事故，被保险人在向保险人提出索赔时，保险人的赔偿责任应依据双方认可的第三方认证检测机构出具的专业检测报告或产品检测参数报告进行认定。作为索赔依据的专业检测报告或产品检测参数报告应当在保险单载明的检测标准下进行。

3. 赔偿的处理

发生保险事故时，保险人分别按下列处理方式，在保险单列明的赔偿限额内进行赔偿：

（1）产品质量问题引起的赔偿。

1）因原材料缺陷、制造缺陷等原因导致产品零部件、元器件失效或损坏时，赔偿该部件或元器件恢复应有性能所需的修理费用。

2）件产需要更换退货时，其赔偿金额以该新产品的出厂成本价格或销售商进货成本价格（不包括任何利润）为展。若出厂成本价格或销售商进货成本价格（不包括任何利润）高于购买地重置价时，其赔偿金额以重置价为限。

（2）产品功率不足引起的赔偿。

1）因原材料缺陷、制造缺陷等原因导致产品峰值功率异常衰减低于保险单载明的标称功率时，赔偿该部件或元器件恢复应有性能所需的修理费用。

2）整件产品需要更换或替代时，其赔偿金额以该新产品的出厂成本价格或销售商进货成本价格（不包括任何利润）为限。若出厂成本价格或销售商进货成本价格（不包括任何利润）高于购买地重置价时，其赔偿金额以重置价为限。

（3）需要额外光伏组件产品，以弥补差额功率（检测峰值功率与标称功率的差额）时，保险人的赔偿金额以该额外光伏组件产品的出厂成本价或销售商进货成本价格（不包括任何利润）为限，若出厂成本价格或销售商进货成本价格（不包括任何利额。以上（1）、（2）两种情况同时发生时，赔偿金额以高者为准，且每块产品在保险期间内只赔付一次。

（4）产品遭受损失后，如果有残余价值，应由双方协商处理。如折归被保险人，由双方协商确定其价值，并在保险赔款中扣除。

4. 其他金额

为查明和确定保险事故的质、原因和保险标的的损失程度所支付的必要的、合理的费用，保险人按照本保险合同约定负责赔偿。上述必要的、合理的费用以外的其他与赔偿处理相关的检测鉴定费用、运输费用和交通费用，保险人经另行书面确认后，也按照本保险合同约定负责赔偿，赔偿金额在（1）之外单独计算，但在每次事故的赔偿处理中，该费用的合计赔偿金额不得超过（1）确定的赔偿金额的30%。

5. 赔偿限额

在保险期间内，保险对被保险人每一保险年度内多次事故损失的赔偿金额不超过保险单约定的年度赔偿限额；对被保险人在整个保险期间内多次事故损失的累计赔偿金额不超过保险单约定的累计赔偿限额。

6. 重复保险的赔偿

保险合同项下的保险事故发生时，若另有其他保障相同的保险存在，不论是否由被保险人或他人以其名义投保，也不论该保险赔偿与否，保险人仅按比例分摊赔偿的责任。对于其他被保险人应承担的赔偿责任，本保险人不负责垫付，保险人对于赔偿后获知多支付保险金的，有权向被保险人追回多支付的部分。

7. 索赔时效

被保险人向保险人请求赔偿的诉讼时效期间为 2 年，自其知道或应当知道保险事故发生之日起计算。

第六节 公众责任保险

一、概念

公众责任保险又称普通责任保险或综合责任保险，它以被保险人的公众责任为承保对象，是责任保险中独立的、适用范围最为广泛的保险类别。所谓公众责任，是指致害人在公众活动场所的过错行为致使他人的人身或财产遭受损害，依法应由致害人承担的对受害人的经济赔偿责任。公众责任的构成，以在法律上负有经济赔偿责任为前提，其法律依据是各国的民法及各种有关的单行法规制度。

二、保险责任

在保险期间内，被保险人在保险合同载明的场所内依法从事生产、经营等业务时，因该场所内发生的意外事故造成第三者人身伤亡或财产损失，依照中华人民共和国法律（不包括港、澳、台地区法律）应由被保险人承担的经济赔偿责任，保险人按照保险合同约定负责赔偿。

被保险人的下列费用，保险人按照保险合同约定也负责赔偿：发生保险责任事故后，被保险人因保险事故而被提起仲裁或者诉讼的，对应由被保险人支付的仲裁或者诉讼费用以及事先经保险人书面同意支付的其他必要的、合理的费用（简称“法律费用”）；发生保险责任事故后，被保险人为缩小或减少对第三者人身伤亡或财产损失的赔偿责任所支付的必要的、合理的费用（简称“施救费用”）。

三、责任免除

（1）下列原因造成的损失、费用和责任，保险人不负责赔偿：

1）投保人、被保险人及其代表的重大过失或故意为。

2）战争、敌对行动、事行为、武装冲突、罢工、骚乱、暴动、恐怖活动、盗窃、抢劫。

3）行政行为或司法行为。

4）核辐射、核爆炸、核污染及其他放射性污染。

5）地震及其次生灾害、海啸及其次生灾害、雷击、暴雨、洪水、火山爆发、地下火、龙卷风、台风、暴风等自然灾害。

6）烟熏、大气污染、土地污染、水污染及其他各种污染。

7）锅炉爆炸、空中运行物体坠落。

（2）属于其他险种保险责任范围的损失、费用和责任，保险人不负责赔偿：

1）未载入保险合同而属于被保险人的或其所占有的或以其名义使用的任何车辆、各类船只、飞机、升降机、起重机、吊车或其他升降装置造成的损失。

2）被保险人因改变、维修或装修建筑物造成第三者人身伤亡或财产损失的赔偿责任。

（3）以下损失、费用和责任，保险人不负责赔偿：

1）被保险人或其雇员的人身伤亡及其所有或管理的财产的损失。

2）被保险人应该承担的合同责任，但无合同存在时仍然应由被保险人承担的经济赔偿责任不在此限。

3）被保险人营业处所住宿的客人所携带物品的损失。

4）罚款、罚金或惩罚性赔款。

5）精神损害赔偿。

6）间接损失。

7）保险合同中载明的免赔额或按免赔率计算的免赔金额等。

四、责任限额与免赔额

责任限额包括每次事故责任限额、每次事故每人人身伤亡责任限额、每次事故财产损失责任限额和累计责任限额，由投保人和保险人协商确定，并在保险合同中载明。

每次事故每人医疗费用免赔额（率）和每次事故财产损失免赔额（率）由投保人与保险人在签订保险合同时协商确定，并在保险合同中载明。

五、投保人、被保险人义务

被保险人请求赔偿时，应向保险人提供下列证明和资料：保险单正本；索赔申请、有关部门出具的与保险事故认定有关的证明和材料；涉及财产损失的，应提供财产损失清单、受损财产的损失程度和损失金额的证明材料；涉及医疗费用的，应提供二级以上（含二级）医院或者保险人认可的医疗机构诊断证明及病历、用药清单、医疗费用票据、检查报告；涉及伤残、死亡的，应提供保险人认可的医疗机构或司法鉴定机构出具的伤残程度证明、公安部门或保险人认可的医疗机构出具的死亡证明、销户证明；有关的法律文书（裁定书、裁决书、判决书、调解书等）或赔偿协议、被保险人已支付的赔偿凭证；投保人、被保险人所能提供的与确认保险事故的性质、原因、损失程度等有关的其他证明和资料。

六、赔偿处理

保险人的赔偿以下列方式之一确定的被保险人的赔偿责任为基础：被保险人和向其提出损害赔偿请求的第三者协商并经保险人确认；仲裁机构裁决；人民法院判决；保险人认可的其他方式。

被保险人给第三者造成损害，被保险人未向该第三者赔偿的，保险人不负责向被保险人赔偿保险金。

发生保险责任范围内的损失，保险人按以下方式计算赔偿：

（1）对于每次事故造成的损失，保险人在每次事故责任限额内计算赔偿。其中，每次事故每人人身伤亡赔偿金额含医疗费用不得超过每次事故每人人身伤亡责任限额；每次事故的财产损失赔偿金额不得超过每次事故财产损失责任限额；每次事故的人身伤亡赔偿金额和财产损失赔偿金额之和不得超过每次事故责任限额。保险人按照国家基本医疗保险的标准核定医疗费用的赔偿金额。

（2）在依据上一项计算的基础上，保险人对每次事故每人医疗费用在扣除每次事故每人医疗费用免赔额或按免赔率计算的免赔金额后进行赔偿；保险人对每次事故财产损失在扣除该次事故财产损失免赔额或按免赔率计算的免赔金额后进行赔偿。

（3）在保险期间内，保险人对多次事故损失的累计赔偿金额不超过累计责任限额。

除合同另有约定外，对每次事故法律费用的赔偿金额，保险人在每次事故责任限额以外另行计算，但每次事故赔偿金额不超过每次事故责任限额的 5%。在保险期间内多次发生保险事故的，对法律费用的累计赔偿金额不超过累计责任限额的 10%。

第七节　雇主责任保险

一、概念

雇主责任保险，通过保障雇主对所聘员工的责任，即雇主通过投保此险种将其根据有关法律法规或雇佣合同对所聘员工所承担的损害赔偿责任转嫁给保险公司，进而有效保护雇主和雇员的利益。建筑施工企业雇主责任保险主要是针对经建设行政主管部门批准，取得相应资质证书并经工商行政管理部门登记注册，依法设立的建筑施工企业开办的一类雇主责任保险。本险种相较于施工人员意外伤害保险，保障范围增加了国家规定的职业性疾病。

二、保险责任

在我国，雇主责任保险多以雇主与其雇员的雇佣合同中规定的雇主的赔偿责任或国家法律法规的相关规定为保险责任。施工企业雇主责任保险属于工期保险责任，其基本保障范围包括以下几个方面：

（1）在该险种期间内，被保险人的雇员在保险合同明细表中列明的区域范围内，从事与被保险人建筑安装工程业务有关的工作时，因遭受意外事故或者患与业务有关的国家规定的职业性疾病致伤、残疾或死亡，依据中华人民共和国法律应由被保险人承担的医疗费用及经济赔偿责任，保险人依据保险合同的约定负责赔偿。

（2）对事先经保险人书面同意的仲裁或诉讼费用及律师费用，保险人也负责赔偿。

（3）在上述保险责任中，应注意以下几点：

1）我国法律中对雇员的概念没有明确界定，所以条款中所指“被保险人的雇员”，包括长期固定工、短期工、临时工、季节工和徒工等。而被保险人是指与雇员有直接雇佣合同关系，经建设行政主管部门批准，取得相应资质证书并经工商行政管理部门登记注册，依法设立的建筑施工企业，它承担着对雇员在受雇期间遭受伤害的法律赔偿责任。

2）职业性疾病是指被保险人的雇员在从事与被保险人建筑安装工程业务有关的工作中，接触职业性有害因素引起的疾病。该险种所指的职业性疾病为政府有关部门明文规定的法定职业病。其他职业病或疾病，保险人不负责赔偿。

3）医疗费用的支出以员工遭受意外事故和职业性疾病而致伤、残为条件，在该项赔偿限额内进行赔偿。其他医疗费，除经特别约定，并支付附加保险费，保险人不负责赔偿。

4）应支出的所有诉讼费用。包括律师费用、取证费用以及经法院判决应由被保险人代所聘用员工支付的诉讼费用。该费用必须用于处理保险责任范围内的索赔纠纷或诉讼案件，且是合理的诉诸法律而支出的额外费用。

5）该险种承保的对象是雇主对雇员依法应承担的经济赔偿责任，雇主自身包括企业董事会成员的人身伤亡不属于此险种的责任范围。

三、责任免除

（1）下列原因造成的损失、费用和责任，保险人不负责赔偿：

1）战争、敌对行动、军事行动、武装冲突、恐怖活动、罢工、骚乱、暴动；核反应、核子辐射、放射性污染等造成的损失，通常在各险种中都作为责任免除，其中部分风险经特别约定可作一定程度的扩展。

2）被保险人的故意行为。雇主责任险的被保险人应认真履行对所聘用员工应尽的义务，包括劳动保护措施等，由于其故意而造成的员工伤害的责任，应由其自己负责，此条作为除外责任的目的在于督促被保险人认真履行其职责。

3）国家机关的行政行为或执法行为。

4）地震、雷击、暴雨、洪水、台风等自然灾害。

5）被保险人的雇员的违法犯罪行为、自杀、自残、斗殴、酗酒、酒后或无证驾驶车船等。

（2）下列各项，保险人也不负责赔偿：

1）被保险人及其雇员所有或保管的财产的损失。

2）精神损害赔偿责任。

3）因保险责任事故造成的任何性质的间接损失。

4）罚款或惩罚性赔款。

5）被保险人雇员患职业性疾病以外的任何疾病、传染病及分娩、流产，以及因此而施行内外科手术所致的伤残或死亡。

6）本保险合同明细表中规定的免赔额。

7）其他不属于保险责任范围内的一切损失、费用和责任，保险人不负责赔偿。

四、保险期间

雇主责任保险的保险责任属于工期保险责任，一般来说，施工周期就是保险人承保的雇主责任保险的保险责任期限，保险人确定保期限时原则上是根据工期确定的，并在保险单中列明责任起止日。

五、保险费

雇主责任保险的保险费率，一般根据一定的风险归类确定不同行业或不同工种的不同费率标准，同一行业基本上采用同一费率，但对于某些工作性质比较复杂、工种较多的行业，则还须规定每一工种的适用费率。同时，还应当参考赔偿限额。

六、赔偿限额

目前我国法律对赔偿标准没有明确规定，而是由保险人根据雇佣合同的要求，以雇员若干个月（例如 12 个月或 24 个月或 36 个月）的工资、薪金总额（包括奖金、加班费及其他津贴等）来确定赔偿限额，或由被保险人和保险人共同协商确定赔偿限额。

如果法律中有关赔偿标准有明确规定，那么保险人应依法进行赔偿，而赔偿限额则是保险人能承担的最高赔偿限额。

在保险实务中，建筑施工企业雇主责任保险的赔偿限额分为以下几类进行赔偿，并明确载于保险合同。

（1）每人人身伤亡责任限额。对于每人人身伤亡，保险人的赔偿金额不超过该限额。对于死亡、永久丧失全部/部分工作能力的赔偿原则，是根据死亡或伤残的程度，按相应的每人人身伤亡责任限额的百分比进行赔偿。

（2）每次事故每人医疗费责任限额。对于每次事故每人医疗费，保险人的赔偿限额不超过该限额。保险人对于医疗费用的赔偿包括挂号费、治疗费、手术费、床位费、检查费、药费等。不承担护理费、伙食费、营养费、交通费、取暖费、空调费及安装假肢、假牙、假眼和残疾用具费用。除紧急抢救外，受伤雇员均应在县级以上医院或保险人指定的医院就诊。

（3）每人诉讼费用责任限额。对于每人诉讼费用，包括仲裁或诉讼费用及律师费用等，保险人赔偿金额以该限额为限进行赔偿。

（4）累计责任限额。在保险期限内，保险人的累计赔偿限额不超过该列明的累计赔偿。

第十四章

境外光伏发电项目保险运用

第一节 政 策 保 险

政策保险是政府为了某种政策目的，运用商业保险的原理并给予扶持政策而开办的保险，是国家从宏观经济利益出发，对某些关系国计民生的行业实施保护政策而开办的保险，境外光伏发电项目涉及的政策保险主要是海外投资保险。

中国企业在开展境外项目投资之前应向中国出口信用保险公司（简称“中国信保”）购买海外投资保险。

一、海外投资保险概述

海外投资保险是一种由政府提供的保证保险，其实质是一种对海外投资者的“国家保证”。海外投资保险由国家特设机构或委托特设机构执行，由国家充当经济后盾，针对的更是源于国家权力的国家危险。海外投资保险是非营利性的政策性险种，该保险鼓励企业对外投资，保证海外投资企业规避各种由于政治风险和信用风险所产生的不确定性损失。

海外投资保险业务是中国信保为鼓励投资者进行海外投资，对投资者因投资所在国发生的汇兑限制、征收、战争及政治暴乱，以及违约风险造成的经济损失进行赔偿的政策性保险业务。

二、海外投资保险承保的风险

（一）汇兑限制

汇兑限制指投资所在国政府实施的阻碍、限制投资者把当地货币兑换为投资货币或汇出投资所在国的措施，或者使投资者以高于市场汇率的价格将当地货币兑换为投资货币或汇出投资所在国的措施。

（二）征收

征收指东道国政府采取国有化、没收、征用或未经适当法律程序的行为，剥夺了被保险人或项目企业对投资项目的所有权和经营权，或剥夺了被保险人或项目企业对投资项目资金的使用权和控制权。

（三）战争及政治暴乱

战争及政治暴乱指投资所在国发生的战争、革命、骚乱、政变、内战、叛乱、恐怖活动以及其他类似战争的行为，导致投资企业资产损失或永久无法经营。

（四）附加政治风险

1. 经营中断

股权投资保险项下，因战争及政治暴乱导致投资项目建设、经营的临时性完全中断。

2. 违约

（1）政府违约。政府违约指东道国政府违反或不履行与被保险人或项目企业就投资项目签署的有关协议，且拒绝按照仲裁裁决书中裁定的赔偿金额对被保险人或项目企业进行赔偿的行为。

需要注意的是，为了能够顺利承保违约险，投资方需要与东道国政府或保险机构认可的其他主体签署实施协议或特许经营协议等具有法律约束力的协议或合同，合同中约定有关政府违约的具体事项。

（2）承租人违约。承租人违约指承租人因不可抗力以外的原因，不能向被保险人或出租人支付《租赁协议》下应付租金的行为。

三、海外投资保险的保险金额

海外投资保险的保险金额一般为项目投资的股权和债权金额。

四、海外投资保险的保险期限

海外投资保险的保险期限一般是从投资人为项目注入资本金及金融机构发放首笔贷款之日起至项目还本付息完成之日止。

五、海外投资保险的损失赔偿比例

（1）基本政治风险项下赔偿比例最高不超过 95%。

（2）违约项下赔偿比例最高不超过 90%。

（3）经营中断项下赔偿比例最高不超过 95%。

六、海外投资项目的主要申请条件

（1）投资项目应符合我国外交、外经贸、产业、财政及金融政策，符合投资项目各方所在国的法律和政策规定，并获得与投资项目相关的批准许可。

（2）海外投资保险的申请人和被保险人应为：

1）在中国境内（不含港、澳、台地区）注册成立的法人。

2）或在中国境外（含港、澳、台地区，简称“境外”）地区注册的法人（实际控制权由中国境内注册的法人掌握）。

3）或为项目提供融资的境内外金融机构。

七、海外投资保险的功能与作用

1. 补偿损失

海外投资保险为投资者因遭受政治风险而产生的投资损失提供经济补偿，维护投资者和融资银行权益，避免投融资主体因投融资损失而导致的财务危机或坏账。

2. 融资便利

海外投资风险高、融资难度大是跨境投资者所面临的一个普遍问题。投资保险通过承保政治风险，为投资者提供融资便利，同时也为投资者降低融资成本，帮助投资者获得较为优惠的信贷支持。

3. 市场开拓

在投资保险保障的基础上，配合中国信保专业化的投融资风险管理服务，投资者可以更有信心地开拓新市场、投资新项目，从而实现分散投资风险、增强企业国际竞争实力。

4. 提升信用等级

投资保险通过承保特定风险，降低投资者和融资银行承担的风险，提升投资者和被保险债权的信用评级，增加债券和股票的投资吸引力，为投资者赢得更具竞争力的发展空间。

5. 风险管理

作为政策性金融机构，中国信保拥有丰富的项目承保经验和先进的承保技术，可以帮助投资者提升风险管理水平，提高项目抵御风险的能力，及时化解投资风险，防控损失发生。

第二节 商 业 保 险

一、财产一切险

1. 承保范围

保险人赔偿被保险人的光伏电站因自然灾害与非机械或电气意外事故造成的直接财产损失。

包括对构成境外电站的所有建筑物、机器、库存、配件和所有其他个人财产造成损坏和有形损失的“一切风险”，包括（但不限于）由火灾、闪电、爆炸、自燃、风暴、风、暴风雨、洪水、飓风、水毁、暴乱、罢工、恶意破坏、地震、海啸、坍塌和/或罐内物品丢失所导致的损坏或有形损失。

2. 保险金额

一般不得低于有声誉的国际保险经纪公司独立报告所示的电站最大可能损失金额（风险分项给付限额可合理设定）。

二、营业中断险

保险人赔偿被保险人的光伏电站因自然灾害、非机械或电气意外事故以及机械或电气意外事故造成的间接财务损失，包括预期毛利润的减少以及营业中断期间仍需支付的必要费用。

不同的境外项目在不同国家投保的营业中断保险也不尽相同。营业中断险既可以作为独立险种投保（如德国），也可以作为附加险种投保（如英国）。境外项目的营业中断保险的承保范围包括境外电站遭受损失或损坏所直接导致的产能和/或产量受损引发的收入降低所造成的境外电站的间接损失。营业中断险作为附加险种投保的，前提是境外电站遭受损失或损坏的风险已在上述财产一切险中予以承保。

保险金额一般为融资协议项下 12 个月的还本付息额，以及在相关计划商业运营日后 12 个月期间需要支付的项目投资协议规定的任何强制性付款。

三、机器损坏险

1. 承保范围

保险人赔偿被保险人的光伏电站因机械或电气意外事故造成的直接财产损失。

包括所有境外项目的关键机械、设备，构成境外电站的关键辅助设备，防止因机械和电气故障或紊乱、压力容器爆炸或倒塌、电气短路、振动、错位、过大电流或电压、异常应力、离心力、保护或调节装置故障、过热、异物进入、冲击、碰撞等类似原因而造成的突然和不可预见的物理损失或损坏，前提是该部分保险没有在上述财产一切险中予以承保。

2. 保险金额

一般为所有构成境外电站的关键机器、设备及其附属设施等的全部重置成本。

四、建筑（安装）工程一切险

1. 承保范围

包括境外电站及其承包商、分包商正在境外现场建设的永久或临时工程及材料所遭受的有形损失或损坏的风险。

2. 保险金额

一般为境外已完工工程和境外在建工程的全部重置成本。对于任何某一项索赔以及索赔额的累计值，投资人可根据境外项目情况设定保险金额。该保险应在电站进入商业运营日之前保持有效。

3. 扩展责任

此外，该保险中一般附加第三方责任险。承保范围包括因境外发电机组、电站，境外新建输电设施的建造、测试和调试所造成的对第三方的人身伤害或财产损失法律责任。

五、延迟完工险

1. 承保范围

包括境外的工程项目由于遭受损坏、物理损失直接导致发电机组不能按期进入商业运营或者在建的境外项目不能按期完工所带来的损失。

2. 保险金额

一般为融资协议项下 12 个月的还本付息额，以及在相关计划商业运营日后 12 个月期间需要支付的项目投资协议规定的任何强制性付款。该保险应在电站进入商业运营日之前保持有效。

六、综合责任险

1. 承保范围

包括但不限于由于电站运行所引发的对第三方造成的人身伤害或财产损害的公众责任、意外污染责任等。

2. 保险金额

对于任何某一项索赔以及索赔额的累计值，投资人可根据项目情况设定保险金额。

七、境外人员意外伤害保险

1. 保险责任

在保险期间内，被保险人在保险合同约定投保的地域范围内因遭受意外伤害事故导致身故、伤残的，保险人依照约定给付保险金，且给付各项保险金之和不超过保险金额。

（1）身故保险责任。在保险期间内，被保险人在境外期间遭受意外伤害事故，并自事故发生之日起 180 日内因该事故身故的，保险人按意外伤害保险金额给付身故保险金，对该被保险人的保险责任终止。

在保险期间内，被保险人在境外期间遭受意外伤害事故，且自该事故发生日起下落不明超过 12 个月，保险人按意外伤害保险金额给付身故保险金。但若被保险人被宣告死亡后生还的，保险金受领人应于知道或应当知道被保险人生还后 30 日内退还保险人给付的身故保险金。

被保险人身故前保险人已按照保险合同约定给付伤残保险金的，身故保险金应扣除已给付的保险金。

（2）伤残保险责任。在保险期间内，被保险人在境外期间遭受意外伤害事故，并自该事故发生之日起 180 日内因该事故造成《人身保险伤残评定标准及代码》（JR/T 0083—2013，以下简称《伤残评定标准》）所列伤残之一的，保险人按《伤残评定标准》所列给付比例乘以意外伤害保险金额给付伤残保险金。如第 180 日治疗仍未结束的，按当日的身体情况进行伤残鉴定，并据此给付伤残保险金。

1）当同一保险事故造成两处或两处以上伤残时，应首先对各处伤残程度分别进行评定，如果几处伤残等级不同，以最重的伤残等级作为最终的评定结论；如果两处或两处以上伤残等级相同，伤残等级在原评定基础上最多晋升一级，最高晋升至第一级。同一部位和同一性质的伤残，不应采用《伤残评定标准》条文两条以上或者同一条文两次以上进行评定。

2）被保险人如在本次意外伤害事故之前已有伤残，保险人按合并后的伤残程度在《伤残评定标准》中所对应的给付比例给付伤残保险金，但应扣除原有伤残程度在《伤残评定标准》所对应的伤残保险金。

在保险期间内，保险金累计给付金额以保险单载明的意外伤害保险金额为限。

2. 保险金额

保险金额是保险人承担给付保险金责任的最高限额。保险合同的保险金额是“意外伤害保险金额”，由投保人、保险人双方约定，并在保险单中载明。

3. 保险期间

保险合同保险期间由保险人和投保人协商确定，以保险单载明的起讫时间为准。

在保险期间内，保险人承担保险责任的时间自被保险人离开其常住地时开始至被保险人返回其常住地时为止。如果回程时间因不可抗力而推迟，保险合同保险期间的终止日可以延长至保险人和投保人协商同意的时间。

4. 地域范围

保险人承保被保险人在保险单载明的地域范围内发生的保险事故。

5. 责任免除

（1）下列原因造成的损失、费用或责任，保险人不承担给付保险金责任：

1）投保人的故意行为。

2）被保险人自致伤害或自杀，但被保险人自杀时为无民事行为能力人的除外。

3）因被保险人挑衅或故意行为而导致的打斗、被袭击或被谋杀。

4）被保险人妊娠、流产、分娩、疾病、药物过敏、中暑、猝死。

5）被保险人接受整容手术及其他内、外科手术。

6）被保险人未遵医嘱，私自服用、涂用、注射药物。

7）核爆炸、核辐射或核污染。

8）被保险人犯罪或拒捕。

9）被保险人从事高风险运动或参加职业或半职业体育运动。

10）受保前已存在的人身伤亡及其并发症。

（2）存在下列情形之一的，保险人也不承担给付保险金责任：

1）战争、军事行动、暴动或武装叛乱期间。

2）被保险人醉酒或受毒品、管制药物的影响期间。

3）被保险人醉酒驾车、无有效驾驶证驾驶或驾驶无有效行驶证的机动车期间。

4）被保险人在海、陆、空军值勤或者参加海、陆、空军行动。

5）被保险人因遭受司法当局拘禁或被判入狱期间。

6）被保险人从事或参与恐怖主义活动、邪教组织活动。

7）被保险人置身于飞机或空中运输工具期间（以乘客身份搭乘民用或商业航班者除外）。

8）违背医嘱去往境外期间。

9）投保本保险时被保险人已置身于境外地区的。

6. 保险人义务

（1）保险合同成立后，保险人应当及时向投保人签发保险单或其他保险凭证。

（2）保险人按照保险合同的约定，认为被保险人提供的有关索赔的证明和资料不完整的，应当及时一次性通知投保人、被保险人补充提供。

（3）保险人收到被保险人的给付保险金的请求后，应当及时做出是否属于保险责任的核定；情形复杂的，保险人将在确定是否属于保险责任的基本材料收集齐全后，尽快做出核定。

保险人应当将核定结果通知被保险人；对属于保险责任的，在与被保险人达成给付保险金的协议后 10 日内，履行赔偿保险金义务。保险合同对给付保险金的期限有约定的，保险人应当按照约定履行给付保险金的义务。保险人依照约定做出核定后，对不属于保险责任的，应当自做出核定之日起 3 日内向被保险人发出拒绝给付保险金通知书，并说明理由。

（4）保险人自收到给付保险金的请求和有关证明、资料之日起 60 日内，对其给付的数额不能确定的，应当根据已有证明和资料可以确定的数额先予支付；保险人最终确定给付的数额后，应当支付相应的差额。

（5）投保人符合保险法规定的退还保险费相关要求的，保险人应当按照保险法相关规定退还未满期净保费。

7. 投保人、被保险人义务

（1）除另有约定外，投保人应当在保险合同成立时交清保险费。

（2）订立保险合同，保险人就被保险人的有关情况提出询问的，投保人应当如实告知。

投保人故意或者因重大过失未履行前款规定的义务，足以影响保险人决定是否同意承保或者提高保险费率的，保险人有权解除保险合同。

合同解除权，自保险人知道有解除事由之日起，超过 30 日不行使而消灭。

自合同成立之日起超过 2 年的，保险人不得解除合同；发生保险事故的，保险人应当承担给付保险金责任。

投保人故意不履行如实告知义务的，保险人对于合同解除前发生的保险事故，不承担给付保险金责任，并不退还保险费。

投保人因重大过失未履行如实告知义务，对保险事故的发生有严重影响的，保险人对于合同解除前发生的保险事故，不承担给付保险金责任，但应当退还保险费。

保险人在合同订立时已经知道投保人未如实告知的情况的，保险人不得解除合同；发生保险事故的，保险人应当承担给付保险金责任。

（3）在保险合同有效期内，因被保险人的职业或工种等变更导致危险程度显著增加的，被保险人应当及时通知保险人，保险人可以增加保险费或者解除保险合同项下对该被保险人的保险责任。

被保险人未履行约定的通知义务的，因被保险人职业或工种危险程度显著增加而发生的保险事故，保险人不承担保险金的责任。

（4）投保人住所或通信地址变更时，应及时通知保险人。投保人未通知的，保险人按保险合同所载的最后住所或通信地址发送的有关通知，均视为已发送给投保人。

（5）投保人、被保险人或者保险金受益人知道保险事故发生后，应当及时通知保险人。故意或者因重大过失未及时通知，致使保险事故的性质、原因、损失程度等难以确定的，保险人对无法确定的部分，不承担给付保险金责任，但保险人通过其他途径已经及时知道或者应当及时知道保险事故发生的除外。

上述约定，不包括因不可抗力而导致的迟延。

八、附加恐怖袭击意外伤害保险

1. 保险责任

在附加保险合同保险期间内，保险人扩展承保被保险人因恐怖袭击遭受的意外伤害事故，并根据主险合同约定的保险责任承担给付保险金的责任。

恐怖袭击指任何人、团伙单独或者代表任何组织、政府或者与之有关的，为政治、宗教、政治意识形态、民族原因而实施的，目的是对政府施加影响或者使公众、部分公众处于恐惧之中的行为，包括但不限于使用武力、暴力或者武力、暴力威胁。

2. 责任免除

因下列原因造成意外伤害事故的，保险人不负任何给付保险金责任：

（1）主险合同责任免除部分所列情形（恐怖袭击不受此限）发生的意外事故。

（2）被保险人前往在出发前相关国家政府已经宣布处于恐怖袭击威胁或已受恐怖袭击仍处于紧急状态或本国政府已做出相应的旅行警示的国家或地区。

（3）使用或威胁使用核武器、核辐射、化学武器、生物武器。

3. 保险金额

除保单中另有约定外，附加险的保险金额等于主险下的意外伤害保险金额。

4. 其他事项

发生下列情况之一者，附加保险合同即行终止：

（1）主险合同终止。

（2）投保人解除附加保险合同。

附加险合同与主险合同相抵触之处，以附加险合同为准；附加险合同未约定事项，以主险合同为准；主险合同效力终止，附加险合同效力亦同时终止；主险合同无效，附加险合同亦无效。

九、恐怖事件财产损失保险

1. 保险责任

根据保险合同规定的除外责任、限制条款和一般条款，对于在保险单所载的保险期间内，由于保险合同载明的恐怖分子行为造成的被保险建筑物及其内部设施的物质损失或损害，向被保险人承担赔偿责任。

恐怖分子行为系指声称或未声称其以取得经济、种族、民族主义、政治、人种或宗教利益为目的，无论是否宣布该利益，而对任何自然人、法人、机构、组织或政府实施的任何实际或威胁使用武力或暴力直接造成或导致其损害、伤害、危害或破坏，或危及人类生命或财产的行为。抢劫或其他主要为私人利益的犯罪行为，或任何主要起因于受害者与加害者之间先前的私人关系的犯罪行为不应被视为恐怖行为。恐怖分子行为应包括由当地国家政府证实或认定为恐怖分子行为的任何行动。

2. 责任免除

（1）对因下列原因所导致的损失或损害，保险人不负任何赔偿责任：

1）因核爆炸、核反应、核辐射或放射性污染直接或间接导致的损失或损害，无论核爆炸、核反应、核辐射或放射性污染是如何导致的。

2）因战争、入侵或类似战争的行动（无论是否宣战），使得独立自主或主权政府由于敌对行为、内战、叛乱、革命、起义、相当于起义的行动以及由军事政权或篡位所引起的国内暴乱、戒严或者由政府或公共权力机关颁布征用命令所导致的直接或间接损失或损害。

3）查封或非法侵占引起的损失。

4）因没收、征用、滞留、合法或非法的占有、禁运、检疫或由任何其他公共权力机关或政府的命令而剥夺被保险人对其财产的使用或使其价值丧失所导致的损失或损害，以及因违禁、走私或非法交易行为导致的损失或损害。

5）因排放污染物质而直接、间接或因此而导致的损失或损害。污染物包括但不局限于固体、液体、气体或热量刺激物、有毒或有害物质，或者任何其出现、存在或释放会危及个人健康、安全、福利或整体环境的危险物质。

6）因化学或生物释放或照射所导致的损失或损害。

7）由电子方法攻击而导致的损失或损害，包括黑客攻击或任何形式的计算机病毒感染。

8）因故意破坏者或他人的恶意行为或抗议、罢工、暴乱、内乱引起的损失或损害，除非该损失或损害是由恐怖分子行为直接造成的。

9）因公共权力机关或政府执行任何有关被保险财产重建、修理或拆迁的法令或法律所导致的损失或成本增加。

10）其他因恐怖分子行为后继发生的原因所致的间接损失或损害。

11）丧失使用、延误或市场丧失，不论其原因如何，也不论其之前发生的损失是否属于保险承保范围。

12）因水、燃气、电力供应或各类电信服务停止、波动、变化或不足导致的损失或损害。

13）因恐吓或欺诈行为而导致的损失或成本增加，但恐怖分子行为所导致的物质损害除外。

14）因偷盗或抢劫所导致或引起的损失或损害。

（2）保险人对下列财产不承担任何赔偿责任：

1）土地或土地价值。

2）不在被保险人场所内的电力传输装置或电线。

3）任何超过 30 天空置或无人占用或不使用的建筑物、构造或其内置财产。

4）航空器或任何其他航空装置或船只。

5）包括火车、汽车等机动车辆在内的任何陆上的交通工具，除非该陆上交通工具在被保财产的场所内，且已申报投保。

6）动物、植物和所有类型的生物。

7）未在被保险人场所内处于运输途中的财产。

3. 保险金额

每次事故的赔偿限额和年度累计赔偿限额以保险单中列明的保险金额为限。

4. 免赔额

每个事故应予以分别理算，每次事故的理算金额应分别减去保险单中所列的免赔金额。

5. 区域性限制

承保列于保险单中属于被保险人所有且位于保险单所列场所内的财产。

十、绑架勒索保险

1. 保险事故

该险种保险合同所称“保险事故”是指导致或可能导致被保险公司、被保险个人发生保险承保范围内的损失或费用的绑架、勒索、产品敲诈、拘禁、劫持或一系列相关事件。如果被保险公司或被保险个人接到索取赎金的要求，并据此推断发生了相互关联、交叉影响的多个绑架、勒索、产品敲诈、拘禁、劫持事件，则这些事件将被认为是相关事件且共同构成一次保险事故。保险人承担保险责任的前提是保险事故发生在保险期间内，如果这些相关事件中的最早事件发生在保险期间起始日以前，保险人不承担保险责任。

2. 保险责任

根据合同双方的约定，在投保人按照约定支付保费且保单生效后，保险人承担下列约定的全部或部分保险责任，以保险单明细表“保险金额”项下载明的各项保险责任对应的保险金额为限：

（1）赎金。在保险期间内发生保险事故，因此直接导致被保险公司或被保险个人按赎金索取人的要求交付的赎金，保险人在约定的保险金额内赔偿。

（2）赎金运送损失。在保险期间内发生保险事故，根据赎金索取人的要求，赎金在由被保险公司或被保险个人授权的运送人送往赎金索取人的途中遭受实际损毁、失踪或被错误提取而造成的损失，保险人在约定的保险金额内赔偿。

（3）顾问费用。在保险期间内发生保险事故，因此直接导致的经保险人事先同意的应对顾问或其他第三方危机管理顾问的费用，保险人负责赔偿。

（4）其他额外费用。在保险期间内发生保险事故，因此直接导致被保险公司或被保险个人发生的下列合理必要的额外费用，保险人在约定的保险金额内赔偿：

1）被保险公司聘请的经保险人事先同意的第三方谈判代表的费用。

2）被保险公司聘请的第三方公共关系顾问、产品召回顾问和翻译人员的费用。

3）被保险公司或被保险个人因处理保险事故发生的差旅费和食宿费。

4）被绑架、被拘禁或被劫持的保险事故受害人及其家庭成员回到常住国的交通费用，以及被绑架、被拘禁或被劫持的保险事故受害人的替代人员及其家庭成员前往绑架、拘禁或劫持所在地的交通费用。对于每次绑架、拘禁或劫持事件，每个被保险个人仅可获赔一次此费用。

5）被保险个人在获释前发生的以及在保险事故发生后36个月内发生的第三方心理治疗、医疗和法律咨询费用。

6）被保险公司或被保险个人支付给线人的酬金，但前提条件是其线索直接有助于被保险公司或被保险个人进行谈判或促使被绑架、被拘禁或被劫持的受害人获释。

7）个人财务损失。

8）被保险个人在被绑架、被拘禁或被劫持期间，根据保险事故发生时其劳动合同规定应得的薪酬总额（包括工资、奖金、津贴、生活调节金、养老金、外籍员工收入退税和保险事故发生时所执行的劳动合同约定的各项福利）。但是，被保险个人被拘禁的，保险人对薪酬承担的赔偿责任在下列规定的任一时刻较早发生时自动终止：自被保险个人被拘禁之日起 72 个月，或自被保险个人被拘禁之日起至解除拘禁后第 30 天止。

9）被保险个人在被绑架、被拘禁或被劫持期间，被保险个人的一名亲属为了协助谈判而暂时离开工作岗位的，根据保险事故发生时其劳动合同规定应得的薪酬总额（包括工资、奖金、津贴生活调节金、养老金、外籍员工收入退税和保险事故发生时所执行的劳动合同约定的各项福利）。但是，被保险个人被拘禁的，保险人对薪酬承担的赔偿责任在下列规定的任一时刻较早发生时自动终止：自被保险个人被拘禁之日起 72 个月，或自被保险个人被拘禁之日起至解除拘禁后第 30 天止。

10）被保险个人被绑架、被拘禁或被劫持期间，以及自被保险个人获释起 60 日内，被保险公司雇用新人员执行被保险个人的职务所支付的薪酬（包括工资、奖金和津贴），但以被绑架、被拘禁或被劫持的被保险个人在该期间所执行的劳动合同约定应获得的薪酬总额为限。

11）被保险公司支付给其指定的专门就保险事故协助谈判的员工的薪酬，以其基本工资为限；以及该员工完全且直接因谈判发生的其他合理必要的费用，前提条件是被保险公司向保险人提交该员工的详细服务时间、项目和费用清单。

12）被保险公司为支付保险承保的赎金和费用向银行贷款所应支付的利息，前提条件是被保险公司在收到保险人的赔款后 7 天内偿还贷款。

13）被保险公司根据应对顾问的建议，完全且直接为了保护被保险个人而在保险事故发生地采取临时保安措施的费用。

14）被保险个人被绑架、被拘禁或被劫持的情况下，被保险公司完全且直接为了促使其获释发生的通信设备、录制设备、广告的费用；以及发生勒索、产品敲诈的情况下，被保险公司在谈判中必要的通信设备、录制设备、广告的费用。

15）被保险公司聘用的第三方司法分析员的合理费用。

16）被绑架、被拘禁或被劫持的保险事故受害人在获释后 12 个月内与其配偶、子女发生的合理休养和康复费用，包括其间餐饮和娱乐费用。

17）被保险个人为矫正因保险事故完全且直接导致的永久性毁容所支付的美容或整形手术的合理费用。

18）被绑架、被拘禁或被劫持的保险事故受害人重新接受职业培训的费用，包括但不限于其在培训期间的薪酬以及外部培训课程的费用。

19）保险事故受害人在被绑架、被拘禁或被劫持期间身故的，其遗体遣返回国、埋葬或火葬的费用。

20）因发生绑架、拘禁或劫持事件，完全且直接导致的照管被保险个人子女的费用。

21）被保险公司或被保险个人在进行保险事故受害人释放谈判过程中支付的其他

所有合理必要的费用。

（5）法律责任。

1）完全且直接因在保险期间内发生绑架、拘禁或勒索事件，被保险个人或其法律代表、被保险公司的股东或其代表（以下统称“索赔者”）以其遭受的损失为由，向被保险公司提起索赔，对于被保险公司根据依法应当承担的经济赔偿责任，保险人在约定的法律责任赔偿限额内予以赔偿。

2）发生保险责任范围内的索赔，对于被保险公司发生的事先经保险人同意的法律费用，以及保险人因协助被保险公司进行应诉发生的法律费用，保险人负责在法律责任赔偿限额之外另行计算赔偿，且不再另设限额。但是，对于每次事故，如果被保险公司的法律赔偿责任总金额超过保险单约定的“每次事故法律责任赔偿限额”，则保险人按每次事故法律责任限额与法律赔偿责任总金额的比例赔偿法律费用。

（6）身故或残疾。在保险期间内发生保险事故，或任何人企图造成保险事故但未遂，因此完全且直接导致被保险个人在事故发生后 12 个月内身故或残疾的，保险人根据其伤亡情形向被保险个人或法定受益人给付约定的保险金，但以保险单明细表载明的保险金额为限：

1）被保险个人身故、肢体丧失、失明、永久性完全残疾、失聪、失语的，给付保险责任对应的“每人保险金额”的 100%。

2）被保险个人丧失末端器官的，给付保险责任对应“每人保险金额”的 50%。

如果被保险个人的治疗在第 12 个月月末仍未结束的，按事故发生之日起第 365 日的身体情况进行残疾鉴定。

如果被保险个人完全且直接因发生保险事故而失踪且在一年内仍生死不明，则保险人将视同被保险个人身故，并按上述约定给付保险金。如被保险个人后又生还，受益人应于知道或应当知道被保险个人生还 30 日内退还保险人已支付的保险金。

3. 保险金额和免赔额

（1）保险人对每一项保险责任承担的最高赔偿金额以保险单明细表载明的保险金额为限。

（2）除保险合同另有约定外，被保险公司应自行承担保险单明细表上载明的免赔额范围内的损失。

4. 保险期间

除另有约定外，保险期间为一年，以保险单载明的起讫时间为准。

5. 责任免除

保险人不负责赔偿由于下列原因直接或间接导致的或与下列各项直接相关的任何损失：

（1）被保险个人遭受暴力或胁迫而当面交付赎金的行为。但是，赎金运送人携带赎金将赎金送往赎金索取人的行为不在此限。

（2）被保险个人遭到绑架时当场交付赎金的行为，以及首次发生勒索或产品敲诈当场交付赎金的行为。但是，根据赎金索取人的要求将赎金从其他地点送往该地点的情形不在此限。

（3）对于绑架、勒索、产品敲诈、劫持，保险人不负责赔偿因被保险公司及其董事、高级管理人员的欺诈或犯罪行为直接或间接导致的任何损失，无论是单独策划还是与他人共谋。

（4）对于拘禁，保险人不负责赔偿由于下列原因直接或间接引起拘禁进而导致的任何损失：

1）被保险公司或被保险个人实际做出或被指控做出的违法行为（根据其国籍所在国的法律）。但是，如果保险人有合理理由认为针对被保险公司或被保险个人的指控是故意捏造、欺诈和恶意的，且其目的完全且直接是对被保险公司或受害人造成或利用被保险公司或受害人的财产达到政治、宣传或压制影响，则不在此限。

2）被保险公司或被保险个人未取得有效的移民、工作居留或类似签证、许可或其他文件。

6. 赔偿处理

（1）保险事故发生时，被保险人对保险标的不具有保险利益的，不得向保险人请求赔偿保险金。

（2）发生保险事故时，如果被保险人的损失在有相同保障的其他保险项下也能够获得赔偿，则保险人按照保险合同的赔偿限额与其他保险合同及保险合同的赔偿限额总和的比例承担赔偿责任。

其他保险人应承担的赔偿金额，保险人不负责垫付。若被保险人未如实告知导致保险人多支付赔偿金的，保险人有权向被保险人追回多支付的部分。

（3）发生保险责任范围内的损失，应由有关责任方负责赔偿的，保险人自向被保险人赔偿保险金之日起，在赔偿金额范围内代位行使被保险人对有关责任方请求赔偿的权利，被保险人应当向保险人提供必要的文件和所知道的有关情况。

被保险人已经从有关责任方取得赔偿的，保险人赔偿保险金时，可以相应扣减被保险人已从有关责任方取得的赔偿金额。

保险事故发生后，在保险人未赔偿保险金之前，被保险人放弃对有关责任方请求赔偿权利的，保险人不承担赔偿责任；保险人向被保险人赔偿保险金后，被保险人未经保险人同意放弃对有关责任方请求赔偿权利的，该行为无效；由于被保险人故意或者因重大过失致使保险人不能行使代位请求赔偿的权利的，保险人可以扣减或者要求返还相应的保险金。

（4）保险人受理报案、进行现场查勘、核损定价、参与案件诉讼、向被保险人提供建议等行为，均不构成保险人对赔偿责任的承诺。

（5）保险人根据保险合同承担的赔偿责任和保险金额不因保险期间届满后续保而累积，也不因同一保单下承保多个被保险公司而增加。

（6）被保险人向保险人请求赔偿保险金的诉讼时效期间为 2 年，自其知道或者应当知道保险事故发生之日起计算。

第四篇

案例及法规篇

第十五章

典 型 事 故 案 例

第一节　光伏发电建设阶段受损事故

本节主要介绍某光伏电站暴风受损案，具体情况如下：

1. 案情介绍

某年 7 月，某光伏电站项目所在地突发暴风，最大风速达到 26.8m/s（风力：10 级），该光伏电站大量光伏组件及支架受损。随后，被保险人向保险公司进行报案。经保险人调查，事故原因为暴风，属于建筑（安装）工程一切险保险责任。

2. 索赔情况

索赔金额 162.20 万元，免赔额 2 万元，残值金额 15.30 万元，赔付金额 107.80 万元。

3. 事故照片（见图 15－1）

(a) 光伏组件被吹倒

(b) 光伏支架散落

(c) 大量组件受损

图 15－1　暴风受损案事故照片

4. 索赔启示

根据厂家检验结果显示，部分光伏组件未见受损痕迹，保险公司依据保险的补偿原则，仅对受损组件进行赔付。同时，对于轻微损失，如支柱微小倾斜等非全损标的，并不支持全额索赔，仅赔付了修复费用。

第二节　光伏发电运行及维护阶段受损事故

一、某光伏电站暴雨受损案

1. 案情介绍

某年 7 月，某光伏电站所在地区持续暴雨，巡查时发现山洪冲刷光伏区域，直接造成光伏板损毁、支架变形、条形基础下沉等损失。随后，被保险人向保险公司进行报案。经保险人调查，事故原因为暴雨和洪水，属于财产一切险保险责任。

2. 索赔情况

索赔金额 570.9 万元，核损金额 209.65 万元，残值金额 3.3 万元，赔付金额 196.04 万元。

3. 事故照片（见图 15–2）

(a) 光伏组件大面积倒塌　　(b) 局部损坏拆除的组件

图 15–2　暴雨受损案事故照片

4. 索赔启示

（1）在投保运营期保险，如项目属于预转固状态，按照工程概算投保时，注意将所有已形成资产进行投保，避免仅投保机器设备，不投保土建施工项目，造成不足额投保的情况。

（2）在索赔过程中，如遇到保险财产无损失，但需发生的、必要的有关清理费用，也可以向保险公司进行索赔。

（3）在现场查勘时，与查勘人员逐一核实损失标的，并形成查勘记录，如查勘记录与查勘实际情况不一致时，待核实清楚或在查勘记录上明确注明后再签字确认。

二、某光伏电站火灾受损案

1. 案情介绍

某年 12 月，某光伏电站的合作单位某电镀有限公司厂房一层的电镀车间突然发生火灾，火情很快蔓延至该光伏电站，造成该光伏电站光伏板过火、烟熏及高温烘烤受损。随后，被保险人向保险公司进行报案，保险公司委托某公估公司对受损标的予以检验、估损及理算。经公估人调查，事故原因为火灾，属于意外事故，属于财产一切险规定的保险责任。

2. 索赔情况

索赔金额 169.42 万元，核损金额 63.15 万元，残值金额 1.05 万元，免赔金额 0.5 万元，赔付金额 61.6 万元。

3. 事故照片（见图 15－3）

(a) 烟熏及高温烘烤光伏板

(b) 过火烧毁光伏板

(c) 过火烧毁逆变器

(d) 过火电缆

图 15－3　火灾受损案事故照片

4. 索赔启示

（1）按照保单约定，投保人对保险标的有防灾防损的义务，被保险人有义务强化防火保护措施，加强日常巡逻，定期维护消防设备，及时避免可能发生的潜在损失。

（2）与保险人核定损失数量时应结合修复的实际情况合理确定受损标的物数量，避免数量相差过大。

三、某光伏电站台风受损案

1. 案情介绍

某年 8 月，因台风“利奇马”袭击，某光伏电站多处发电组件受损，多处组件支架角度发现异常。随后，被保险人向保险公司进行报案。经保险人调查，事故原因为台风，台风属于自然灾害范畴，属于财产一切险保险责任。

2. 索赔情况

索赔金额 108 万元，核损金额 91.23 万元，残值金额 0 万元，赔付金额 86.67 万元。

3. 事故照片（见图 15－4）

(a) 受损的光伏板

(b) 受损的立柱、支架

图 15－4 台风受损案事故照片

4. 索赔启示

由于光伏电站全部建于开阔水面，使用钢立柱及支架安装，在遭遇台风时会产生剧烈晃动，导致支架、立柱、转向机构等受力部件在大风造成的扭力作用下产生意外断裂、变形、光伏板掉落等情况。因此，建议在台风高发区域的水上光伏项目，在设计初期需要充分考虑光伏支架载荷以及抗风等级，避免发生大范围灾害事故。

四、某光伏电站逆变器短路受损案

1. 案情介绍

某年 5 月，某光伏电站值班人员发现一期光伏区 5 号方阵 1 号逆变器没有功率输出，经检查发现，其 IGBT 模块因短路受损。随后，被保险人向保险公司进行报案。经保险人调查，事故原因为短路，属于机器损坏险保险责任。

2. 索赔情况

索赔金额 3 万元，免赔额 0.5 万元，赔付金额 1.6 万元。

3. 事故照片（见图 15－5）

(a) 逆变器控制室

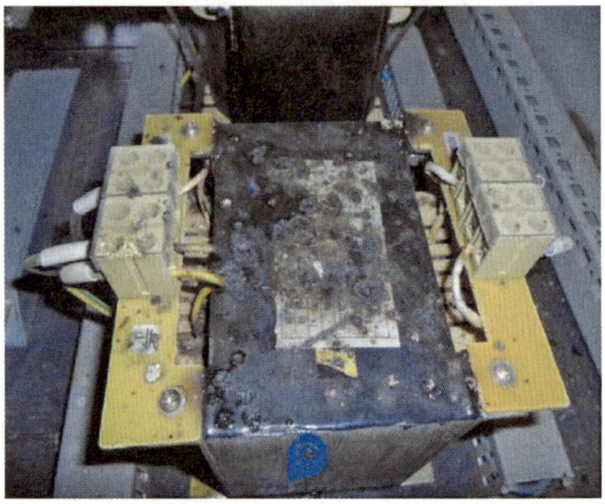

(b) 受损的 IGBT 模块

图 15－5　逆变器短路受损案事故照片

4. 索赔启示

（1）根据保单约定，被保险人有义务加强设备的日常维护及巡检，及时发现并处理潜在问题，避免造成不必要的损失。

（2）如索赔金额中包括可抵扣的增值税，根据保险的补偿原则，可抵扣的增值税将不能进行保险赔付。

五、某光伏电站雇主责任险人员伤亡案

1. 案情介绍

某年 9 月，某光伏电站员工在电站宿舍内因突发疾病死亡。随后，被保险人向保险公司进行报案。经保险人调查，事故原因为员工突发性疾病，属于雇主责任险的保险责任。

2. 索赔情况

索赔金额 100 万元，免赔额 0 万元，赔付金额 70 万元。

3. 索赔启示

本案主要争议点在于死者的死亡是否属于企业应该承担的责任，后经取得工伤认定书，确定死者工伤事实，使得案件取得突破性进展。

第十六章

光伏发电项目行业标准与相关法规

第一节　光伏发电相关政策及行政法规

我国太阳能发电建设始于20世纪70年代，初期受限于高成本因素，应用仅限于小功率电源系统。2010年以后，政府加大了对光伏发电的支持力度，不断推动我国光伏产业发展。2010年《国务院关于加快培育和发展战略性新兴产业的决定》明确将太阳能光伏发电纳入七大重点产业之一的新能源产业；2011年，国家发展改革委发布《产业结构调整指导目录》，首次将新能源作为单独门类列入指导目录的鼓励类，太阳能光伏发电位列其中；2011年6月，工信部发布《关于印发〈多晶硅行业准入申请报告〉的通知》，为国内光伏发电市场的启动准备了条件；2011年7月，国家发展改革委下发《关于完善太阳能光伏发电上网电价政策的通知》，标志着我国光伏发电固定上网电价（又称标杆电价）的出台，也预示着国内光伏发电市场由起步阶段走向规模化发展的新阶段。

一、国内光伏发电相关政策及行政法规

（一）光伏发电行业指导政策

光伏发电行业指导政策汇总如表16－1所示。

表16－1　光伏发电行业指导政策汇总

序号	文件名称	颁发单位	颁布年度	主要内容
1	《中华人民共和国可再生能源法》	全国人民代表大会常务委员会	2005	促进可再生能源的开发利用，增加能源供应，改善能源结构，保障能源安全，保护环境，实现经济社会的可持续发展
2	《关于加快推进太阳能光电建筑应用的实施意见》	财政部、住房和城乡建设部联合发布	2009	支持开展光电建筑应用示范，实施“太阳能屋顶计划”，并注重发挥国家财政资金政策杠杆的引导作用，形成政府引导、市场推进的机制和模式，加快光电商业化发展
3	《国务院关于加快培育和发展战略性新兴产业的决定》	国务院	2010	积极发展新能源产业，提高光伏发电技术装备水平，加快适应新能源发展的智能电网及运行体系建设

续表

序号	文件名称	颁发单位	颁布年度	主要内容
4	《当前优先发展的高技术产业化重点领域指南（2011年度）》	国家发展和改革委员会、科学技术部、工业和信息化部、商务部、国家知识产权局	2011	鼓励高效率、低成本、新型太阳能光伏电池材料，光伏逆变并网系统技术，兆瓦级以上光伏太阳能并网发电系统，兆瓦级以上大规模太阳能高温热发电系统，风/光及其他能源互补发电系统，太阳能采暖与制冷系统与设备，太阳能与建筑一体化技术，薄膜太阳电池关键技术及装备，聚光、柔性等新型太阳电池技术及装备
5	《关于做好2012年金太阳示范工作的通知》	财政部、科技部、国家能源局联合发布	2012	确定2012年金太阳示范工程总规模为1709MW
6	《中国的能源政策（2012）》	国务院新闻办公室	2012	大力发展新能源和可再生能源，积极利用太阳能
7	《产业结构调整指导目录（2011年本）》（2013年修正）	国家发展和改革委员会	2013	支持太阳能热发电集热系统、太阳能光伏发电系统集成技术开发应用、逆变控制系统开发制造
8	《关于发挥价格杠杆作用促进光伏产业健康发展的通知》	国家发展和改革委员会	2013	充分发挥价格杠杆引导资源优化配置的积极作用，促进光伏发电产业健康发展
9	《国务院关于促进光伏产业健康发展的若干意见》	国务院	2013	发展目标：2013～2015年，年均新增光伏发电装机容量1000万kW左右，到2015年总装机容量达到3500万kW以上。加快企业兼并重组，淘汰产品质量差、技术落后的生产企业，培育一批具有较强技术研发能力和市场竞争力的龙头企业。加快技术创新和产业升级，提高多晶硅等原材料自给能力和光伏电池制造技术水平，显著降低光伏发电成本，提高光伏产业竞争力
10	《福建省促进光伏产业健康发展的六条措施》	福建省经信委、发改委、财政厅、科技厅、住建厅、国税局、物价局	2014	从促进光伏产品应用、改进服务和管理方式、加快产业结构调整、提高产业技术和装备水平、建设光伏产品检测和认证体系、强化金融支持等六方面推动福建省光伏产业发展
11	《关于进一步落实分布式光伏发电有关政策的通知》	国家能源局	2014	加强分布式光伏发电应用规划工作，鼓励开展多种形式的分布式光伏发电应用，加强对建筑屋顶资源使用的统筹协调，完善分布式光伏发电工程标准和质量管理以及建立简便、高效、规范的项目备案管理工作机制
12	《关于做好2014年光伏发电项目接网工作的通知》	国家能源局综合司	2014	健全光伏发电项目建设管理工作机制；做好光伏项目发电项目并网衔接工作；正确处理实行规模管理前的光伏发电项目问题；继续完善分布式光伏发电并网服务；加强光伏发电接网和并网运行监管服务等五大措施
13	《关于进一步优化光伏企业兼并重组市场环境的意见》	工业和信息化部	2014	光伏市场发展的目标是立足产业发展特点和现状，以提升行业集中度、培育优势骨干企业、增强产业核心竞争力、优化产业区域布局为总体目标。到2017年底，形成一批具有较强国际竞争力的骨干光伏企业，前5家多晶硅企业产量占全国80%以上，前10家电池组件企业产量占全国70%以上，形成多家具有全球视野和领先实力的光伏发电集成开发及应用企业
14	《关于促进先进光伏技术产品应用和产业升级的意见》	国家能源局、工业和信息化部、国家认证认可监督管理委员会	2015	发挥市场对技术进步的引导作用，严格执行光伏产品市场准入标准，实施“领跑者”计划，发挥财政资金和政府采购支持光伏发电技术进步的作用，加强光伏产品检测认证，加强工程产品质量管理，完善光伏发电运行信息监测体系

续表

序号	文件名称	颁发单位	颁布年度	主要内容
15	《关于支持新产业新业态发展促进大众创业万众创新用地政策的意见》	国土资源部、国家发展和改革委员会、科技部	2015	积极保障新产业发展用地，多种方式供应新产业用地，差别化保障新业态用地，鼓励盘活利用现有用地，引导新产业集聚发展，促进光伏产业发展
16	《国家能源局关于印发 2016 年能源工作指导意见的通知》	国家能源局	2016	扩大光伏发电“领跑者”基地建设规模。继续推进太阳能热发电示范项目建设，探索太阳能热发电新技术和新模式。统筹做好太阳能发电项目与配套电网建设衔接
17	《国家能源局关于印发 2017 年能源工作指导意见的通知》	国家能源局	2017	继续实施光伏发电“领跑者”行动，充分发挥市场机制作用，推动发电成本下降。调整光伏电站发展布局，严格控制弃光严重地区新增规模，对弃光率超过 5%的省份暂停安排新建光伏发电规模。稳步推进太阳能热发电首批示范项目
18	《国家能源局关于印发 2018 年能源工作指导意见的通知》	国家能源局	2018	稳步发展风电和太阳能发电，强化风电、光伏发电投资监测预警机制，控制弃风、弃光严重地区新建规模，确保风电、光伏发电弃电量和弃电率实现“双降”。健全市场机制，继续实施和优化完善光伏领跑者计划，启动光伏发电平价上网示范和实证平台建设工作。稳步推进太阳能热发电示范项目建设
19	《国家能源局关于印发 2020 年能源工作指导意见的通知》	国家能源局	2020	持续发展非化石能源。落实《关于 2020 年风电、光伏项目建设有关事项的通知》，保持风电、光伏发电合理规模和发展节奏。有序推进集中式风电、光伏和海上风电建设，加快中东部和南方地区分布式光伏、分散式风电发展。积极推进风电、光伏发电平价上网
20	《国家能源局关于 2020 年风电、光伏发电项目建设有关事项的通知》	国家能源局	2020	及时测算论证经营区域内各省级区域 2020 年风电、光伏发电新增消纳能力；风电、光伏发电投资企业要综合考虑项目所在地区可再生能源“十三五”相关规划执行情况、电网消纳能力等，理性投资，防范投资风险；按照核准（备案）文件要求，落实各项建设条件，有序组织项目开工建设；加强工程质量管控，确保建设安全和生产安全
21	《关于做好 2020 年能源安全保障工作的指导意见》	国家发展和改革委员会、国家能源局	2020	在保障消纳的前提下，支持清洁能源发电大力发展，加快推动风电、光伏发电补贴退坡，推动建成一批风电、光伏发电平价上网项目，科学有序推进重点流域水电开发，打造水风光一体化可再生能源综合基地。开展煤电风光储一体化试点，在煤炭和新能源资源富集的西部地区，充分发挥煤电调峰能力，促进清洁能源多发满发。2020 年，常规水电装机容量达到 3.4 亿 kW 左右，风电、光伏发电装机容量均达到 2.4 亿 kW 左右
22	《国家能源局关于 2021 年风电、光伏发电开发建设有关事项的通知》	国家能源局	2021	落实碳达峰、碳中和目标，以及 2030 年非化石能源占一次能源消费比重达到 25%左右、风电太阳能发电总装机容量达到 12 亿 kW 以上等任务，坚持目标导向，完善发展机制，释放消纳空间，优化发展环境，发挥地方主导作用，调动投资主体积极性，推动风电、光伏发电高质量跃升发展。2021 年，全国风电、光伏发电发电量占全社会用电量的比重达到 11%左右，后续逐年提高，确保 2025 年非化石能源消费占一次能源消费的比重达到 20%左右

续表

序号	文件名称	颁发单位	颁布年度	主要内容
23	《关于引导加大金融支持力度、促进风电和光伏发电等行业健康有序发展的通知》	国家发展和改革委员会	2021	金融机构按照商业化原则与可再生能源企业协商展期或续贷；金融机构按照市场化、法治化原则自主发放补贴确权贷款；通过核发绿色电力证书方式适当弥补企业分担的利息成本；足额征收可再生能源电价附加；优先发放补贴和进一步加大信贷支持力度。企业结合实际情况自愿选择是否主动转为平价项目，对于自愿转为平价项目的，可优先拨付资金，贷款额度和贷款利率可自主协商确定等
24	《国务院关于加快建立健全绿色低碳循环发展经济体系的指导意见》	国务院	2021	要求以节能环保、清洁生产、清洁能源等为重点率先突破，做好与农业、制造业、服务业和信息技术的融合发展，全面带动一、二、三产业和基础设施绿色升级。要求发展壮大新一代信息技术、新能源、新材料、新能源汽车、绿色环保等战略性新兴产业，加快推动现代服务业、高新技术产业和先进制造业发展

（二）光伏发电产业指导政策

光伏发电产业指导政策汇总如表 16－2 所示。

表 16－2　光伏发电产业指导政策汇总

序号	文件名称	颁发单位	颁布年度	主要内容
1	《可再生能源产业发展指导目录》	国家发展和改革委员会	2005	将离网型太阳能光伏发电、并网型太阳能光伏发电、工业用光伏电源等光伏发电列入指导目录中
2	《国家中长期科学和技术发展规划纲要（2006～2020 年）》	国务院	2006	将太阳能发电确定为我国科学和技术发展的优先主题
3	《能源发展“十一五”规划》	国家发展和改革委员会	2007	“十一五”期间，重点发展资源潜力大、技术基本成熟的风力发电、生物质发电、生物质成型燃料、太阳能利用等可再生能源，以规模化建设带动产业发展
4	《可再生能源中长期发展规划》	国家发展和改革委员会	2007	将太阳能发电列为重点发展领域，提出到 2010 年太阳能发电总容量达到 30 万 kW，到 2020 年达到 180 万 kW 目标
5	《可再生能源发展“十一五”规划》	国家发展和改革委员会	2007	将利用太阳能的指导方针定为通过营造稳定的市场，积极发展太阳能光伏发电；进行必要的太阳能热发电技术研发和试点示范
6	《太阳能光伏产业“十二五”发展规划》	工业和信息化部	2012	到 2015 年形成：多晶硅领先企业达到 5 万 t 级，骨干企业达到万吨级水平；太阳能电池领先企业达到 5GW 级，骨干企业达到吉瓦级水平；单晶硅电池的产业化转换效率达到 21%，多晶硅电池达到 19%，非晶硅薄膜电池达到 12%，新型薄膜太阳能电池实现产业化。到 2015 年，光伏组件成本下降到 7000 元/kW，光伏系统成本下降到 1.3 万元/kW，发电成本下降到 0.8 元/（kW·h），光伏发电具有一定经济竞争力
7	《太阳能发电科技发展“十二五”专项规划》	科技部	2012	实现太阳能大规模利用，发电成本可与常规能源竞争；突破规模化生产和规模化应用技术；全面布局开展晶体硅电池、薄膜电池及新型电池技术研发；全面部署材料、器件、系统和装备科技攻关

续表

序号	文件名称	颁发单位	颁布年度	主要内容
8	《太阳能发电发展“十二五”规划》	国家能源局	2012	到 2015 年底，太阳能发电装机容量达到 2100 万 kW 以上，年发电量达到 250 亿 kW·h。重点在中东部地区建设与建筑结合的分布式光伏发电系统，建成分布式光伏发电总装机容量 1000 万 kW。“十二五”期间，建设 100 个新能源示范城市和 1000 个新能源示范园区
9	《能源发展战略行动计划（2014～2020 年）》	国务院	2014	着力优化能源结构，把发展清洁低碳能源作为调整能源结构的主攻方向。坚持发展非化石能源与化石能源高效清洁利用并举，逐步降低煤炭消费比重，提高天然气消费比重，大幅增加风电、太阳能、地热能等可再生能源和核电消费比重
10	《2015 年光伏发电建设实施方案》	国家能源局	2015	为稳定扩大光伏发电应用市场，2015 年下达全国新增光伏电站建设规模 1780 万 kW；各地区应完善光伏发电项目的规划工作，合理确定建设布局。鼓励结合生态治理、设施农业、渔业养殖、扶贫开发等合理配置项目等
11	《能源生产和消费革命战略（2016～2030）》	国家发展和改革委员会、国家能源局	2016	到 2020 年，全面启动能源革命体系布局，推动化石能源清洁化，根本扭转能源消费粗放增长方式，实施政策导向与约束并重。2021～2030 年，可再生能源、天然气和核能利用持续增长，高碳化石能源利用大幅减少。能源消费总量控制在 60 亿 t 标准煤以内，非化石能源占能源消费总量比重达到 20%左右，天然气占比达到 15%左右
12	《能源技术革命创新行动计划（2016～2030 年）》	国家发展和改革委员会、国家能源局	2016	高效太阳能技术利用创新，研究智能化大型光伏电站、分布式光伏及微电网应用、大型光热电站关键技术，开展大型风光热互补电站示范。2020 年的目标是掌握智能光伏电站设计和建造成套技术，实现发电效率≥80%；2050 年的展望是开发出新型高性能光伏电池，大幅提升光电转换效率并降低成本，至少一种电池达到世界最高效率；实现光电转化和储能一体化；太阳能热化学制备清洁燃料获重大突破并示范
13	《电力发展“十三五”规划（2016～2020 年）》	国家发展和改革委员会、国家能源局	2016	大力发展新能源，优化调整开发布局。按照分散开发、就近消纳为主的原则布局光伏电站。2020 年，太阳能发电装机容量达到 1.1 亿 kW 以上，其中分布式光伏 6000 万 kW 以上、光热发电 500 万 kW
14	《可再生能源发展“十三五”规划》	国家发展和改革委员会	2016	全面推进分布式光伏和“光伏＋”综合利用工程。有序推进大型光伏电站建设。在资源条件好、具备接入电网条件、消纳能力强的中西部地区，在有效解决已有弃光问题的前提下，有序推进光伏电站建设。积极支持在中东部地区，结合环境治理和土地再利用要求，实施光伏“领跑者”计划，促进先进光伏技术和产品应用，加快市场优胜劣汰和光伏上网电价快速下降

续表

序号	文件名称	颁发单位	颁布年度	主要内容
15	《能源发展“十三五”规划》	国家发展和改革委员会、国家能源局	2016	优化太阳能开发布局，优先发展分布式光伏发电，扩大“光伏+”多元化利用，促进光伏规模化发展。稳步推进“三北”地区光伏电站建设，积极推动光热发电产业化发展。建立弃光率预警考核机制，有效降低光伏电站弃光率。2020年，太阳能发电规模达到1.1亿kW以上，其中分布式光伏6000万kW、光伏电站4500万kW、光热发电500万kW，光伏发电力争实现用户侧平价上网
16	《“十三五”国家战略性新兴产业发展规划》	国务院	2016	推动太阳能多元化规模化发展。大力发展太阳能集成应用技术，推动高效低成本太阳能利用新技术和新材料产业化，建设太阳能光电光热产品测试与产业监测公共服务平台，大幅提升创新发展能力。统筹电力市场和外输通道，有序推进西部光伏光热发电开发，加快中东部分布式光伏发展，推动多种形式的太阳能综合开发利用。加快实施光伏领跑者计划，形成光热发电站系统集成和配套能力，促进先进太阳能技术产品应用和发电成本快速下降，引领全球太阳能产业发展。到2020年，太阳能发电装机规模达到1.1亿kW以上，力争实现用户侧平价上网。其中，分布式光伏发电、光伏电站、光热发电装机规模分别达到6000万kW、4500万kW、500万kW
17	《太阳能发展“十三五”规划》	国家能源局	2016	继续扩大太阳能利用规模，不断提高太阳能在能源结构中的比重，提升太阳能技术水平，降低太阳能利用成本。完善太阳能利用的技术创新和多元化应用体系，为产业健康发展提供良好的市场环境。光伏发电成本持续降低。到2020年，光伏发电电价水平在2015年基础上下降50%以上，在用电侧实现平价上网目标；太阳能热发电成本低于0.8元/（kW·h）；太阳能供暖、工业供热具有市场竞争力
18	《能源技术创新“十三五”规划》	国家能源局	2016	在新能源电力系统技术领域，重点攻克高比例可再生能源分布式并网和大规模外送技术、大规模供需互动、多能源互补综合利用、分布式供能、智能配电网与微电网等技术，在机械储能、电化学储能、储热等储能技术上实现突破，提升电网关键装备和系统的技术水平；掌握太阳能、风能、水能等可再生能源为主的能源系统关键技术，开展海洋能、地热能利用试验示范工程建设，实现可再生能源大规模、低成本、高效率开发利用，支撑2020年非化石能源占比15%的战略目标
19	《工业绿色发展规划（2016～2020年）》	工业和信息化部	2016	到2020年，绿色发展理念成为工业全领域全过程的普遍要求，工业绿色发展推进机制基本形成，绿色制造产业成为经济增长新引擎和国际竞争新优势，工业绿色发展整体水平显著提升。绿色制造产业快速发展。绿色产品大幅增长，电动汽车及太阳能、风电等新能源技术装备制造水平显著提升，节能环保装备、产品与服务等绿色产业形成新的经济增长点

（三）光伏发电财税政策

光伏发电财税政策汇总如表 16－3 所示。

表 16－3 光伏发电财税政策汇总

序号	文件名称	颁发单位	颁布年度	主要内容
1	《可再生能源电价附加收入调配暂行办法》	国家发展和改革委员会	2007	明确提出可再生能源电价补贴的钱从 RE 电力附加中出，2008 年 6 月以后在全国每度电征收 2 厘，2009 年 11 月，增加到 4 厘，全年为 120 亿～200 亿元；风力发电已经公布了 4 档标杆电价［0.51～0.61 元/（kW·h）］；生物质为标杆电价加 0.25 元/（kW·h）［0.5～0.7 元/（kW·h）］；光伏发电尚未明确电价；提出了“配额交易”的概念
2	《关于实施金太阳示范工程的通知》《金太阳示范工程财政补贴资助资金管理暂行办法》	财政部、科技部、国家能源局	2009	明确了补助标准：并网光伏发电项目原则上按光伏发电系统及其配套输配电工程总投资的 50%给予补助，偏远无电地区的独立光伏发电系统按总投资的 70%给予补助；光伏发电关键技术产业化和产业基础能力建设项目，给予适当贴息或补助
3	《可再生能源电价附加补助资金管理暂行办法》	国家发展和改革委员会、财政部、国家能源局	2012	促进可再生能源开发利用，规范可再生能源电价附加资金管理，提高资金使用效率
4	《关于分布式光伏发电实行按照电量补贴政策有关问题的通知》	财政部	2013	国家对分布式光伏发电项目按电量给予补贴
5	《中共中央国务院关于进一步深化电力体制改革的若干意见》	国务院	2015	完善政企分开、厂网分开、主辅分开的基础上，按照管住中间、放开两头的体制架构，有序放开输配以外的竞争性环节电价，有序向社会资本放开配售电业务，有序放开公益性和调节性以外的发用电计划
6	《关于完善陆上风电光伏发电上网标杆电价政策的通知》	国家发展和改革委员会	2015	实行陆上风电、光伏发电上网标杆电价随发展规模逐步降低的价格政策。鼓励各地通过招标等市场竞争方式确定陆上风电、光伏发电等新能源项目业主和上网电价，但通过市场竞争方式形成的上网电价不得高于国家规定的同类陆上风电、光伏发电项目当地上网标杆电价水平
7	《关于做好风电、光伏发电全额保障性收购管理工作的通知》	国家发展和改革委员会、国家能源局	2016	综合考虑电力系统消纳能力，核定部分存在弃风、弃光问题地区规划内的风电、光伏发电最低保障收购年利用小时数
8	《可再生能源发电全额保障性收购管理办法》	国家发展和改革委员会	2016	贯彻落实《中共中央国务院关于进一步深化电力体制改革的若干意见》（中发〔2015〕9 号）及相关配套文件要求。加强可再生能源发电全额保障性收购管理，保障非化石能源消费比重目标的实现，推动能源生产和消费革命
9	《国家发展改革委关于调整光伏发电陆上风电标杆上网电价的通知》	国家发展和改革委员会	2016	降低 2017 年 1 月 1 日之后新建光伏发电和 2018 年 1 月 1 日之后新核准建设陆上风电标杆上网电价，光伏发电Ⅰ、Ⅱ、Ⅲ类资源区电价调整为 0.65、0.75、0.85 元/（kW·h），陆上风电Ⅰ、Ⅱ、Ⅲ、Ⅳ类资源区电价分别降为 0.40、0.45、0.49、0.57 元/（kW·h）

续表

序号	文件名称	颁发单位	颁布年度	主要内容
10	《关于试行可再生能源绿色电力证书核发及自愿认购交易制度的通知》	国家发展和改革委员会、国家能源局	2017	在全国范围内试行绿证核发和自愿认购，为陆上风电、光伏（不含分布式）发放绿证。绿证自 2017 年 7 月 1 日起自愿认购，2018 年将启动绿色电力配额考核和证书强制约束交易
11	《关于全面深化价格机制改革的意见》	国家发展和改革委员会	2017	根据技术进步和市场供求，实施风电、光伏等新能源标杆上网电价退坡机制，2020 年实现风电与燃煤发电上网电价相当、光伏上网电价与电网销售电价相当。探索通过市场化招标方式确定新能源发电价格，研究有利于储能发展的价格机制，促进新能源全产业链健康发展，减少新增补贴资金需求
12	《关于开展可再生能源发电补贴项目清单审核有关工作的通知》	财政部	2020	由财政部、国家发展改革委、国家能源局发文公布的第一批至第七批可再生能源电价附加补助目录内的可再生能源发电项目，由电网企业对相关信息进行审核后，直接纳入补贴清单
13	《关于2021年新能源上网电价政策有关事项的通知》	国家发展和改革委员会	2021	2021 年起，对新备案集中式光伏电站、工商业分布式光伏项目和新核准陆上风电项目（以下简称“新建项目”），中央财政不再补贴，实行平价上网；2021 年新建项目上网电价按当地燃煤发电基准价执行；新建项目可自愿通过参与市场化交易形成上网电价，以更好地体现光伏发电、风电的绿色电力价值；2021 年起，新核准（备案）海上风电项目、光热发电项目上网电价由当地省级价格主管部门制定，具备条件的可通过竞争性配置方式形成。鼓励各地出台针对性扶持政策，支持光伏发电、陆上风电、海上风电、光热发电等新能源产业持续健康发展

（四）光伏发电产业运营政策

光伏发电产业运营政策汇总如表 16－4 所示。

表 16－4　　光伏发电产业运营政策汇总

序号	文件名称	颁发单位	颁布年度	主要内容
1	《关于加强进太阳示范工程和太阳能光电建筑应用示范工程建设管理的通知》	财政部、科技部、住房和城乡建设部、国家能源局	2010	进一步扩大国内光伏发电应用规模，降低光伏发电成本，促进战略性新兴产业发展
2	《关于申报分布式光伏发电规模化应用示范区的通知》	国家能源局	2012	每个省（自治区、直辖市）申报支持的数量不超过 3 个，申报总装机容量原则上不超过 50 万 kW。鼓励各省（自治区、直辖市）利用自有财政资金，在国家补贴政策基础上，以适当方式支持分布式光伏发电示范区建设
3	《做好分布光伏发电并网服务的工作意见》	国家电网公司	2012	电网企业为分布式光伏发电项目业主提供接入系统方案制定和咨询服务，并在受理并网申请后 20 个工作日内，实施安装。10kV 以下电压等级接入电网而且单个并网总装机容量不超过 6MW，将免费提供接入服务，并且全额收购这些项目富余的电量
4	《分布式发电管理暂行办法》	国家发展和改革委员会	2013	推进分布式发电发展，加快可再生能源开发利用，提高能源效率，保护生态环境

续表

序号	文件名称	颁发单位	颁布年度	主要内容
5	《分布式光伏发电项目管理暂行办法》	国家能源局	2013	推进分布式光伏发电应用，规范分布式光伏发电项目管理，鼓励各类电力用户、投资企业、专业化合同能源服务公司、个人等作为项目单位，投资建设和经营分布式光伏发电项目
6	《光伏电站项目管理暂行办法》	国家能源局	2013	规范光伏电站项目管理，保障光伏电站和电力系统安全可靠运行，促进光伏发电产业持续健康发展
7	《国家能源局关于明确电力业务许可管理有关事项的通知》	国家能源局	2014	贯彻简政放权、加强大气污染防治的总体要求，进一步发挥电力业务许可证在规范电力市场秩序等方面的作用
8	《可再生能源发展专项资金管理暂行办法》	财政部	2015	规范和加强可再生能源发展专项资金管理，提高资金使用效益
9	《光伏制造行业规范条件（2015 年本）》	工业和信息化部	2015	光伏制造企业及项目应符合国家资源开发利用、环境保护、节能管理等法律法规要求，符合国家产业政策和相关产业规划及布局要求，符合当地土地利用总体规划、城市总体规划、环境功能区划和环境保护规划等要求
10	《关于做好风电、光伏发电全额保障型收购管理工作的通知》	国家发展和改革委员会、国家能源局	2016	综合考虑电力系统消纳能力，按照各类标杆电价覆盖区域，参考准许成本加合理收益，核定了部分存在弃风、弃光问题地区规划内的风电、光伏发电最低保障收购年利用小时数。最低保障收购年利用小时数将根据新能源并网运行、成本变化等情况适时调整
11	《关于推进“互联网+”智慧能源发展的指导意见》	国家发展和改革委员会	2016	鼓励建设智能风电场、智能光伏电站等设施及基于互联网的智慧运行云平台，实现可再生能源的智能化生产
12	《关于建立可再生能源开发利用目标引导制度的指导意见》	国家能源局	2016	促进可再生能源开发利用，保障实现 2020、2030 年非化石能源占一次能源消费比重分别达到 15%、20%的能源发展战略目标
13	《2017 年能源领域行业标准化工作要点》	国家能源局	2017	持续完善风电、光伏发电、生物液体燃料加工转化等领域标准体系；推动太阳能光热、分布式储能及能源安全生产、生物柴油、燃料醇类、燃料型非粮原料林培育和可持续经营标准制修订工作
14	《关于公布首批多能互补集成优化示范工程的通知》	国家能源局	2017	首批多能互补集成优化示范工程共安排 23 个项目，其中，终端一体化集成供能系统 17 个、风光水火储多能互补系统 6 个。多能互补集成优化示范工程中涉及的风电、光伏发电项目，“三北”地区应严格消化存量，其他地区应在优先消化存量的基础上，再发展增量
15	《光伏制造行业规范条件》	工业和信息化部	2021	光伏制造企业及项目应符合国家资源开发利用、环境保护、节能管理等法律法规要求，符合国家产业政策和相关产业规划及布局要求，符合当地土地利用总体规划、城市总体规划、环境功能区划和环境保护规划等要求

二、国外光伏发电政策

目前，世界各个国家光伏产业政策主要涉及光伏发电设备和光伏产业的补贴、贷款、融资以及税收优惠等，针对光伏发电并网的上网电价、净电价政策等，还有政府采购，包括示范性项目和光伏发电项目招标等，基于低碳环保理念的激励政策，包括配额制（RPS）和绿色书电力证书交易等。各类政策对光伏产业的发展起到了不同的效果。

（一）上网电价政策

上网电价政策主要是强制光伏上网电价（Feed-in-Tariff，FiT）政策，这是一种新能源补贴政策。欧洲和北美一些太阳能领先的国家都有明确的太阳能发电上网电价补贴政策，以鼓励太阳能发电的科技研发、项目开发和广泛应用。

这些补贴规定在有些国家已成为法律义务。这些国家通过补贴太阳能发电成本与常规上网电价的差额，使技术尚未成熟和开发运营成本仍然较高的太阳能供电项目能够有长期稳定的合理回报，吸引部件、系统和运营商及投资人的积极参与，从而推动整个行业的持续发展。

FiT 补贴的目的是鼓励投资者对新能源领域（风能、太阳能、潮汐能等）的投资，由于新能源技术成本和生产成本高于传统能源，但新能源有降低温室效应及碳排放等诸多环境和社会效应，所以各国政府采用 FiT 补贴的方式，以光伏产业为例，各国政府通过提高光伏上网电价的方式，最终提高光伏产业各领域的产品价格，提高利润空间，鼓励新能源产业的发展。

FiT 补贴的另一种特点是，随着时间的推移补贴慢慢减少。这是因为政府通过补贴的方式除为鼓励投资者投资新能源领域以外，还有一个目的就是逐渐降低行业的生产成本，政府通过逐年下调补贴数额来达到推动企业进行技术研发、工艺改进，降低生产成本，最终达到能与传统能源相竞争的成本水平。

（二）优惠补贴政策

优惠补贴政策可以分为投资补贴、信贷担保和税收抵免三种。

投资补贴又可以分为初始安装补贴和投资研发补贴。初始安装补贴政策使成本显著下降，也使很多商家进入光伏发电行业，推进了产业化的进程。技术创新与进步是限制光伏发展的主要原因之一，而研发需要大量的资金支持。投资研发补贴促进光伏产业加强人才培养和技术创新，减少光伏发电成本，促进光伏产业良好发展。如美国 2005 年的《能源政策法》明确指出，购买或安装屋顶光伏系统的居民，可得到抵税补贴，设定 500 美元上限。

政府提供信贷担保政策。政府拨出专项资金对光伏产业提供信贷担保，一旦光伏企业融资出现问题，政府为企业提供贷款担保，主要是针对光伏组件和光伏电站。德国银行给予安装光伏用户低息贷款，为期 8 年，不对上网电价收取营业税，商业系统不用缴纳增值税，设备可在 20 年内进行折旧。日本政府给予安装光伏系统用户贷款优惠，对于住宅光伏系统，不缴纳税，非住宅系统按 2 日元/（kW·h）收取费用。美国有一部分州也实行此政策。

税收抵免政策，主要是通过减免个人所得税、公司所得税和房地产税，并通过发放抵用券等措施，来降低使用光伏设备的成本。美国 1992 年出台的《能源政策法》实行了税收抵免政策，2008 年美国参议院又通过了诸多税收减免政策等。

（三）强制配额制度（RPS）和绿色证书制度（RETC）

强制配额制度（RPS）指能源公司在生产或销售常规电力时，必须按照规定比例生产或销售可再生能源电量。如果不能完成比例要求，就必须到可交易的产权市场上购买相应数量的太阳能绿色电力证书，或向政府支付一定数量的罚金，再由政府购买相应数量的光伏太阳能，这就形成太阳能光伏电力的交易。绿色证书制度（RETC）指政府对可再生能源发电的企业颁发绿色交易证书，能源企业间可以买卖证书，市场决定价格。

目前实行强制配额制度和绿色电力证书制度的国家有美国的部分州、意大利、英国、日本。日本政府 2003 年出台了“可再生能源配额制”。美国在 2011 年的 32 个州都实行 RPS，不同的州对电力公司或企业的要求也不相同。

（四）净计量电价制度（NM）

净计量电价制度（NM）指在用户和电网之间安装双向电表，按电表净读数计量支付电费，电表可以倒转，电力公司按照零售电价为剩余电量付费。用户配备的光伏发电系统，在发电高峰、用户低谷时段，用户向电网提供电力，晚上不发电、用户用电量高峰时，用户从电网购买电力。

光伏发电系统的电价是用户从电网购电的电力净电价，这既刺激了光伏市场的需求，也引导了民间资本流入光伏产业。NM 目前已经在 9 个国家实施，最典型的为日本以及美国的 42 个州。日本的净计量电价根据政府目的不同进行调整。日本 1992 年的《剩余电力采购制定》，规定电力公司购买的剩余电量的电价和市场电价一样。日本推出《绿色电力购入法》，规定电力公司把每月从终端用户收取的 500 日元的附加费用作为绿色电力基金，购买光伏发电系统的剩余电力。2009 年，日本政府为扩展光伏市场，补贴安装系统，并实行 NM 来辅助补贴政策，NM 电价比居民电价低。日本政府对 NM 足够重视，使净计量电价提升，小于 10kW 的光伏系统购买的价格为 48 日元/（kW • h），比前一年上涨了 32 日元/(kW • h)，2011 年，安装成本下降使得购买价格又下降为 42 日元/(kW • h)，低于 500kW 的光伏系统购买电价为 40 日元/（kW • h），电价提高了 16 日元/（kW • h）。

（五）溢价电价体系

由于可再生能源发电企业和其他电力没有区别，竞价上网也要依据电力市场竞争规则，但政府给上网电力提供溢价，也就是补贴电价。因而，最终电价为“溢价 + 电力市场竞价”。西班牙是该政策主要实施国家。

各国光伏激励政策总结对比如表 16 – 5 所示。

表 16 – 5　　　　各国光伏激励政策总结对比

政策种类	中国	德国	美国	日本
上网电价政策	有	有	加州有	无
净计量政策	无	无	有	有
安装补贴	有	无	有	有
贷款补贴	无	有	有	有
配额制	无	无	有	有
税收优惠	无	有	有	有

第二节　光伏发电相关行业标准

一、国家标准和行业标准

我国光伏领域主要标准化技术组织包括全国半导体设备和材料标准化技术委员会（SAC/TC203）（负责光伏材料和设备领域标准）、全国太阳能光伏能源系统标准化技术委员会（SAC/TC90）（负责电池、组件、部件、系统领域标准）等，另有工业玻璃和特种玻璃标委会、能源基础与管理标委会等标准化技术组织也开展了部分光伏领域标准制定工作；从标准主管部门来看，光伏制造及系统端的标准主管部门主要包括工业和信息化部（包括电子标准、建材标准、有色标准、邮电标准等）、国家能源局等，光伏应用端的标准主管部门主要涉及农业农村部、交通运输部、住房和城乡建设部、公安部等。

截至 2022 年 3 月，我国光伏领域现行国家标准和行业标准共计 313 项，制/修订中的国家标准和行业标准共计 94 项，包括基础通用标准、光伏设备标准、光伏材料标准、光伏电池和组件标准、光伏部件标准、光伏系统标准、光伏应用标准、智能光伏、绿色光伏等方面。

二、团体标准

中国光伏行业协会自 2016 年 3 月 25 日成立中国光伏行业协会标准化技术委员会，正式开始光伏领域内团体标准的修订工作。2018 年 12 月，中国光伏行业协会标准化技术委员会组织国内主流户用光伏企业和专家成立了“户用光伏标准工作组”，致力于户用光伏标准的研制，2019 年 2 月 14 日经中国光伏行业协会批准正式发布 10 项户用并网光伏发电系统标准。

截至 2022 年 3 月，中国光伏行业协会 55 项标准已完成制定并正式发布，其中 2017 年发布 6 项，2019 年发布 21 项，2020 年发布 10 项，2021 年发布 7 项，2022 年（3 月 30 日前）发布 11 项，涉及光伏用辅材辅料、户用光伏系统、水上光伏系统、测试方法、绿色制造等方面，如表 16－6 所示。

表 16－6　　中国光伏行业协会已发布标准

序号	标准名称	标准编号
1	地面光伏组件　光伏组件设计鉴定和定型质量控制导则	T/CPIA 0001—2017
2	晶体硅光伏组件回收再利用通用技术要求	T/CPIA 0002—2017
3	地面用晶体硅光伏组件外形尺寸及安装孔技术要求	T/CPIA 0003—2017
4	光伏组件封装用乙烯—醋酸乙烯酯共聚物（EVA）胶膜	T/CPIA 0004—2017
5	光伏涂锡焊带	T/CPIA 0005—2017
6	光伏组件封装用共聚烯烃胶膜	T/CPIA 0006—2017
7	地面用双玻晶体硅光伏组件　设计鉴定和定型	T/CPIA 0007—2019
8	光伏组件用硅酮类结构胶	T/CPIA 0008—2019

续表

序号	标准名称	标准编号
9	电致发光成像测试晶体硅光伏组件缺陷的方法	T/CPIA 0009—2019
10	并网光伏系统文件、检查及测试技术规范	T/CPIA 0010—2019
11	组件晶体硅标准光伏组件制作和使用指南	T/CPIA 0012—2019
12	光伏支架	T/CPIA 0013—2019
13	光伏组件用绝缘隔离条	T/CPIA 0014—2019
14	光伏组件用背板	T/CPIA 0015—2019
15	水上光伏发电系统用高密度聚乙烯浮体	T/CPIA 0016—2019
16	水上光伏发电系统设计规范	T/CPIA 0017—2019
17	漂浮式光伏发电系统验收规范	T/CPIA 0018—2019
18	户用光伏并网发电系统　第 1 部分：现场勘察与安装场地评估	T/CPIA 0011.1—2019
19	户用光伏并网发电系统　第 2－1 部分：设计规范　一般要求	T/CPIA 0011.201—2019
20	户用光伏并网发电系统　第 2－2 部分：设计规范　方阵设计	T/CPIA 0011.202—2019
21	户用光伏并网发电系统　第 2－3 部分：设计规范　结构设计	T/CPIA 0011.203—2019
22	户用光伏并网发电系统　第 2－4 部分：设计规范　电气安全设计	T/CPIA 0011.204—2019
23	户用光伏并网发电系统　第 2－5 部分：设计规范　系统接入设计	T/CPIA 0011.205—2019
24	户用光伏并网发电系统　第 3 部分：安装与调试规范	T/CPIA 0011.3—2019
25	户用光伏并网发电系统　第 4 部分：验收规范	T/CPIA 0011.4—2019
26	户用光伏并网发电系统　第 5 部分：运行和维护规范	T/CPIA 0011.5—2019
27	户用光伏并网发电系统　第 6 部分：发电性能评估方法	T/CPIA 0011.6—2019
28	双面发电光伏组件电参数测试方法　第 1 部分：双面同步光照法	T/CPIA 0019.1—2020
29	双面发电光伏组件电参数测试方法　第 2 部分：公式法	T/CPIA 0019.2—2020
30	晶体硅光伏电池电致发光测试方法	T/CPIA 0020—2020
31	绿色设计产品评价技术规范　光伏硅片	T/CPIA 0021—2020
32	光伏硅片制造业绿色工厂评价要求	T/CPIA 0022—2020
33	绿色设计产品评价技术规范　光伏电池	T/CPIA 0023—2020
34	绿色设计产品评价技术规范　光伏组件	T/CPIA 0024—2020
35	光伏电池制造业绿色工厂评价要求	T/CPIA 0025—2020
36	光伏组件制造业绿色工厂评价要求	T/CPIA 0026—2020
37	光伏企业绿色供应链管理规制定	T/CPIA 0027—2020
38	光伏组件用玻璃　第 1 部分：前板减反射膜玻璃	T/CPIA 0028.1—2021
39	光伏组件用玻璃　第 2 部分：双玻组件背板增反射镀层玻璃	T/CPIA 0028.2—2021
40	光伏组件背板用薄膜　第 2 部分：聚酯薄膜	T/CPIA 0029.2—2021
41	晶体硅光伏电池用浆料　第 1 部分：背场铝浆　烧结型铝浆	T/CPIA 0030.1—2021
42	晶体硅光伏电池用浆料　第 2 部分：背面银浆　烧结型银浆	T/CPIA 0030.2—2021
43	晶体硅光伏电池用浆料　第 3 部分：正面银浆　烧结型银浆	T/CPIA 0030.3—2021

续表

序号	标准名称	标准编号
44	双面电池组件封装用透明保护膜	T/CPIA 0031—2021
45	晶体硅光伏组件回收再利用通用技术要求	T/CPIA 0002—2022
46	光伏组件背板用薄膜　第 1 部分：氟塑料薄膜	T/CPIA 0029.1—2022
47	钙钛矿光伏电池及组件的电流—电压（$I-V$）特性测量方法	T/CPIA 0032—2022
48	光伏电池量子效率测试系统技术要求	T/CPIA 0033—2022
49	晶体硅光伏组件用局部边框技术要求	T/CPIA 0034—2022
50	绿色设计产品评价技术规范　光伏组件包装箱	T/CPIA 0035—2022
51	光伏组件用定向反射光学薄膜　第 1 部分：用于涂锡焊带表面的薄膜	T/CPIA 0036.1—2022
52	光伏晶体硅片规范	T/CPIA 0037—2022
53	光伏硅片切割用电镀金刚石线	T/CPIA 0038—2022
54	光伏发电站铝铜合金接地装置施工及验收规范	T/CPIA 0039—2022
55	光伏发电项目后评价导则	T/CPIA 0040—2022

附录　光伏电站项目管理暂行办法

（国能新能〔2013〕329号）

第一章　总　　则

第一条　为规范光伏电站项目管理，保障光伏电站和电力系统安全可靠运行，促进光伏发电产业持续健康发展，根据《中华人民共和国可再生能源法》《中华人民共和国电力法》《中华人民共和国行政许可法》《电力监管条例》和《国务院关于促进光伏产业健康发展的若干意见》，制定本办法。

第二条　本办法适用于作为公共电源建设及运行管理的光伏电站项目。

第三条　光伏电站项目管理包括规划指导和规模管理、项目备案管理、电网接入与运行、产业监测与市场监督等环节的行政管理、技术质量管理和安全监管。

第四条　国务院能源主管部门负责全国光伏电站项目建设和运行的监督管理工作。省级能源主管部门在国务院能源主管部门指导下，负责本地区光伏电站项目建设和运行的监督管理工作。委托国家太阳能发电技术归口管理单位承担光伏电站建设和运行技术管理工作。

第二章　规划指导和规模管理

第五条　国务院能源主管部门负责编制全国太阳能发电发展规划。根据国家能源发展规划、可再生能源发展规划，在论证各地区太阳能资源、光伏电站技术经济性、电力需求、电网条件的基础上，确定全国光伏电站建设规模、布局和各省（区、市）年度开发规模。

第六条　省级能源主管部门根据全国太阳能发电发展规划，以及国务院能源主管部门下达的本地区年度指导性规模指标和开发布局意见，按照“统筹规划、合理布局、就近接入、当地消纳”的原则，编制本地区光伏电站建设年度实施方案建议。

第七条　各省（区、市）光伏电站建设年度实施方案建议包括建设规模、项目布局、电网接入、电力消纳评价和建设计划等内容。各省（区、市）应在每年12月末总结本地区光伏电站建成投产及运行情况的基础上，向国务院能源主管部门报送第二年度的光伏电站建设实施方案建议。

第八条　国务院能源主管部门根据全国太阳能发电发展规划，结合各地区报送的光伏电站建设和运行情况、年度实施方案建议，确认需要国家资金补贴的光伏电站的年度实施方案，下达各省（区、市）光伏电站建设年度实施方案。

第九条　各地区按照国务院能源主管部门下达的年度指导性规模指标，扣除上年度已办理手续但未投产结转项目的规模后，作为本地区本年度新增备案项目的规模上限。

第十条　各地区年度实施方案的完成情况：作为国务院能源主管部门确定下一年度

该地区年度指导性规模的重要依据。对已发生明显弃光限电问题且未及时解决的地区，停止下达该地区年度新增指导性规模指标及年度实施方案。对建设实施情况差的地区，相应核减下年度该地区指导性规模指标。

第三章　项 目 备 案 管 理

第十一条　光伏电站项目建设前应做好规划选址、资源测评、建设条件论证、市场需求分析等项目开工前的各项准备工作。

第十二条　光伏电站项目开展太阳能资源测评，应收集项目场址或具有场址代表性的连续一年以上实测太阳能辐射数据和有关太阳能资源评估成果。

第十三条　项目单位应重点落实光伏电站项目的电力送出条件和消纳市场，按照“就近接入、当地消纳”的原则开展项目电力消纳分析，避免出现不经济的光伏电站电力远距离输送和弃光限电。

第十四条　省级能源主管部门依据国务院投资项目管理规定对光伏电站项目实行备案管理。备案项目应符合国家太阳能发电发展规划和国务院能源主管部门下达的本地区年度指导性规模指标和年度实施方案，已落实接入电网条件。

第十五条　光伏电站完成项目备案后，应抓紧落实各项建设条件，在办理法律法规要求的其他相关建设手续后及时开工建设，并与电网企业做好配套电力送出工程的衔接。

第十六条　国务院有关部门对符合条件的备案项目纳入可再生能源资金补贴目录。未纳入补贴目录的光伏电站项目不得享受国家可再生能源发展基金补贴。

第十七条　为促进光伏发电技术进步和成本下降，提高国家补贴资金使用效益，国务院能源主管部门根据需要适时组织地方采取招标等竞争性方式选择项目投资企业，并确定项目的国家补贴额度。以招标等竞争性方式组织建设的光伏电站项目规模不计入本地区年度指导性规模指标。

第四章　电网接入与运行

第十八条　光伏电站配套电力送出工程应与光伏电站建设协调进行。光伏电站项目单位负责投资建设项目场址内集电线路和升压站工程，电网企业负责投资建设项目场址外配套电力送出工程。各省级能源主管部门负责做好协调工作。

第十九条　电网企业应根据全国太阳能发电发展规划、各地区光伏电站建设规划和年度实施方案，统筹开展光伏电站配套电网规划和建设，根据需要采用智能电网等先进技术，提高电网接纳光伏发电的能力。

第二十条　光伏电站项目接网意见由省级电网企业出具，分散接入低压电网且规模小于 6MW 的光伏电站项目的接网意见由地市级或县级电网企业出具。

第二十一条　电网企业应按照积极服务、简捷高效的原则，建立和完善光伏电站项目接网审核和服务程序。项目单位提出接入系统设计报告评审申请后，电网企业原则上应在 60 个工作日内出具审核意见，或对于不具备接入条件的项目说明原因。电网企业应提高光伏电站配套电网工程相关工作的效率，做到配套电力送出工程与光伏电站项目同步建设，同时投运。

第二十二条　光伏电站项目应符合国家有关光伏电站接入电网的技术标准，涉网设备必须通过检测论证。经国家认可的检测认证机构检测合格的设备，电网企业不得要求进行重复检测。

第二十三条　电网企业应按国家有关技术标准和管理规定，在项目单位提交并网调试申请后 45 个工作日内，配合开展光伏电站涉网设备和电力送出工程的并网调试、竣工验收，与项目单位签订并网调度协议和购售电合同。双方签订的并网调度协议和购售电合同必须符合《可再生能源法》关于全额保障性收购的规定。

第二十四条　电网企业应采取系统性技术措施，完善光伏电站并网运行的调度技术体系，按照法律规定和有关管理规定保障光伏电站安全高效并网运行，全额保障性收购光伏电站的发电量。

第二十五条　光伏电站项目应按照有关规范要求，认真做好光伏电站并网安全工作，会同电网企业积极整改项目运行中出现的安全问题，保证光伏电站安全和电力系统可靠运行。

第五章　产业检测与市场监督

第二十六条　国务院能源主管部门按照建设项目工程质量有关要求，加强光伏电站建设质量监督管理及运行监管，将建设和运行的实际情况作为制定产业政策，调整各地区年度建设规模和布局的依据。根据产业发展状况和需求，及时完善行业规范和标准体系。

第二十七条　项目主体工程和配套电力送出工程完工后，项目单位应及时组织项目竣工验收，并将竣工验收报告报送省级能源主管部门，抄送国家太阳能发电技术归口管理单位。

第二十八条　国务院能源主管部门适时组织有资质的咨询机构，根据相关技术规定对通过竣工验收并投产运行 1 年以上的重点项目的建设和运行情况进行后评价，作为完善行业规范和标准的重要依据。项目单位应按照评价报告对项目设施和运行管理进行必要的改进。

第二十九条　各省级能源主管部门应规范本地区光伏电站开发市场秩序管理，严格控制开展前期工作项目规模，保持本地区光伏电站有序发展。

第三十条　国务院能源主管部门负责加强对光伏电站运行监管；项目单位应加强光伏电站运行维护管理，积极配合电网企业的并网运行调度管理；电网企业应加强优化调度，保障光伏电站安全高效运行和发电量全额保障性收购。

第三十一条　国务院能源主管部门依托国家太阳能发电技术归口管理部门建立可再生能源项目信息系统，对各地区光伏电站项目建设、运行情况进行监测。项目单位应按照有关要求，建立光伏电站运行管理信息系统，并向国家太阳能发电技术归口管理单位报送相关信息。

第三十二条　光伏电站建设、调试和运行过程中，如发生人员伤亡、重大设备损坏及事故，项目单位应按规定及时向所在地能源监管部门和安全生产监督管理部门报告；

如发现关键设备批量质量问题，项目单位应在第一时间内向项目所在地能源主管部门报告，地方能源主管部门视情况上报国务院能源主管部门。

第六章 违 规 责 任

第三十三条 项目单位不得自行变更光伏电站项目备案文件的重要事项，包括项目投资主体、项目场址、建设规模等主要边界条件。

第三十四条 电网企业未按全额保障性收购的法律规定和有关管理规定完成收购光伏电站发电量，国家能源管理部门和监管机构责令电网企业限期纠正。按照《可再生能源法》第二十九条规定电网企业应承担赔偿责任。

第七章 附 则

第三十五条 本办法由国家能源局负责解释。

第三十六条 本办法自发布之日起实施。

参 考 文 献

［1］蔡旭辉，龚晓伟．分布式光伏 EPC 项目风险管理研究与应用［J］．项目管理技术，2016，14（2）：108－113.

［2］陈传卫．基于 ABC 法的徐州光伏公司备件库存管理优化研究［D］．兰州理工大学，2019.

［3］程新刚．太阳能光伏发电项目风险管理研究［J］．商业故事，2016（12）：17.

［4］封志贤．光伏并网发电项目风险分析及评价研究［D］．华北电力大学，2015.

［5］高新杰．光伏电站设备的可靠性分析［J］．集成电路应用，2020，37（4）：126－127.

［6］郭哲．基于灰色网络分析法的光伏电站建设项目风险管理研究［D］．昆明理工大学，2017.

［7］侯丽娜．光伏建筑项目风险管理研究［D］．华北电力大学，2012.

［8］霍俊，严国刚，孙霞，等．湖北省大型光伏电站灾害风险及防范对策的研究［J］．太阳能，2019（4）：13－18.

［9］靳波．太阳能光伏发电项目风险评价［J］．科技资讯，2021，19（21）：26－28.

［10］李高亮．肇东市光伏屋顶项目风险管理研究［D］．长春工业大学，2017.

［11］李嘉．论光伏发电天气指数保险的可行性［J］．保险职业学院学报，2017，31（6）：30－33.

［12］李京平．保险在分布式光伏发电领域应用的探索［C］//浙江省保险学会．浙江保险科研成果选编（2014 年度），浙江省保险学会，2015：7.

［13］李俊超．光伏电站一类烧负极熔断器故障原因分析［J］．机电工程技术，2020，49（9）：219－221.

［14］李品一，宁晓鹏．太阳能光伏组件长期质量与功率保证保险研究［J］．中国保险，2013（8）：47－50.

［15］李天娇．中欧 CAI 为我国光伏“出海”再上一道保险［J］．中国电力企业管理，2021（1）：7.

［16］连乾钧，谢玉章，王健全．光伏电站运营风险分析及管控途径探讨［J］．太阳能，2014（10）：6－9.

［17］梁永彬，李晋．境外电力投资项目风险分析与保险安排［J］．中国电力企业管理，2020（36）：38－39.

［18］廖文书．光伏市场需求激励政策国际比较研究［D］．江南大学，2013.

［19］刘梦飞．光伏＋保险：漫漫长路慢慢行［N］．中国有色金属报，2017－04－13（004）.

［20］马蒙利．A 大型光伏发电项目风险评价与控制策略研究［D］．华北电力大学（北京），2019.

［21］美国 UL 发布《光伏危险控制的安全标准》［J］．消防科学与技术，2021，40（2）：292.

［22］牛亚玲．光伏发电项目风险评价研究［D］．华北电力大学，2014.

［23］任明哲．东安科技园 3MW 屋顶光伏发电工程项目风险管理研究［D］．华北电力大学（北京），2016.

［24］申晓帅．“F＋EPC”模式下 D 公司光伏发电业务风险管理优化研究［D］．山东大学，2020.

［25］孙煜，卢陶然．瑞士再保险陈东辉：保险业参与碳中和有五大路径，中国保险业具备减碳后发优势［N］．21 世纪经济报道，2021－08－19（007）.

［26］童雪松．分布式光伏电站贷款业务的风险分析及应对建议［J］．今日财富（中国知识产权），2018（7）：57.

[27] 王歌．中国可再生能源电力发展激励政策建模与应用研究［D］．中国石油大学（北京），2019.

[28] 王荟廷．分布式光伏发电项目风险的研究［J］．科技视界，2014（6）：137，158.

[29] 王绪瑾．保险学（第六版）［M］．北京：高等教育出版社，2017.

[30] 王绪瑾．财产保险（第二版）［M］．北京：北京大学出版社，2017.

[31] 王阳．太阳能光伏发电的分析与政策建议［D］．中国石油大学（北京），2016.

[32] 王晔明．“一带一路”倡议下中国信保服务光伏企业研究［D］．湖南大学，2018.

[33] 王媛．浅析新时代下我国新能源保险的发展前景——以光伏发电保险为视角［J］．纳税，2018（8）：167，170.

[34] 王仲珏，袁爱庆，王彦斌．大型光伏建筑一体化并网发电项目总承包风险管理实践［J］．项目管理技术，2011，9（4）：91－94.

[35] 吴剑，张青云，张晴圆．光伏发电项目风险评估及应用研究［J］．经济研究导刊，2021（24）：7－9，28.

[36] 吴俊．新能源产业保险——太阳能光伏系统潜在风险及解决方案［J］．青海科技，2012（5）：44－45.

[37] 吴晓羚．解析全球光伏组件长期保险市场［N］．中国保险报，2013－08－20（008）.

[38] 辛方兴，陈军强．新能源发电企业运行期保险管理探索［J］．西部财会，2019（11）：46－48.

[39] 徐凤，肖枫，王伟华，等．北京市光伏保险发展现状与问题分析［J］．北方经贸，2018（12）：131－132.

[40] 徐敬慈．LY 光伏企业海外投资的风险管理优化研究［D］．上海外国语大学，2020.

[41] 杨琳，谭亮，刘洋．基于模糊综合评价法的光伏发电项目风险评价研究［J］．电力学报，2014，29（5）：426－430，438.

[42] 杨有民，孙冠男．光伏发电项目风险评价指标体系建立的研究［J］．科技创新导报，2019，16（34）：252，254.

[43] 袁泉．光伏电站发电收入损失保险探析［J］．中国保险，2018（1）：35－39.

[44] 张利，马腾飞，曹冉．太阳能辐射指数保险介绍［N］．中国保险报，2016－06－02（002）.

[45] 张宁．太阳能光伏发电项目风险管理研究［D］．华北电力大学，2014.

[46] 张文宁．光伏发电项目全寿命周期风险管控模型研究［D］．华北电力大学（北京），2019.

[47] 张虓．SG 公司太阳能光伏发电项目风险管理研究［D］．青岛大学，2016.